四大品牌傳奇

柳井正UNIQLO等
平價帝國崛起全紀錄

世界華人八大明師亞洲首席
王擎天 著

GAP
H&M
ZARA
UNIQLO

第二個柳井正

認識擎天兄已快四十年了，四十年來，我不時會聽聞他又寫了新的大作；而每當他出版了一本大作，我也總是欣然為其寫序。在我眼中，擁有台大經濟學士、美國加大MBA與UCLA統計學博士等高學歷，又被人尊為當代亞洲八大名師的王擎天，是個學富五車、滿腹經綸的人；他精通數學、經濟學，通曉東西方歷史，關心國內外時事，近年更鑽研成功學、管理學、行銷學，在各個範疇皆頗有造詣。然而，這回他的新書卻令我跌破眼鏡。原來，已屆中年的擎天兄，竟打算跨足年輕人的領域，寫一本探討流行趨勢的著作。

提到年輕人的流行，我往往會感到納悶。每當我開車經過台北市東區時，總是對街頭熙熙攘攘的年輕人潮感到驚訝不已！畢竟，在經濟成長率始終不過3%、油水電價持續上漲的現在，人們竟還有閒錢穿梭於各大外國品牌的服飾店，手裡拎著大大小小的購物袋；尤其最為強勁的一股消費主力，更是一個個月領「22K」的年輕男女。我心想，難道是媒體誇大了景氣的低迷嗎？難道年輕人的生活水平其實還不錯？不然，難道這些衣服真的有那麼大的魅力，讓人寧可勒緊褲帶，也要盡情享受血拚的樂趣嗎？

在這些外國品牌中，最令我印象深刻的當屬UNIQLO。這個日本品牌在四年前進入台灣時，人們甚至不知道「它的名字怎麼唸」、「它是賣什麼的」；但時至今日，它的分店如雨後春筍般快速開設，先是繁華的台北信義區、東區、西門町，到台中、雲林、台南、高雄，甚至連在偏遠的東部也看得見一棟棟紅白色調的大型旗艦店了。儘管我早已過了追求潮流的年紀，但也忍不住幾次走進店內瞧瞧端倪。我注意到，它的衣服不算太貴，雖然價位比五分埔、市場、量販店偏高，但材質顯然細緻不少，加上門市裝潢帶給顧客的舒適感，以及品牌形象塑造出的高級感，或許這就是吸引年輕人的地方吧！

前陣子，我在擎天兄面前偶然提到這一現象，他的回答總算證實了我的猜測。據他解釋，UNIQLO與同樣登陸台灣不久的ZARA同屬「平價時尚」品牌，這種銷售模式在近來蔚為風潮，甚至出現了所謂的「四大品牌」。它們之所以廣受消費者喜愛，除了平價特色以外，還兼顧商品的時尚性、多樣性與品質；也就是說，人們買回的不僅是一件驅寒蔽體的衣物，更是突顯個人特色與品味的流行元件。我聽著他滔滔不絕大談「品牌經」，對於他如此瞭解年輕人的玩意兒感到嘖嘖稱奇。事後我才明白，原來擎天兄是日本知名雜誌《東京衣芙》的引進者，無怪乎對於流行風向與市場概況知之甚稔。後來，他更寫了這本介紹「四大品牌」的書。

在本書中，擎天兄以他一貫幽默詼諧的敘述風格，加上嚴謹洗練的文字呈現，將四大品牌的成功秘訣分析得精闢入裡。你可以讀到四大品牌宛若神話般的品牌緣起，認識它們各有千秋的品牌理念，一窺這些神話背後博大精深的經營戰略。我認為，這些創業故事對於讀者不無裨益，有助於各位確立人生方向，修正職場態度。而即使是以輕鬆的心態閱讀，本書亦是一篇活潑有趣的故事。

《四大品牌傳奇》是一本討論年輕人話題的書，在這樣一本書的背後，多少寄寓著擎天兄對後起之輩們的期許與支持，以及對時局的信心與樂觀。舉本書的主人翁之一、UNIQLO創辦人柳井正「一勝九敗」的人生為例，柳井正也曾經歷過徬徨的年輕歲月，面臨過經營上的挫折，又遭逢泡沫經濟破滅下的不景氣，最後卻熬成了「日本第一」。也因此，我與擎天兄始終相信，無論時局多麼糟糕，無論受到多少打擊，只要你堅持、只要你希望，就有可能成為第二個柳井正！

永遠的建鄉　沈冰

在困局中抓住希望

2010年10月的某一天，我在家中打開電視機，看見新聞正在拍攝一間百貨公司，外頭是一圈又一圈的年輕人大排長龍，等著進入店內選購；根據記者介紹，這是一間首次登陸台灣的日本服飾店。鑒於台灣人一窩蜂的習性在我眼裡早已見怪不怪，我並未特別留意。事後竟發現，原來我兒子也參與了這次排隊！他頭頭是道地向我介紹這間來自日本的平價品牌，在國外如何流行、衣服如何時尚；我心想，一間以「平價」為標榜的服飾店，竟能受到追求新潮的年輕人爭相吹捧，真可謂咄咄怪事！

這間服飾店便是時下風靡全台的UNIQLO，它在登台兩年內迅速攻佔各大商圈，如今各地皆可看見其醒目的紅色商標。緊隨UNIQLO之後，同樣標榜平價的西班牙品牌ZARA也出現在台北街頭，同樣引發搶購熱潮；今年，美國的GAP與瑞典的H&M又要進駐信義區。這四大品牌全是「平價」，卻都把店開在最昂貴的地段，還能牢牢抓住三心二意的年輕消費群的心，令我忍不住想探討其中原由。

的確，時下的台灣街頭，平價品牌林立，幾乎每條熱鬧的街道上都能看見HANG TEN、GIORDANO、Baleno、NET的影子，近年更有Lativ、101等網購品牌興起；這說明，儘管經濟每況愈下、荷包不停縮水、消費力逐年下降，財力有限的年輕人對於「時尚」的渴望卻不減，許多人寧可不吃飯，也要省下錢購買心愛的服裝，彷彿衣櫃裡永遠少一件衣服。在這樣的風氣下，平價服飾的興起也就有跡可循了。

日本在經歷1991年的泡沫經濟破滅後，陷入了長達二十年的衰退，史稱「失落的二十年」，時至今日仍無法從中解脫。在景氣持續低迷的情況下，中小家庭開始在食衣住行上斤斤計較，不出國旅行、不買奢侈品，也不上高級餐廳。就在這時，以「平價」為特色，以「日本的國民服飾」為口號的UNIQLO出現了，一件換算台幣不到500元的衣服，與吃一份壽司、一碗拉麵的價位相當，又兼具舒適與時尚感，怎麼可能不受到民眾喜愛呢？

而在地球的另一端，西班牙品牌ZARA也正以匪夷所思的速度擴張。2001年才上市的這間公司，竟在短短不到十年內席捲全球，成為世界第一的服飾集團，硬是搶了LV、CHANEL、GUCCI等「大牌」的風采。在它後頭，美國的GAP與瑞典的H&M也雄霸一方，分居世界二、三。這些品牌無一不是標榜平價（相對於當地物價），在石油危機、歐債風暴等艱困的時局中逆勢成長，一發不可收拾。

當柳井正在2009年以47億美元身價擊敗任天堂總裁山內溥，成為日本首富；當H&M總裁史蒂芬．波森（Stefan Persson）在2011年超越宜家家居（IKEA）總裁英瓦爾．坎普拉（Ingvar Kamprad），成為瑞典首富；當ZARA創辦人阿曼西奧．歐特嘉（Amancio Ortega）在2013年以570億美元資產凌駕股神巴菲特（Warren Buffett），登上世界富豪榜第三……我們見識到，時代的趨勢變了，一件件平價服飾的毛利竟贏過了高科技的電子產品，贏過一本萬利的投機買賣，以及價位昂貴的高級精品。換言之，現在是屬於平價的時代。

就算在各行各業，又何嘗不是如此呢？例如大創百貨（DAISO）站前店盛大開幕時，店門口擠滿了大批排隊群眾，這些人不是錙銖必較的家庭主婦，而是清一色年輕男女；店內賣的不是高貴精品，而是經濟實惠的日用品。前陣子，肯德基也開始仿效麥當勞的低價策略，推出79元「小資餐」；在網路上購買「團購券」更成了全民運動。簡單來講，景氣不好，大家買不起好東西，但又想買好東西，於是「高貴不貴」的商品自然而然一炮而紅了。

不過，當每一間店都開始標榜「平價」時，一個品牌又該如何製造屬於自己的特色，突顯自身的優勢？同是平價服飾，何以四大品牌能夠從眾多同業中脫穎而出？其中必然有特異之處，可惜的是，光從一件件衣服的標價背後，我們很難看出這些學問。

例如UNIQLO，它強調衣服材質的舒適感，店內每一件五顏六色的服飾背後，藏著一位位對品質執著的工匠，一道道吹毛求疵的品管程序；希望以有限的成本，為消費者提供最佳的品質。又如ZARA，為了讓消費者接觸到最新、最時尚的產品，它派駐了400位設計師到全球各地，觀察流行趨勢；而為了縮短生產時間，它不惜放棄中國的低成本代工，在西班牙建立大型總部，一手包辦設計、生產、物流。這樣的堅持背後，是無數的資金、創意、人力與時間成本，這些全都濃縮在一件件便宜好看的衣服當中。

細陳四大品牌的崛起故事，其中不乏值得借鏡之經驗。在大環境不佳的現在，這些企業家的創業歷程與經營手段，或能予人許多啟發。尤其UNIQLO起源於日本，地理位置毗鄰台灣，與台灣在歷史背景、風土民情、社會結構上頗有相似之處，它的成功模式值得台灣企業師法，創辦人柳井正在經營上的心得，亦值得每位創業者與經營者深思。理所當然，來自歐美的ZARA、H&M、GAP也各有可取之處，箇中奧秘便交由讀者自行從本書中挖掘。

除此之外，藉由認識這些品牌的創業宗旨，我們還可體會一名企業家應有的精神與原則。我認為，這正是今日的台灣商場所缺乏的。放眼望去，黑心商品充斥在你我的食衣住行之中；從塑化劑風波，歷經毒澱粉、黑心食用油，乃至日月光排放汙水事件，足見台灣近年來商業道德之敗壞！許多商人唯利是圖，卻忘了企業負有的社會責任，枉顧民眾的生命健康，相較於追求「低成本、高品質」的UNIQLO品牌精神，實為極大的諷刺！

有鑑於此，我引進四大品牌的成功故事，透過介紹這些企業家的創業歷程以及對品牌的堅持，除了希望在不景氣的時代中，為每一位推動社會進步的企業人士注入一股名為知識的動力，也希望在一片對黑心商品的恐慌中，喚醒社會上明辨是非的良知，激勵人們對優質企業的信心。正如同UNIQLO傳奇的崛起過程，我相信，越是充滿艱難險阻的大環境，越是逆勢起飛、創造奇蹟的絕佳時機，在此與各位讀者共勉之！

王擎天

于台北上林苑

目錄

CONTENTS

第一篇 從第一到失落

Chapter 1 太陽落下的十年

Chapter 2 被遺忘的世代

第二篇 UNIQLO

Chapter 1 時尚教主的崛起

CONTENTS

世界三大時尚品牌

Chapter 1 異軍突起的南歐服飾王國

Chapter 2 引領潮流的瑞典時尚之王

歷久不衰的北美經典品牌

附錄

GAP H&M ZARA

CONTENTS

第一篇

服を変え、常識を変え、世界を変えていく

從第一到失落

Tadashi Yanai

団塊の世代

失われた世代

バブル景気

住専国会

アジア通貨危機

バブル崩壊

小泉構造改革

就職氷河期

プラザ合意

安倍ノミクス

少子高齢化

日経平均株価

円高不況

Chapter 1 太陽消失的十年

1-1 廣場協議，美夢還是惡夢？

1985年9月22日，美國財政部長詹姆斯．貝克（James Baker）、日本財政部長竹下登、前聯邦德國財政部長傑哈德．史托坦堡（Gerhard Stoltenberg）、法國財政部長皮埃爾．貝格伯（Pierre Bérégovoy）、英國的財政部長尼格爾．勞森（Nigel Lawson），以及五國中央銀行行長在紐約廣場飯店舉行會議，主張五國政府聯合干預外匯市場，使美元對主要貨幣有秩序地下調，以解決美國巨額的貿易赤字，並簽訂了協議。因為是在廣場飯店簽署，故該協議又被稱為「廣場協議（Plaza Accord）」。

「廣場協議」簽訂後，五國聯合干預外匯市場，各國開始拋售美元，繼而形成市場投資者的拋售狂潮，導致美元持續大幅度貶值。在此協定簽訂後的十年，日圓幣值平均每年上升5%以上，日本經濟迅速泡沫化，並在五年後崩潰。因此，有人把日本經濟衰退的罪魁禍首歸結為廣場協議。

但，事實真的是這樣嗎？

從1980年起，美國國內經濟出現兩種變化，一是政府預算出現高額赤字，二是對外貿易赤字不斷擴大，到1984年已高達1,600億美元，佔當年國民生產總額（Gross National Product，簡稱GNP）的3.6%。在雙赤字的陰影下，美國政府便以提高國內基本利率引進國際資本來發展經濟。而外來資本的大量流入，也使得美元不斷升值，出口競爭力下降，又擴大到外貿赤字的危機加劇。在這種經濟危機的壓力下，美國希望以美元貶值來加強美國產品對外競爭力，以降低貿易赤字。

到了1985年，日本取代美國成為世界上最大的債權國，日本製造的產品也開始充斥了全球。日本資金瘋狂擴張的腳步，以至於令美國人驚呼「日本將和平佔領美國！」於是，美國許多製造業大企業、國會議員開始坐立不安；他們紛紛遊說美國政府，強烈要求當時的雷根政府干預外匯市場，讓美元貶值，以挽救日益蕭條的美國製造業，更有許多經濟學家也加入了遊說政府改變強勢美元立場的隊伍。

在這種背景下，廣場協議誕生了。當時有人認為，廣場協議的表面經濟背景是解決美國因美元定值過高而導致的巨額貿易逆差問題，但從日本投資者擁有龐大數量的美元資產來看，廣場協議是為了打擊美國的最大債權國——日本，不讓「日本第一」成為現實中的真實。

廣場協議後，由於擔心日圓升值將提高日本產品的成本和價格，導致在海外市場的競爭力下降，日本政府提出了內需主導經濟成長的政策，開始放鬆國內的金融管制。日本中央銀行連續五次下調利率，利率水準由1985年的5%降至1987年3月以後的2.5%。在原有產業結構下，日本經濟成長已趨飽和，迅速增大的貨幣供給無法被產業界吸收，導致大量資金流向了股市和房地產，引起股價和房價、地價的巨大泡沫。

與此相對應的是，同樣參與簽訂廣場協議的德國，從1985年到1988年本國貨幣升值也高達70.4%，但在德國國內卻沒有出現泡沫，主要原因就在於德國在1988年及時提高了利率水準。

廣場協議簽訂後，美、日、德、法、英五國開始聯合干預外匯市場，在國際外匯市場大量拋售美元，繼而形成了市場投資者的拋售狂潮，導致美元持續大幅度貶值。1985年9月，美元兌日圓在1美元兌250日圓上下波動；協議簽訂後不到三個月的時間裡，美元迅速下跌到1美元兌200日圓左右，跌幅達20%。

在這之後，以美國財政部長貝克為代表的美國當局，以及以美國國際經濟研究所所長弗雷德·伯格斯坦（Fred Bergsten）為代表的金融專家們，不斷對美元進行口頭干預，表示當時的美元匯率水準仍然偏高，還有下跌空間。在美國政府強硬態度的暗示下，美元對日圓繼續大幅度下跌，最低曾跌到1美元兌120日圓。在不到三年的時間裡，美元對日圓貶值了50%，也就是說，日圓對美元升值了一倍。

1985年廣場協議簽訂後的10年間，日圓幣值平均每年上升5%以上，無異於給國際資本投資日本的股市和房市一個穩賺不賠的保險。廣場協議後近五年時間裡，股價每年以30%、房地產價格每年以15%的幅度增長，而同期日本名目GDP的年增幅只有5%左右，泡沫經濟離實體經濟越來越遠。雖然當時日本人均GNP已超過美國，但國內高昂的房價使得擁有自己的住房變成了普通日本國民遙不可及的事情。1989年，日本政府開始施行緊縮的貨幣政策，於是一下子就戳破了泡沫經濟，股價和地價在短期內都下跌了50%左右，銀行也產生了大量的呆帳與壞帳（頗類似後來的「次貸風暴」，所以說：歷史不斷在重演著），日本經濟進入十年的衰退期，史稱「失落的十年」。

1987年，當時的七大工業國家（G7）再度在法國羅浮宮聚會，檢討廣場協議來應對美元不正常貶值對國際經濟環境的影響，以及以匯率調整來降低美國貿易赤字的優劣性。事實的結果是，美國的出口貿易並沒有成長，而美國經濟問題的癥結在於國內巨大的財政赤字，於是，「羅浮宮協議」要求美國不能再強迫日圓與馬克升值，改以降低政府預算等撙節措施與國內經濟政策來挽救美國經濟。也就是說，廣場協議其實並沒有找到當時美國經濟疲軟的癥結，而日圓與馬克升值對美國經濟疲軟的狀況根本就於事無補，結果就是「損人不利己」，害了日本，卻沒人得到好處。

八大工業國組織

八大工業國組織，全名Group of Eight，簡稱G8，是指現今世界八大工業領袖國的聯盟。

八大工業國組織始創於1975年的六大工業國組織（簡稱G6），當時會員國有六個，分別是法國、美國、英國、西德、日本、義大利。1976年加拿大加入，改為七大工業國組織（簡稱G7)。第八個成員國是俄羅斯，於1991年起開始參與G7高峰會的部分會議，直到1997年正式被接納成為成員國，成為G8。

高峰會的主要目的在於促進每年該八國的領袖與歐盟官員在國際貨幣基金世界銀行年會前的會談。自1998年後，G8峰會成為八國國家元首的年度高峰會議，由八國輪流主辦，主辦國的領袖成為該年會議的主席。與會各國在政治、經濟、環保、軍事等各方面交流意見。

值得一提的是，八個會員國中有七個國家（除加拿大外）都曾參與過1900年的八國聯軍侵華之戰。

而廣場協議對日後日本的經濟產生了難以估量的影響。因為廣場協議之後，日圓開始大幅度升值，對日本以出口為主導的產業產生了相當大的影響。為了達到經濟成長的目的，日本政府便以調降利率等寬鬆的貨幣政策來維持國內經濟的景氣。從1986年起，日本的基準利率大幅下降，這使得國內剩餘資金大量投入股市及房地產等非生產途徑上，從而形成了九〇年代著名的日本泡沫經濟。這個經濟泡沫在1991年破滅之後，日本經濟便陷入了戰後最大的不景氣狀態。一直持續了二十年後，日本經濟似乎仍然沒有復甦的跡象。

日本第90任與第96任首相安倍晉三，2012年底一上任便提出著名的「安倍經濟學」，以大膽的貨幣寬鬆政策，為日本經濟帶來了短暫的起色。

如果後來沒有中國經濟的拉動與「安倍經濟學」，日本經濟到現在可能都還沒有從泡沫崩潰的低谷中走出來。也正因為經歷過如此沉痛的教訓，日本人也一直在為中國經濟的現狀擔憂，因為他們在中國經濟繁榮的背後，依稀看到了自己當年的影子。

有專家認為，日本經濟進入二十年低迷期的罪魁禍首就是「廣場協議」。但也有專家認為，日圓大幅升值為日本企業走向世界、在海外進行大規模擴張提供了良機，也促進了日本產業結構的調整，最終有利於日本經濟的健康發展。因此，日本泡沫經濟的形成不應該全部歸罪於日圓升值。

FOCUS

安倍晉三的「三支箭」

2012 年12月，安倍晉三第二度出任日本首相，他一上任便提出一系列經濟振興計畫，在當時被稱為「安倍經濟學（Abenomics）」。安倍經濟學由三項基本方針組成，被稱為「三支箭」，以貨幣貶值為主軸。此三項方針分別為：

一、藉由貨幣寬鬆，使進口物價上漲，帶動通貨膨脹的壓力，進而逼出大量的儲蓄來帶動消費。

二、透過20兆日圓財政政策的激勵，經由公共建設、投資的擴大來帶動各地城市的繁榮，增加就業率。

三、透過加入泛太平洋夥伴協議（TPP）談判，以農業、服務業開放，出口擴張來加速結構調整，刺激民營企業的競爭力。

除了三支箭以外，還有改變日圓匯率、無限制的量化寬鬆措施、大規模的公共投資、回購公共事業國債、修改銀行法等個別政策。安倍晉三希望創造出通貨膨脹的預期心理，以扭轉日本持續多年的通貨緊縮，也就是當消費者預期物價將要上漲，就會儘快地去購買商品，從而帶動消費及投資，進一步扭轉日本長期以來消費與投資極度低迷的狀況。為此，日本央行將紙幣印刷量提升至原有量的兩倍。

這一系列政策實施後，日本經濟迅速躍升，根據內閣府在2013年6月公佈的數據顯示，第一季度國內生產總值（GDP）增長了4.1%，超出了預期的3.5%；而其他像是日本工礦業生產指數環比、零售業銷售額同比、新開工住宅數量同比也都有了顯著的增長。在國際貨幣基金組織4月發佈的經濟展望報告中，更是將日本經濟增長率上調到1.6%。不過，安倍經濟學最直觀的效果體現在日圓大幅貶值和股市大幅上漲上，安倍上任之後的半年間，日圓貶值幅度超過20%，股市上漲約70%，同步帶動日本企業的業績以及國內出口比例，也刺激了日本國民的消費。

然而，寬鬆貨幣政策也同時加劇了市場波動，在海外投機資金主導下，自2013年5月起，日本股市連續出現暴跌，債券市場則因為日本央行大規模介入，長期國債利率不跌反升；日圓匯率也未達到預期的貶幅，市場不安情緒不斷上升。其次，中小企業與普通民眾未能從安倍經濟學中受惠，僅有大企業與富裕階層享受到股票、地產升值帶來的財富效應，工薪階層則尚未看到薪水提高的可能。另一方面，食品、日用品等進口物價明顯上漲，更加重了中小企業的經營成本和普通消費者的生活負擔。

儘管如此，市場仍有一些樂觀的看法，證券經濟學家嶋中雄二認為，受到安倍經濟學的刺激，在消費者支出方面，日本經濟可能實現V型復甦；野村證券首席經濟學家辜朝明則給予安倍政策高度肯定，認為最終可有效解決日本經濟積弊；國際貨幣基金組織更評論：「大膽的量化寬鬆政策和靈活的財政支出政策提升了日本經濟的增長率，消費者物價也開始回升，出現了擺脫通貨緊縮的動向。」而在2013年12月《日經》的問卷調查中，民眾亦給了安倍經濟學平均74分的評價。至於「三支箭」最終帶給日本的究竟是振興或是衰退，還有待時間來證明。

1-2 Made in Japan的企圖心

二戰後，日本面臨著極大的困難，政治、經濟、社會各層面都臨近毀滅的邊緣。但是，深淵中的日本又起死回生般地重新振作起來，經濟上獲得了高速的發展。1950年日本經濟已經恢復到戰前水準，1955年超過第二次大戰前的最高水準，1965年以後，經濟發展速度超過了史上所有的發達資本主義國家。幾乎所有的人都看到，日本經歷了慘烈的二戰之後，只剩下一片「廢墟」；因而幾乎所有人都認為，日本戰後的再度崛起是人類發展史上的奇蹟。無論從哪個方面講，百年來日本之崛起都是世界最重大的事件之一，說它是奇蹟其實還遠遠不夠。

國土狹小、資源貧乏、閉關鎖國、文化落後，百年前誰也想不到日本會奇峰突出，讓亞洲和世界為之震撼。到了八〇年代，「日本第一」、「日本全球出擊」、「日本取代美國」之呼聲響徹全球。日本企業之無數管理創新，也成為各國效仿之典範；日本製造之「輕薄短小」新高精尖產品，也是所向披靡。松下、盛田、本田等數之不盡的日本企業家，更成為家喻戶曉之英雄。

從世界上最小的「mu-chip」晶片，到世界上最長的吊橋明石大橋；從庫頁島一萬公尺的地下，到一萬公尺高空上的波音787客機；日本製造無處不在。甚至在現今「日本製造衰退」的論調下，中國喝的北京啤酒也是日本籍；街上跑的豐田、本田、日產、大發、鈴木、三菱都是日本車；連我們最溫馨的家庭在裝修粉刷塗料時，用的都是日本的立邦漆；而中國第一、世界第四高樓上海環球金融中心，也是由日本財團出資、設計並承建。「Made In Japan」仍然無處不在。

1979年，美國哈佛大學著名的日本問題研究專家傅高義教授（Ezra Ferivel Vogel）出版了一本名為《日本第一：對美國的啟示》的研究專著，立即在美國引起轟動，成為當年度美國最暢銷書之一。從一般的美國市民、學者到國會議員、政府官員乃至五角大廈的軍人們都爭相閱讀，美國媒體也進行了大肆炒作。

傅高義在書中描述了美國工業全面受到來自日本的挑戰，日本在許多方面已經打敗了美國。如果日本是美國的一個州，在地理面積上應該排名第五，次於阿拉斯加、德克薩斯、加利福尼亞和蒙大拿州。日本有1.15億人口，是美國人口的一半，在世界各國中人口密度最高。日本幾乎沒有石油、鐵礦、煤

連接日本本州與四國的明石大橋，興建於1988年，耗時十年完工。總長3,911公尺，是目前世上跨距最大的懸索橋。

礦或其他金屬資源，約85%的能源都依賴進口。

1952年，日本的國民生產總值（GNP）只有英國或法國的三分之一；而到七〇年代末期，日本的GNP卻與英、法兩國的總和相等，超過了美國的一半。1990年若依日本與美國的地價：賣掉日本的價金可以買下四個美國！

五〇年代初期，日本從美國購買收音機、答錄機和音響技術。但沒過多久，美國市場上的半導體產品全是日本製造。

七〇年代末，日本的鋼鐵產量與美國相當，但工廠設備卻比美國更先進，也更有效率。1978年，在世界最大的22座現代化熔鐵爐中，有14座都屬於日本，美國一座也沒有，日本的鋼鐵企業競爭力全球第一。

就在這時期，即便在那些一般人不熟悉的產業中，西方企業也輸給了日本公司。例如在樂器方面，美國知名的鋼琴製造商史坦威等公司的銷售量根本不能和日本山葉鋼琴公司相比；日本的村松牌長笛更是暢銷全球。其他如在自行車、滑雪設備、越野車等在生產和銷售方面，日本也是遙遙領先。

在汽車製造業，美國人更加難過。1958年，日本製造的客車不到10萬輛；到七〇年代初期，德國大眾汽車（VW）公司生產的汽車在美國是最暢銷的外國車。但沒多久，先是日本豐田汽車，接著是日產汽車，在美國的銷售量都超過了德國大眾。1978年，日本汽車的後起之秀日本本田汽車在美國的銷售量也超過了德國大眾。1979年，日本對外輸出了450萬輛汽車，其中在美國銷售了近200萬輛；而美國汽車在日本的銷售量僅為1.5萬輛。為避免和美國、歐洲發生貿易戰，日本自動限制汽車出口，否則，日本將很快佔領美國及歐洲的汽車市場。

至於在電腦硬體和軟體發展方面，美國暫時具有競爭優勢，但日本在

GNP？GDP？

GNP，即「國民生產總值」，全名Gross National Product，指一個國家的國民在一年內生產的最終產品（包括勞務）的市場價值總和，是計算國民收入中最重要的組成部分。在經濟學上，GNP擁有各種算法，如產品加值法、所得收入法、部門加總法等，但理論上算出的結果應該是一致的。

現今國際上計算國民生產總值的通行方法為產品加值法，計算公式為：

$$GNP = Q_1 \times P_1 + Q_2 \times P_2 + \ldots\ldots + Q_n \times P_n = \sum_{k=1}^{n} Q_k \times P_k$$

（Q代表各種勞務與最終產品，P代表勞務與最終產品的價格。）

而GDP指「國內生產總值」，全名Gross Domestic Product，指一定時間內，一個國家（或地區）的經濟中所生產出的最終產品（包括勞務）的市場價值總和。

GDP與GNP的不同之處，在於GDP不將國與國之間的收入轉移計算在內。也就是說，GDP計算的是一個地區內生產的產品價值，而GNP則計算一個地區實際獲得的國民所得收入。最簡單的例子就是無論台灣、香港、日本、韓國、美國等在大陸生產的最終財貨，都包含在大陸的GDP內，包括移住勞工如台籍幹部的薪資，或是大陸工人的薪資等。在跨國投資不盛行的年代裡，GDP與GNP的差距甚微，但在如今全球化的時代中，GDP的指標性已遠不如GNP來得重要。

將GNP或GDP除以總人口數，即可得平均國民GNP或平均國民GDP，就是平均國民所得。

資訊技術領域的競爭力也在快速成長，日本的電腦已對IBM和其他美國公司構成嚴重的威脅。在影印機市場，日本產品的市場佔有率也在急速上升。在軍事和原子技術領域，日本的發展也很快，雖然由於美國的壓力，日本還不能製造飛機，但美國飛機的許多零組件卻都是日本製造的。

日本在工業領域對美國工業的發展構成了實質性威脅。更為重要的是，日本的工業競爭力已超過美國和其他歐洲國家。1975年，一個日本工人用9個工作日就可以製造一輛價值1,000英鎊的汽車；而英國禮蘭汽車公司（Leyland Motors）生產同樣的產品，一個工人卻要工作47天。1976年，歐洲主要的幾家汽車製造公司如飛雅特、雷諾、大眾等，沒有一家工廠的工人每人每年的產量可以達到20輛汽車；而日本的工人，每人每年可以製造42輛汽車，豐田則為49輛。1962年，每一個日本工人大約可以生產鋼鐵100噸，英國工人為400噸；但到了1974年，日本在鋼鐵方面的生產效率已是英國的2至3倍。1976年，在日本滾珠軸承工廠裡，一個工人的標準生產量大約是英國主要製造商RHP工人的2.5倍。

美國企業把產品進不了日本市場的原因歸結為日本關閉國內市場，然而，根據美國波士頓諮詢集團在1978年為美國財政部所作的一項研究報告指出，造成美日貿易逆差的原因並非日本的保護政策，而是由於美國競爭力的日趨薄弱所致。

日本國民的收入水準和生活水準迅速提高。如果把房屋津貼計算在內，1978年日本的工資水準已經超過美國，並且在以更快的速度繼續成長。當時旅居日本的外國人，如果沒有特別津貼，是很難維持和日本人相同的生活水準的；而居留在美國的日本人，卻覺得各種奢侈品和餐廳的價格很便宜。每一個日本家庭，擁有的電視機（尤其是彩色電視機）和照相機的數量居世界第一位。在電視錄影機方面，日本擁有者的比例和絕對數量都遙遙領先於美國。

雖然日本在國民生產總值方面低於美國，但在人均國民生產總值方面卻已超過美國。儘管當時的日本在政治和文化上還不是世界強國，但日本的各種做法在解決工業化所帶來的諸多問題上所表現出來的效率，無疑是世界第一的。

1985年，日本取代美國成為世界上最大的債權國。根據日本銀行公佈的國際收支統計資料，1985年日本對外淨資產債權為1,298億美元，名列世界第一。與此相對應的是，1985年，美國的對外淨債務已達1,000億美元，成為世界上最大的債務國，正式結束了美國長達70年身為債權國的輝煌歷史。1986年，日本對外淨債權資產達到1,800億美元，比上年成長了38.67%；1987年為2,400億美元，比上年同期成長了33.33%。日本對外淨債權資產的這一高速成長趨勢使美國人和歐洲人都感到恐慌，因為按照這一成長速度，到九〇年代中期日本對外債權將達到9,000億美元，相當於西德1986年的國民生產總值。日本將成為一個令人恐懼的龐大經濟帝國與債權國！

1-3 得了「恐日症」的美國人

1987年9月，美國芝加哥凱帕金融服務中心的經濟學家大衛·海爾（David Hare）發表了一篇預測性文章，比較了1988年的日本和1896年的英國對美國的影響。在1880和1890年代，英國是美國的最大債權國，其對美國的投資相當於美國國民生產總值的20%。針對這種情況，當時美國的知名學者威廉·哈威在其專著《硬幣的金融學校》中寫道：

> 英國佔有了我們的靈與肉。她正在對美國進行和平征服，她在十八世紀用槍炮未能做到的事，在十九世紀用金本位做到了。

如今，日本人正像十九世紀的英國人那樣，成為美國最大的債權國。日本在1941年偷襲美國珍珠港之後未能擊敗美國，而現在正在對美國進行和平佔領，在不久的將來，日本人將佔有美國人的靈與肉。

由於鉅額的貿易逆差和財政赤字，美國不得不透過大量的外資來填補這些空洞。而在所有外資中，又以日本資金最為龐大。當日本成為美國最大的債權國之後，日本對美國的控制就會增強，如果日本大規模回撤資金，美國金融體系將會一夕崩潰。

金融體系是一個國家經濟的命脈，因此銀行必須控制在本國人手中。但是，當時的許多事例都表明了美國人正在失去對銀行的控制權。截至1986年，美國銀行的全部資產中有約17%為外國人所有，這是個可怕的警訊，因為這很有可能導致銀行的不穩定和不可靠，進而削弱美國的經濟實力。

1983年時，日本銀行佔世上所有跨國銀行資產的26%，到了1987年時已成長至35%，這種擴張速度令所有歐美人士都害怕不已。在全球資產規模最大的十家大銀行中，有七家屬於日本。以日圓計算，日本的資產自1983年以來成長了80%，若以貶值的美元計算，則成長了200%。日本的銀行擁有加州儲蓄額的15%，在世界主要的國際銀行中心倫敦，日本的銀行擁有所有非英鎊貸款的36%。

到了1988年，日本野村證券公司和大和證券公司已是歐洲債券市場最大的兩家債券買主，日興證券公司和山一證券公司也是歐洲債券市場的主要投資法人。而這四大證券公司又同時是美國國債的最主要投資法人，可以直接和美國聯邦儲備局（美國央行）打交道，並得到最好的交易條件。自1985年以來，他們一直是華爾街發展最快的公司——因為日本人的錢非常多。

時任美國《經濟學家》主編的諾曼·麥克雷在1987年10月發表了一篇題名為《後裕仁世紀》（日本裕仁天皇在1949年親自宣佈日本戰敗無條件投降）的文章，探討日本人將用它龐大的資金幹什麼。不管日本將幹什麼，但有一點可以明確，任何崛起的經濟大國最終都要試圖塑造標誌著其所處的時代。

在日本龐大的經濟實力威脅下，美國人逐漸醞釀了一股恐日和反日情緒。1987年，美國五角大樓以國家安全為由，反對日本頭號電腦公司富士通（Fujitsu）從法國施拉姆伯格（Schlumberger）公司手中收購美國矽谷高科技企業費爾柴爾德（Fairchild）半導體公司80%的股份。因為，費爾柴爾德公司是為美國國防部提供軍用零件的服務商。此外，美國人也開始擔心，日本人擁有的美國事業之所有權是不穩定的，如果日方突然撤走資金，將會使成千上萬的美國人失業。

1988年，夏威夷的美國人展開了遊行示威，抗議日本購買當地的土地和財產，呼籲政府從法律或憲法上加以限制。美國媒體也開始發揮想像力創造輿論：日本人未能靠著轟炸珍珠港戰勝美國，現在決定用金錢購買美國，先是購買珍珠港，然後是購買美國。美國人把這些故事用各種漫畫的形式誇張地描述出來，在許多喜劇表演中，也時常能看見各種版本的日本購買美國的笑話。

這一年，美國金融大鱷喬治·索羅斯（George Soros）在其著作《金融煉丹術》的後記中寫道：「證券市場大跌（指1987年的黑色星期一）的歷史意義在於：它標誌著經濟和金融大權從美國轉向日本的改變。」

許多預測的書籍也相繼出版，如馬爾文·沃爾夫寫的《日本人的陰謀》，該書繪聲繪影地描寫日本人怎樣圖謀接管美國的工業。確實，日本企業在製造業，特別是在汽車工業打敗了美國，極大地刺激了美國人的神經。拉塞爾·布雷頓寫的一本《另一次百年戰爭》中，講述了日本長期與西方國家之間的爭奪與戰爭；丹尼爾·伯恩斯坦1988年寫了《日圓！日本的新金融帝國及其對美國的威脅》，講述和預測日本將主宰全球金融市場的故事；馬丁和蘇珊·托爾欽夫婦合作出版了《購買美國——外國資金是如何改變我國面貌的》……等等，都有系統地分析了日本經濟的崛起，以及對美國、對世界產生的深遠影響。

1989年9月，日本的索尼公司（SONY）與可口可樂公司簽訂股權轉讓協議，索尼以高達48億美元的代價獲得了哥倫比亞電影公司的控股權。按當時的匯率折算，該起收購金額折合日圓近7,000億，這個數字相當於索尼公司年度營收的三分之二，公司年獲利的7倍。

在當時，哥倫比亞電影公司是美國影視文化的象徵，其註冊商標是美國的自由女神像，它與美國的華納兄弟影片公司、迪士尼影片公司等三家公司共同控制了好萊塢影視界。據美國《華爾街日報》1993年1月4日報導，在1992年的票房收入大戰中，三大公司勢均力敵，各公司的電影票房業務收入各佔總市場約20%的市佔率，但哥倫比亞以些微差距奪下了「美國第一」的榮銜。而現在「美國第一」被日本人買走了！因此，上述併購案幾乎震驚了每一個美國人。

美國新聞界立即就此做出反應：日本人打算連美國的文化都要奪取嗎？在八〇年代末，美國各主要產業紛紛敗在日本公司手上，美國產業

盛田昭夫——締造索尼神話的企業巨人

盛田昭夫是索尼公司的創辦人之一，也是日本著名的企業家，1921年出生於名古屋市。二戰時期，他在軍中結識了井深大，兩人於戰後在東京創立了「東京通信研究所」，並於1946年正式成立「東京通信工業株式會社」，即索尼公司的前身。

盛田憑藉著極新穎的思維，帶領索尼屢屢生產出各項代表性商品。例如1979年的隨身聽「Walkman」，這項產品就來自他一種異想天開的想法——希望無論何時何地都能欣賞音樂。他又以這項產品主打青少年市場，強調年輕、活力與時尚，成功開創了後來的耳機文化。

在索尼公司開創時期，盛田昭夫展現了傑出的公關手腕與精明的遠見，包括新產品的創意、市場行銷、海外運營和人力資源等，終於將索尼的品牌推廣至全球。除此之外，盛田的企業管理心得亦為人熟知，他在六〇年代著有《學歷無用論》，強調企業應注重個人能力而非學術背景，對日本傳統的雇傭制提出質疑，在國內引起極大的迴響，並因而獲得了「打破傳統框架，不拘一格起用人才」的美譽。

他與創業夥伴井深大猶如兄弟般的情誼也被傳為美談。索尼成立七十年來，始終秉持著井深－盛田式的經營理念。1998年，盛田被美國時代雜誌評選為二十世紀二十位最有影響力的商業人士之一，也是唯一的亞洲人。

「空心化」正日趨嚴重。索尼公司在此時收購哥倫比亞電影公司更使美國人感到了恐慌與憤怒，並夾雜著恥辱與頹喪感，因此舉國上下發出了一片驚呼：「美國魂被日本人買走了！」

在美國《新聞週刊》的封面上，哥倫比亞電影公司的註冊商標美國的自由女神像被換成了身穿和服、滿臉淫笑的日本藝伎。《日本進攻好萊塢》是這期雜誌最醒目的大標題，同時還以《日本企業買走了美國之魂》為題，刊登了長達數十頁的特刊。在這一特刊中，以民意調查的結果為依據，斷言索尼公司的收購是「比蘇聯軍事力量更可怕的威脅」！

日本知名企業家，SONY公司創辦人盛田昭夫。

一連數日，美國各新聞媒體均長篇累牘地報導這一併購事件，對索尼公司併購哥倫比亞電影公司表示了強烈的不滿。據報導，當併購完成後，索尼的創辦人盛田昭夫搭機前往美國，一下飛機馬上有人前來搭話：「哈！您就是『索尼先生』，下一步，閣下就要把美國人所有的文化財產都霸佔去了！」

第二起引發美國人不滿的，是日本三菱地產（Mitsubishi Estate）購買紐約洛克菲勒中心（Rockefeller Center）事件。1989年，日本三菱地產斥資13.73億美元收購了洛克菲勒中心的十四棟辦公大樓，成為擁有洛克菲勒中心約80%股份的控股公司。在當時，洛克菲勒中心是美國的標誌性建築，美國媒體一樣將這一收購行為比做日本人「買走了美國人的靈魂」。

上述這兩起收購事件，深深地刺痛了美國人的心，令美國舉國上下都一片恐慌，深感日本為自己的國家帶來了強大的經濟威脅。

更有甚者，日本人曾異想天開地向美國政府提出一個解決日美鉅額債務問題的方法——「把加州賣給日本」。加州離日本最近，亞裔居民最多，與日本的貿易和投資往來也最多。日本六大銀行在加州都有分支機構，日本在加州的銀行佔有加州2,000億美元存款的13%，而排名第五到第十的加州銀行都已歸日本所有。因此，加州已成為日本人的天下，日本人何不乾脆把加州買下來呢？

1-4 自欺欺人！虛假的繁榮盛世

日本製造，世界第一！在八〇年代後半期，日本經濟沉浸在一片繁榮的景象之中，到處繁花似錦，歡聲笑語，花月正春風！日本已取代美國成為世界上最大的債權國，經濟發展和日圓升值使得國內物價穩定，日本國民一心一意想著超越美國的經濟水準，並樂觀地期望著趕超了美國以後之日本的經濟前景。房地產和股票的持續高速上漲造就無數的日本新富階級，社會在高歌「一億國民皆為中產階級」，日本人一改長期生活節儉、拚命工作的傳統，開始揮金如土、追求享樂，而各個行業的泡沫卻在迅速形成！

在八〇年代末期，關於房地產泡沫流傳著一個小故事：

在東京，有一位學校的看門人在傳達室幹了四十多年，一直收入微薄，過著艱苦的生活。退休後，他準備從東京返回鄉下老家安度晚年，於是就託人把他在東京的一間小房子賣掉。不料，這間小房子竟以800萬美元的價格售出，看門老人轉眼成為富翁，威風凜凜地衣錦還鄉。東京房價之貴由此可見一斑。

從1985年開始，日本土地價格進入大牛市，價格快速上漲。在1985年之前，日本土地資產總額一直遠低於GNP，到1996年末，土地資產總額與GNP之比大於1，即當年土地資產總價值已超過當年日本的GDP水準。

地價飛漲使土地擁有者和土地投資者的財富直線增長。在1985至1990年的房地產泡沫期間，日本土地累積的資本收益高達1,420兆日圓。東京的商業用地價格上漲了3.4倍，住宅用地上漲了2.5倍，大阪的上漲幅度更大！商業用地上漲了3.9倍，住宅用地上漲了3倍。東京銀座四丁目的地價暴漲到每坪1.2億日圓，千代田區的土地資產總值甚至與整個加拿大的土地產價總額相等。

若是把日本的土地資產額與美國相比較，日本地價之高更是令人瞠目結舌。以1990年為例，日本土地資產總價值為2,400兆日圓，而美國全國的土地資產總價值約為600兆日圓，日本是美國的四倍！也就是說，如果把日本賣掉，可以買下四個美國，而日本的土地面積只相當於美國的一個州，並且排名在第五位——排在阿拉斯加、德克薩斯、加利福尼亞和蒙大那四州之後。而僅僅日本的首都東京的總地價就已經等於整個美國的土地總價值了。

日本股票市場從1986年1月開始正式進入大牛市，當時日經指數為13,000點，到1989年底飆升到最高點39,000點，四年上漲了三倍。

由於股價持續快速上漲，使買賣股票好像變成了必賺的投機行為，買股票完全是出於對股票上漲的預期。如果從股票分紅EPS（每股獲利）與本益比的投資角度分析，當時日本的股票價格是美國的七倍以上，如此高的股價使日本股票失去了理性投資的價值。

1987年，東京證券交易所的股票市值超過了有百年歷史的紐約證券交易所。到1988年中期，前者已超過後者50%。在東京證券市場上，排名第一的日本電話電報公司的股票市值有時竟超過西德證券市場所有股票的總市值。這些現象令美國人和歐洲人感到非常不可思議。

面對如此長期狂漲的股票市場，美國人一直在警告日本當心股價暴跌。在1987和1988年，東京股票市場的股價本益比（Price-to-Earning Ratio，簡稱PER）越來越高，平均已超過60倍，許多股票的PER遠高於百倍。而與此同時，美國紐約股票市場和英國倫敦股票的PER一直在11至18倍之間。

對於美國人的警告，日本人根本不予理睬，認為股價本益比是美國人評價股價高低的工具，這種方法不適合日本股市，「日本有別」。日本人只知道，股價在上漲，越來越多的人在購買股票，股票供不應求。

面對如此火爆的股市行情，日本許多證券公司全力拓展資產委託投資管理業務，透過承諾高收益率吸引了企業和個人投資者的大量資金。在這幾年裡，委託理財業務為證券公司帶來了高額的收益，年投資報酬率都超過了50%。但在股票泡沫破滅後，龐大的委託理財業務成為證券公司的主要虧損點。

當時在日本，70%的家庭擁有土地，27%的個人擁有股票。1985至1989年間的房地產市場和股票市場的多頭大牛市，使大部分的日本人變得相當富有。

據估計，在1985至1987年期間，日本私人住宅和房地產的市場價值成長了476兆日圓，同期股票市值增加了143兆日圓，兩項加起來共計619兆日圓，是工資增長的25倍，接近同期日本國民生產總值的兩倍，意即上班領薪水遠不如去隨便買幾張股票或買一塊地。

日本人當時對未來的經濟充滿信心，家庭財富也在高速成長，股票和房地產為家庭帶來了巨大的財富。不論是已經實現的還是帳面上的，薪資收入也都在逐年增長。泡沫經濟使日本人陶醉在財富與幸福生活之中。

在泡沫經濟時期，銀行最苦惱的事情就是有錢貸不出去。由於發行股票和債券融資成本低於銀行貸款利率，日本的大企業和上市公司紛紛選擇證券與債券直接融資方式，在國內和國際市場一旦募集了鉅額低成本資金後，除了用於企業固定資本投資、股票和土地投資外，也趕緊償還銀行的借款，這導致銀行的貸款業務量急劇下滑，危及銀行的生存。於是，銀行開始為各種投資項目提供貸款。

在日本，銀行與證券業務是被嚴格分開的，銀行被禁止從事國債和地方政府債券以外的證券投資業務，海外的證券業務也受到嚴格限制。於是，銀行開始一窩蜂地向當時蓬勃發展又極需資金的房地產業融資。

在那時，只要有土地的建商，銀行就會以高價估值土地，提供龐大的土建開發資金。為了擴大貸款業務，銀行鼓勵有土地的人投資開發住宅、搬公大樓等房地產項目，土建開發資金可以完全由銀行來提供，土地擁有者以土地作為擔保。在土地價格飛漲的時期，繼承土地將要繳納很高的遺產稅，因此銀行的做法提供了一個躲避遺產稅的管道。地主為了逃避高額的遺產稅，紛紛投資建房，向銀行大量貸款，由於負債增加，家庭財產隨之減少，遺產稅也就不存在了。一時間，日本的各大城市幾乎都是一個一個大型的建案工地。

在房地產泡沫期間，銀行貸款主要審查土地的擔保能力，而不是審查企業的開發能力和經營能力。由於土地快速上漲，銀行在評估土地價值時，假設土地價格將持續上漲，所以一般總是高估土地價值，然後提供貸款。由於銀行審查寬鬆，當時出現了許多金融詐騙案，也出現了許多用土地套取銀行資金的事件。同時，為了取得大都市周邊的土地，許多大型的不動產公司開始借助黑社會的力量，以不正當手段奪取土地，這更導致了嚴重的社會問題。至於毫無利益可圖的偏遠鄉村土地，亦被視為休閒旅遊資源而大肆炒作。

東京、大阪等大城市的許多銀行陸續捲入了房地產泡沫的漩渦，為投機性土地買賣提供了大量資金。此外，許多城市商業銀行成立了許多非金融公司，透過這些公司，銀行為各式各樣從事土地和股票投機的企業和個人提供了大量資金。

梵谷的作品《花瓶裡的十五朵向日葵》，目前藏於東京損保日本東鄉青兒美術館。

而在這些土地交易中獲得的利潤，則被用來購買股票、債券、高爾夫球場會員證，以及海外的不動產（如洛克菲勒中心）、名貴的藝術品和古董、豪華跑車、海外旅遊及其他奢侈品等等。在泡沫經濟到達頂峰的1987年3月，日本安田火災海上保險的董事長後藤康男甚至以近4,000萬美元的天價，在倫敦佳士得拍賣會標下了梵谷的作品《花瓶裡的十五朵向日葵》，創下梵谷作品價格的紀錄，名震一時。這類資金被稱為「日本錢」，受到世界經濟的關注和商人的爭相吹捧。

另一方面，1985年以來的日圓升值，使日本國民變得越來越富有。從日本到海外旅行變得越來越便宜，日本人開始在口袋裡塞滿堅挺的日圓，在全世界購買他們想要的一切並到處尋歡作樂。

在美國風景宜人的西海岸、歷史上著名的歐洲城堡、在亞洲和澳大利亞等風景名勝地區，到處可以看到成群結隊的日本旅行團。他們胸前掛著一個照相機，四處拍照留影，在名貴精品專賣店、在大型購物商場，日本人都是揮金如土，大把花錢，大量採購。為迎合日本人到處購買東西的趨勢，世界許多地方的商場在用本國貨幣標價的同時，也用日圓標價，以吸引和方便更多的日本遊客。

在1985至1988年期間，日本海外旅遊市場異常火熱，連日本的航空公司和許多旅遊公司都感到吃驚。日本航空公司票務部部長小澤民在回憶時說，在1986年日圓升值開始促進旅遊業發展的時候，他主管的票務部預測這種繁榮景象不會持續多久。沒想到，日本的海外旅遊市場一發不可收拾。1985年，有490萬日本人去海外旅行，1986年增加到550萬人，成長了12%；1987年則猛增到680萬人，成長24%；1988年又成長25%，達到了850萬人。

在過去，日本政府一直不鼓勵日本人海外旅遊，所以日本的機場不僅少，而且設施落後。現在海外旅遊市場的高速成長帶來了許多問題，航空公司的運載能力遠遠不能滿足出境旅遊的需求，經常需要提前預定機票。東京的成田國際機場也令人十分傷腦筋，機場交通條件不好，經常塞車；此外，該機場只有一條跑道，負荷能力已達到極限。於是，日本開始忙於修建道路，擴建或增設機場，增加航班，旅遊公司遍地開花，東京的成田和大阪等地都增建了新的跑道。

在亞洲，日本人最喜歡去的地方就是香港。與東京相比，香港的東西真是太便宜了，女用手提包、皮箱、時髦服裝、鞋、珠寶、酒和其他很多商品都比東京便宜許多。儘管飛機票不便宜（1988年來回機票至少要上萬日圓），但是，與購物節省下來的錢相比，機票的費用還是很低的。

日本旅遊業的大發展，也帶動了日本交通運輸業和旅館、飯店業的快速發展。在美元堅挺的六〇年代和七〇年代，每年有2,000多萬的美國人在全球各地觀光遊玩，造就了希爾頓（Hilton）、假日旅館（Holiday Inn）和君悅（Hyatt）等美國的國際性大旅館集團之出現。在八〇年代和九〇年代，日本旅遊業的興旺造就了東急公司、王子飯店和新大谷飯店等知名日系酒店的出現。

日圓的升值，使日本感覺到了富有和自信。日本人開始盡情享樂：到國外去旅行、在豪華的飯店品嘗美味佳餚、穿著時髦、騎馬、打高爾夫球、滑雪、到海邊衝浪等等。美國人有的享樂，現在日本人全有了。快速膨脹起來的日本經濟自信心使日本從一個以生產為主的國家迅速轉變為一個高消費國家。但是……

1-5 太陽落下，消失的十年

1990年3月，時任大藏省銀行局局長土田正顯向日本央行下達了名為《關於遏制土地相關融資》的指令，要求日本銀行立即收緊金融政策，並透過監督商業銀行來限制不動產業的融資。這條指令禁止商業銀行向不動產公司、非銀行金融機構、建設公司提供更多的貸款；同時，禁止銀行本年度的貸款額超過去年。而在這前後，日本銀行都相繼提高了利率。

突然收緊的金融政策首先導致房地產開發商融資困難，這時出現了一個叫做「住宅金融專門會社」的機構，日本人把它簡稱為「住專」。政府禁止銀行向房地產開發商貸款，而從日本農林協會貸款的「住專」不受影響。於是，大家便一窩蜂地湧向「住專」。而後來的事實證明，「住專」並不是什麼靈丹妙藥，而是毒藥。當市場信心失去後，從「住專」貸出去的款項註定有去無回。正因為如此，有大量壞帳的「住專」成為日本政府首先不得不動用公共財政抒困的對象。

由於中央緊縮的財政與貨幣政策以及市場信心崩潰，日經指數在距離峰值僅僅九個月之後的1990年10月1日，已經跌到只剩20,000點，縮水了一半。

粗略估計，日本在泡沫經濟頂峰到國外購買房地產，又在崩盤後低價拋出導致的損失有300兆日圓。而在日本國內，光是土地的價值就消失了800兆日圓。相當於1,100兆日圓瞬間憑空消失。也因此，日本財政出現了大量赤字，國內陷入長期的不景氣，從1991年至2000年十年間，日本的經濟情況一直沒有好轉，國民的未來彷彿憑空消失，因此被後世稱為「失落的十年」。

在日本金融界，銀行被迫開始大規模兼併。當時走在東京的街道上，會看到許多名字複雜的銀行。例如「東京三菱UFJ銀行」，便是由東京銀行、UFJ銀行和三菱銀行合併而成的；「三井住友銀行」則是由三井銀行和住友銀行合併，而「瑞穗銀行」是由原來的富士銀行、大和銀行和櫻花銀行合併。它們因此才成為日本現在的三大銀行，但更多的銀行則沒能擺脫破產與倒閉的命運，日劇《半澤直樹》的劇情便是由此而衍生。

多年以後，研究日本泡沫問題最知名的權威學者野口悠紀雄教授曾如此概括這段歷史：「日本最大的教訓，就是不要陷入曾經有過的、那種拒絕相信已是既成趨勢的狀態。泡沫期間，人們不相信價格會下跌。歷史已多次證明，這是錯誤的。」

1991年，新任日本首相宮澤喜一上台。宮澤喜一是個傑出的經濟人才，無論是日本經濟團體聯合會，還是前美聯準會主席葛林斯班，都認為他是精通財政和金融的專業高手。然而作為政治家，他明顯缺乏足夠的手腕和力量。

泡沫破滅所產生的大量銀行壞帳，對日本金融體系造成了最直接也最致命的打擊，宮澤政府意識到了問題的嚴重性。當時，日本經濟企劃廳長官野田毅曾提出透過公共財務支援以解決銀行不良債權的提議，深獲宮澤喜一支持，但動用公共財政拯救商業金融機構的作法，在九〇年代初的日本沒有先例。從日本經團聯到經濟學家，都異口同聲地反對以增加納稅人的負擔為代價對銀行實施國有化管理，並謂之為「艦隊保護主義（政府過度保護企業）」政策的延續。在聲勢浩大的國民輿論面前，在民意決定一切的日本政治下，宮澤政府的計畫受阻，最終沒能實行處理不良債權的根本之策。

數年之後，面對出現大量不良債權的住宅金融專門機構，日本政府終於實施了第一次國家財政救濟——以6,800億日圓支援金融體系。然而該舉動受到了輿論的猛烈批評，政府進一步救濟商業銀行的計畫再次擱淺。

1997年，亞洲金融危機全面爆發，隨著經濟形勢的全面惡化，日本人才真正理解不良債權的深刻危險性，開始允許政府將野田的提議付諸實施。1998年，日本政府向21家銀行注資兩兆日圓。然而已是事倍功半，由於這一決策來得太遲，需要投入的資金和精力和九〇年代初相比已不可同日而語。直到進入了二十一世紀初，日本銀行壞帳問題依然嚴重地阻礙著日本經濟的發展。

2001年4月，小泉純一郎就任日本新一任首相。當時小泉政權宣佈，將在2004年之前集中處理不良債權。所謂集中處理，就是在兩年時間內，以「出售債權」的方法把不良債權減半。於是，以歐美基金為背景的債權收購公司出現了。

到2000年以後，日本銀行的不良債權基本上已經沒有多少收購的價值了，債權收購公司看中的就是這一點。於是，債權收購公司跑來用匪夷所思的低價購買這些債權，通常一億的債權用100萬日圓就能買下來。到後來，銀行甚至把債權捆綁銷售，不值錢的債權直接標價一日圓就售出了。

買下這些債權後，債權收購公司緊接著找上貸款人。他們向貸款人表示，只要償還500萬，一億的貸款就能一筆勾銷。一般百姓根本不懂政策，只心想：原本一億到死都還不了，現在只要還500萬就清了。於是，他們傾盡積蓄或從親朋好友那裡借錢。就這樣，債權公司便透過這種方式賺取了數倍的差價。

為什麼銀行不直接把債權以500萬的價格賣給貸款人呢？因為日本法律不允許，債權只能出售給第三方。也因此，大量的外資基金便在這時一下子湧進了日本。

房地產泡沫的戳破結束了日本經濟高速發展的輝煌時日。日本經濟開始了漫長的經濟衰退期「失落的十年」，企業破產、收入下降、消費萎縮、貧富差距拉大。儘管日本政府採用了包括「金融大爆炸」在內的各種手段試圖振興經濟，但毫無起色。

由於經濟成長水準長期處於生產能力之下，日本經濟也陷入了一種令人尷尬的境地——「成長型衰退」，即由於不能充分利用其生產力，導致越來越多的工人和機器設備被閒置。後來，長達十幾年的成長型衰退再進一步演變為「成長型蕭條」。九〇年代末的亞洲金融風暴，更使得日本的

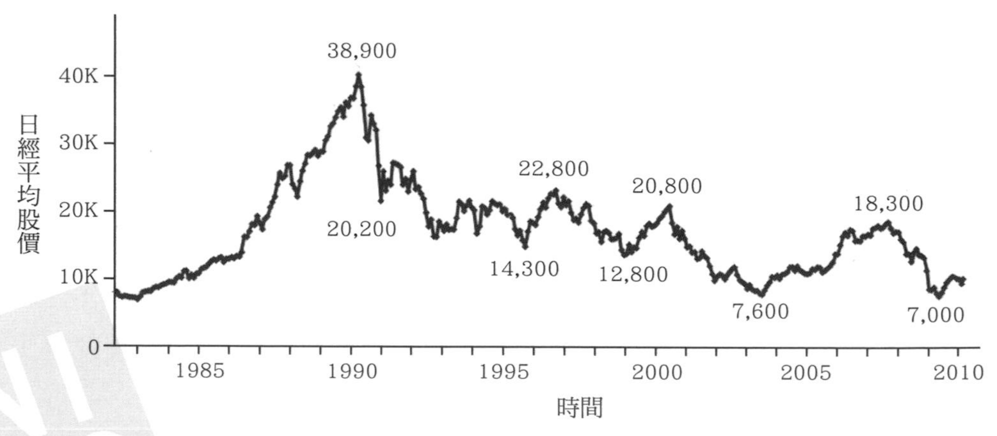

日本「失落的十年」間的日股指數波動。

服を変え、常識を変え、世界を変えていく

UNIQLO

經濟雪上加霜，即使其他亞洲國家從危機中逐漸復甦之後，日本經濟仍然在衰退的泥潭中掙扎，可見經濟泡沫的破裂對日本經濟的打擊何其沉重。

這一波打擊也瓦解了日本企業的「終身雇傭制」。二戰結束後，日本百業待興，熟練盡職的勞動力匱乏，因此形成了有別於西方模式的獨特體制，即公司合夥人擁有全部股份、員工終身雇傭制和論資排輩訂工資（年功序列制）。公司合夥人擁有全部股份可以防止公司被外來企業侵吞；終身雇傭制可以保護企業人力資源，員工的就業前景則更為穩定；論資歷訂工資則可以更好地維護這種就業格局。

直至九〇年代，工作資歷仍是日本大部分企業評定員工工資的主要標準。不同級別的員工工資差別不大，但工齡不同的雇員收入差別卻很大。在這種工資制度下，收入多少與個人表現也就沒有了必然的聯繫。

2001年11月，日本的失業率達5.5%，失業者約有350萬人。與此同時，還有大量工作極不穩定的臨時工，包括鐘點工、日工、星期工、月工等。對於這些人來說，終身雇傭制恍若隔世般遙遠，成為留在日本經濟發展史上的一個過往的名詞。

日本的終身雇傭制，本來就不是成文法意義上的制度，因此，沒有任何法令上的障礙來阻止或限制它走向瓦解。一旦終身雇傭制存在的條件發生變化，企業便不再實行這一用人慣例。在八〇年代，日本就出現了「半生雇傭制」的概念。九〇年代以來的經濟持續低迷，更加快了終身雇傭制的瓦解。

可以說，在八〇年代之前的日本，有著令全世界羡慕的經濟狀況。但是，美夢總有崩潰的時候，泡沫遲早會被戳破。從九〇年代開始，日本開始了長達二十年的經濟衰退。在過去的二十多年中，日本經濟沒有得到迅速發展，而是一直處於一種衰退和低迷之中，日本經濟的奇蹟早已一去不

日本職場中的武士制度——年功序列

年功序列是日本獨有的一種企業文化，起源於二戰時期，在戰後的數十年間廣為流行。簡單來說就是以年資和職位來訂定標準化的薪水，通常會搭配終身雇傭的觀念，鼓勵員工在同一公司累積年資到退休。

這類制度的特色在於不強調才能與績效，而將「忠誠」視為最大的能力，就像傳統武士制度中的家臣、家僕思想，並且重視前輩與後輩之間的階級區分。一般來說，當一名員工進入公司越久，薪水也會越高，而不管他的職等為何；因此時常有相同職位的人，卻因為年資差距，使得薪水差了好幾倍的現象。這種制度的優點是穩定士氣，增加員工對企業的認同與歸屬感，也確實在戰後的日本經濟甦醒中扮演了重要角色。

然而，隨著社會的進步與經濟的發展，年功序列制的弊端逐漸顯露，例如薪水不能反映雇員的實際能力與績效，也不能充分反映職務或崗位的特點，使同事之間缺乏競爭力，而員工也會因為這種求安定的心態或社會風氣，而被一輩子綁在同一公司或同一職位，失去了轉換跑道和探索自我潛能的機會。日本泡沫經濟後，國內出現了許多檢討的聲浪，許多企業開始對此制度進行全面改革，像是引進美國式高度競爭的能力導向制度，或是採用年功序列制與能力制混合。儘管如此，實施了半世紀的年功序列制早已對日本的國際競爭力帶來了一定程度的損害，而隨著此制度的廢止，低成本派遣勞工興起，也造成了M型社會與高失業率等問題。

復返。在經濟低迷之中，日本國民消費能力也大幅降低，加上2007年以來的金融危機，日本製造業的狀況也持續惡化，「夏普成為韓國三星的代工廠」之惡夢居然成真！當時有媒體認為，日本的經濟還將出現萎縮，通貨緊縮會一直持續到至少2018年，然後股市會進一步下跌至5,000點……

經濟的持續衰退，「失落的十年」逐漸變成了「失落的二十年」，在這段漫長的時間中，日本的社會人口結構與商業文化也發生了劇烈的變化；而那些生於泡沫經濟頂端的嬰兒，在二十一世紀陸續成年、邁入職場就業時，卻發現自己成了「被遺忘的世代」，以及泡沫經濟下的最大受害者。但同時期，UNIQLO等「平價」與大創百貨等「廉價」廠商也逐漸崛起，UNIQLO最終躋身世界四大平價品牌之一。

Chapter 2

被遺忘的世代

2-1 打造日本奇蹟的團塊世代

二戰結束，龐大的戰後嬰兒潮隨之而來。這批生於1947至1949年間的世代約有800萬人，被學者稱為「團塊世代」，構成了日本戰後經濟復甦和文化騰飛的主要角色。「團塊」一詞出自堺屋太一1976年的小說《團塊的世代》，意指這個世代的人們為了改善生活而默默地辛勤勞動，緊密地聚在一起，支撐著日本社會和經濟，是瞭解當今日本社會和日本民族不可或缺的視角，而UNIQLO創辦人柳井正恰好屬於這個世代。

在「團塊世代」的一生中，他們見證了日本從廢墟走向騰飛、乃至後來泡沫經濟粉碎、企業大幅裁員的全過程；他們是第一代看著電視、翻著漫畫、聽著披頭四、在大學時期如火如荼投身學生運動的一代；如今，他們佔日本總人口數的5%，構成政府與企業的骨幹，成為影響日本社會的走向一股重要力量。

堺屋太一於1976年發表的小說《團塊的世代》。

「團塊世代」擁有什麼樣的特徵？《日經新聞》曾在2004年評選出團塊世代中「最具代表的十大藝人」，其中，電影導演兼搞笑藝人北野武名列榜首，民眾對他的印象是「看似愛成群結隊，骨子裡卻無比清高；看似憤世嫉俗，實際卻看重人情世故；看似吊兒郎當，其實卻很博學」。

其他的當選人還有民謠組合「海援隊」的歌手武田鐵矢、實力派演員西田敏行、小林稔侍等。對他們的評語有：「土裡土氣，刻苦奮鬥，一根筋，不夠酷！」「看起來一本正經，其實感情挺豐富」「自我滿足、自以為是、才疏學淺、自命不凡」等等。有趣的是，榜中還混進了兩位非「團塊世代」的人物，一位是「擅長製造氣氛，但對社會的剖析淺薄，自以為是」的電視節目主持人久米宏，他生於1944年；另一位則更出人意料，因為此人既非「團塊世代」，也非藝人，他就是生於1942年的日本前首相小泉純一郎。他之所以上榜的原因，或許能夠從人們對他的評語中一探究竟——「缺乏邏輯性，缺乏對未來的長久規劃。」

這張排行榜集中反映出了「團塊世代」的一些特性，即各式各樣看似矛盾的特質共存於一體——「勤懇」與「自大」、「冷酷」與「熱情」、「充滿抱負」與「憤世嫉俗」等。

二戰後誕生的他們，是「沒有典範，獨自長大」的一代。從小在充滿競爭的環境中長大，自我意識強。少年時期，他們親眼目睹大人們反對「美日安保條約」的抗爭；即使沒有親身經歷過戰爭，卻時常耳聞戰爭的悲慘，反戰意識強烈；美軍的接管使他們從小就崇尚自由、民主。他們個性鮮明，有自己的主張，敢於接受挑戰。青年時代，他們在聲勢浩大的學生運動中練就了與當局集體對抗的本領；工作後，也有不少人繼續投入工會與社運活動。

農村和偏遠地區的年輕人，高中畢業後紛紛來到東京、大阪等大城市的中小企業集體就職。之後，他們把家安在了城裡，結婚生子，使得日本在上世紀七〇年代前半期出現了第二波嬰兒潮。那時候，城市不斷膨脹，房屋供不應求，郊區的交通系統急速擴增。和他們蓬勃頑強、蒸蒸日上的青春一樣，日本經濟不斷向新的高度躍進。

他們熱愛工作，經常以公司為家，晝夜不停地加班，步入中年後，更是被稱為「拚命三郎」，甚至過勞死。九〇年代時期，高度膨脹的經濟泡沫破裂了，日本經濟一步步陷入不景氣的泥淖，不少團塊世代在這尷尬的中年被公司掃地出門。一部分的人有幸留下來，他們在二十一世紀即將邁入退休年齡，迎接第二人生。這時，有些人會幡然醒悟：自己的生活竟只剩下工作了！他們開始想回歸家庭，與老伴共用餘生，想不到，相依為命大半生的妻子卻突然提出離婚的請求！

儘管如此，他們仍是幸運的一代。安享晚年的房子早在房地產泡沫前就已買妥；退休金仍可全額領取，未受小泉純一郎的「年金改革」波及；敦厚的老底保證了他們餘生無憂。正當他們悠閒地計畫今後的人生時，企業界也早已打起了他們的主意——據估計，這一世代的退休金總額將高達80兆日圓，因此，許多日本大企業都鎖定了他們，作為開發商品與服務的重點消費族群。事實上，與「服務銀髮族」有關的企業，是2012至2013年日本股市回春後漲幅最大的族群。

日本從2005年起已開始步入人口負成長的年代，「少子老齡化」問題困擾著日本，受人口結構變化的影響，年金、醫療保險等社會保障體系面臨嚴峻挑戰。而從2007年起，已陸續步入退休大軍的團塊世代，無疑令這個問題雪上加霜。日本人將由此引起的一系列問題統稱為「2007年問題」，其中最顯著的影響正是對企業帶來的衝擊。

據統計，從2007至2013年間，日本大部分的團塊世代都已陸續退休，他們之中很多人是企業的骨幹，擁有高度的專業知識和熟練的技能。

目前，日本企業最關注的莫過於團塊世代退休後，熟練勞動力大量減少、技術及文化的傳承、以及因鉅額退休金可能導致國際競爭力下滑等問題。在2005年度的《製造業白皮書》中，日本專家首次提及了「2007年問題」，並提出有22%的企業（製造業佔31%）對技能傳承的青黃不接感到危機意識。

面臨這一危機的不僅有傳統製造業，資訊產業也不例外。日本企業引進電腦體系始於六〇年代後期，當時正值團塊世代青春正盛，他們打下了日本電腦產業最基礎的平台，後期加入公司的年輕人，大多從事對基礎系統的改良，或是在基礎系統中添加新功能等工作，並未深入系統的原創核心技術。即使系統完全被更新，具體的工作流程並未發生變化，因此，最熟悉業務內容的人仍是他們的前輩。

2005年，瑞穗證券發生「胖手指」事件，分析家指出，原因就在於全盤瞭解整個系統的資深技術人員逐步隱退，造成人才銜接不當所致，這個問題反映出了「2007年問題」的嚴峻化。如今，日本各大企業中，尚未退休的團塊世代仍處於領導地位，糟糕的是，世代交接的問題正一步步逼近，而且時間所剩無多。

在下屬的眼裡，上司是「喜歡別人的崇拜和讚揚，至於工作到底做得怎麼樣，其實並不關心」，或者「是個好心人，但做事缺乏計畫，光憑著一股衝動，做不下去的時候，總是要部下來收尾」的人物。對經歷過戰爭、更老一輩的人來說，團塊世代就像他們的小老弟，他們還不放心將引導日本前進的重責大任託付給他們；另一方面，年輕的世代又蠢蠢欲動，希望他們快點把接力棒交給自己，並且認為「日本能有今天這一番氣象，確實是團塊世代的功勞，只不過，這番氣象帶來的一些黑暗面，卻也不可忽視！」

胖手指事件

在瞬息萬變的電子金融市場中，交易員必須以迅速的動作進行操作。在高強度的工作與巨大的壓力下，使得交易員可能出現按錯鍵盤的現象，這種現象稱為「胖手指症候群（fat-finger syndrome）」。這種情況一旦發生，往往會使其雇主損失慘重。

2005年12月8日，日本J-Com公司在東京證券交易所上市，該公司股票認購價格為每股61萬日圓，並已售出3,000股。沒想到，瑞穗證券公司的交易員竟將「1股61萬日圓的價格」輸入成「61萬股1日圓」，雖然操作屏幕上立即跳出輸入錯誤的警告，但由於這一警告經常出現，遭到交易員忽視。

隨後，東京證交所發現錯誤，電話通知瑞穗證券立即取消交易，但情況早已一發不可收拾，有61萬股J-Com的股票已被預約，其中55萬股已完成交易。為了挽回錯誤，瑞穗集團開始大規模回購股票，這一行為最終帶來了高達300億日圓的損失，瑞穗集團取消了當年的年終晚會與所有活動，以彌補一部分的損失。

但這一事件已重創投資者信心，東京股市在8日全線下跌，日經平均股指下跌301.3點，跌幅2%，下跌點數在年內交易單日中位列第三，一度驚動當時的首相小泉純一郎。

過去，團塊世代曾作為「企業戰士」，為日本經濟的高速發展作出了巨大貢獻，他們也是「終身雇傭制」最後一代的受益者，不僅在郊外擁有自己的住宅，還擁有一定的存款。在泡沫經濟崩潰後，這一世代儘管也曾遭受解雇與降薪的挫折，但仍在社會中屹立不搖，並享有退休年金。與他們生活在迷惘中的後代相比，這一世代的人在經濟上是較為富裕的。

2-2 深陷困局的徬徨世代

「團塊世代」的兒女大約在七〇年代後期出生，被稱為「團塊新生代」，是戰後的第二波嬰兒潮。這一世代的人們，他們的童年正好處於泡沫經濟的頂端，景氣繁榮，原以為等著他們的是大好的前途，但隨著「失落的十年」出現，他們竟意外成了「失落的一代」。

在失落的十年中，日本傳統的終身雇傭制已逐漸瓦解，出現了就業冰河期，企業為了壓縮成本，紛紛開始大規模的精簡、裁員，並採用短期合約或聘用鐘點工。此時，這些七〇年代誕生的年輕人正好從大學畢業，他們的處境相當艱難，不得不屈就於打零工或是不理想的職位。儘管他們不斷進修，實際工作能力也不差，但依然只能做著短期的工作，既無醫療保險，又無其他福利，如同一間企業中的「二等公民」，不斷被資方壓榨。

在就業結構轉變、正職雇傭率從90%下降到65%、非正式雇用勞動人口竄升到35%的情況下，全日本甚至有一半的年輕人處於不穩定就業狀態。儘管經濟衰退在2003年時一度得到舒緩，慘的是，大企業這時卻偏愛剛畢業的大學生，將「失落的一代」硬生生拒於門外。按照日本企業「年資即薪資」的遊戲規則，企業顯然認為：聘用一個三十五歲職員的薪水，足以聘用兩個剛畢業的年輕小伙子。

2007年，當年31歲的根橋定敬是宅配公司「大和運輸」的契約員工，負責包裹分類，月薪僅10萬日圓，大約是日本正職員工平均收入的三分之一。這份工作在他眼裡已算相當不錯，但仍不夠他支付房租，他不得不與父母同住在東京的小房子裡。「我得降低自己的期待，」根橋表示，2000年時他大學畢業，取得海洋生物學士學位，「如果我想找個正職工作，或許一輩子也找不到！」

工作不好找，露宿街頭的年輕面孔也變多了。位於日本大阪西成區的三角公園，是遊民聚集地，當記者前往採訪時，遭遇不少遊民前來抗議拍攝，他們表達找不到工作、快活不下去，甚至不敢讓家人知道的憤怒與無奈。在西成區，早期工業發達，居民以勞動階級為主，日本經濟衰退後，勞動者失去活躍的舞台，只能擔任臨時工一類的工作，居所不定，間接造成遊民問題日趨嚴重。

長期以來，勞動條件差、薪資低、就業不穩定，埋下社會不公義的因子，也引發多次暴動，日本政府注意到問題的嚴重性，提出了「遊民自立支援法」和「生活保護法」做為因應，許多公益組織也積極幫助這些遊民，除了先滿足他們吃住等最基本的生活條件外，還進一步幫他們找到工作，重建信心、重返社會。然而，根據學者估計，日本目前尚有4萬人無家可歸，每年的自殺者更高達3萬多人，這些人有很大一部分是之前經濟長期衰退的受害者。由於日本素有一種「堅忍」的文化，人們不願從社會中尋求援助，往往默默地忍受大環境的艱難。

根據當年日本內務省的資料顯示，大約有330萬名介於25歲到34歲的日本人是契約員工或是打工族，遠高於十年前的150萬人。而在階級意識鮮明的日本社會，這些年輕人被取了一些不太好聽的稱號。例如「契約社員」、「派遣社員」、或是「飛特族（freeter）」、「尼特族（NEET）」。這個族群的痛苦成為了日劇《派遣女王》之靈感。劇中主角是一名二十幾歲的派遣社員，儘管她的資歷豐富，卻飽受正職同事的冷嘲熱諷。

儘管有日本企業替自身辯護，說「失落的一代」並不具備進入企業核心的才能，「不論企業界多麼想雇用他們，許多三十幾歲的人卻不具備足夠的能力。」資深經濟學家長濱敏弘表示，雇主擔心習慣換工作的飛特族

尼特族與飛特族

尼特族（NEET）是Not currently engaged in Education, Employment or Training的縮寫，指那些不讀書、不就業、不進修也不參加就業輔導、終日無所事事的青年族群。這一詞最早出現於英國，指的是16至18歲的少年，而在日本則泛指15至34歲的青壯年階層。其他如香港的「雙失青年（失學與失業）」、美國的「歸巢族（Boomerang Kids）」、中國的「啃老族」亦代表同一族群。

尼特族是世界性的社會問題，主要出現在先進國家和經濟高成長、生活素質高的地區。由於高等教育的普及化，大學畢業生逐年增加，受到高學歷的心態以及環境不景氣的影響，許多新鮮人求職困難，又不願低就高勞動低薪資的工作，造成心理受挫或不平衡。也有部分年輕人過於依賴家庭，無法融入社會團體生活，於是呈現一種空等狀態。換句話說，尼特族就是「自願性失業」的一群人。

尼特族大致可分為四類——眼高手低型、喪失自信型、自我封閉型、家庭溺愛型。他們依附家人而不就業，除了沒有謀生能力，也造成家人的負擔。同時，家庭氣氛會連帶受到影響，成天不做事的兒女賴在家，容易讓家中發生爭吵；家庭不美滿，人的心理也容易改變。而貧窮的情形也會進一步提高社會犯罪率，使得治安惡化，破壞社會秩序。

對於社會來說，不就業的人口增加，需要救濟的人數也隨之增加，久而久之，社會經濟曲線將呈現向下的趨勢。而尼特族生活不穩定，往往又演變為「不結婚、不生育子女、不供養父母」的現象，原本應是社會活力來源的15至34歲一代，卻失去了積極向上的心態，不僅無法肩負社會生產的主力，反而成為社會的累贅。目前各國政府都大力關注此問題，但除了從經濟層面解決之外，短期內還無法根治。

飛特族（freeter）為英文freelance（自由）與德文arbeiter（勞工）

的結合字，指的是以打工、兼職等非正職的身分維持生計的人，主要年齡亦在15至34歲之間。飛特族沒有固定職業，僅從事非全日臨時性工作，他們往往只在需要錢的時候才出外掙錢，等錢掙夠了，就休息，或出門旅遊，或在家賦閑。

飛特族的成因有兩種，一種是基於自由自在和不受拘束的理念，想要工作的時候才工作，其餘時間則追求心靈、藝術或家庭方面的滿足與充實；另一種則是由於經濟景氣衰退，企業減少雇用人工，被迫離開固定工作，不得不在尋得更好的與固定的工作之前，暫時遷就臨時和短期的工作。

與尼特族不同的是，飛特族有工作、有收入，足以支撐個人的生活與享樂。然而，略低的收入仍使他們難以建立家庭，亦難以在事業上有所發展。日本的飛特族的人口自1982年以來已由1.9%增至7.4%，目前全國有大約180萬名飛特族，佔15至34歲人口將近一成。日本政府部門曾指出，若放任這種現象不管，數十年後，15歲以上的人口中，每兩個人就會有一個沒有工作，國家的競爭力也將下滑；同時，同年的人，在飛特族與正式員工之間，收入上將出現極大落差。

近年來，日本有學者認為，飛特族為勞動人口中的重要來源，若能將這股龐大的人力投入基層勞動工作中，將可舒緩日本經濟結構中基層勞動人口不足的問題，但趨勢專家大前研一對此表示，飛特族在工作上有所謂的「三不」──即不髒、不累及不危險，基於這三不，他們不願投入勞動型工作。正如同「飛特族」這個名稱一般，他們並不是失業，只是過著一種超然而自由的生活模式。

不如剛畢業的大學生那麼有野心、有企圖心，也無法對公司忠誠。

於是，這些數以百萬計的年輕人過著和父母截然不同的生活。對於戰後的團塊世代來說，終身雇傭制提供了穩定的生活，可以結婚生子。但現在，就職環境的不斷惡化和生活的不安定令更多「失落的一代」失去了結婚和組建家庭的希望。沒有穩定的經濟基礎，結婚和生育都很難。這正是日本社會晚婚化和不婚化現象日漸明顯以及出生率持續低下的重要原因。2013年結婚的新人僅有60萬對，遠低於七〇年代的100萬對以上。「薪水根本不夠養小孩，生產後又無法回到職場，小孩是個奢侈的夢想。」三十歲的池田雅子說道，她在東京一家電玩公司工作，屬於契約型員工。

類似根橋和池田這樣年輕人的命運，令日本的經濟學家憂心忡忡。如果失落的一代找不到更高薪資的工作，他們就無法增加支出或為老年預做儲蓄。瑞士信貸集團估計，假如這一族群的人數在未來三十年仍維持不變，將會使日本納稅人每年增加670億日圓的退休與健保成本。

日本政府已開始正視這個問題。自2006年開始，東京已開始提供獎勵，企業每新聘一位年齡介於25歲至34歲的飛特族，便可獲得20萬日圓的補助。厚生勞動省更增設了25家就業輔導中心、15所訓練學校，協助尼特族進入職場。部分大企業也跟進政府，豐田汽車自2006年以來短期契約員工已增加二倍到10,000人，每年都會將其中的一部分人調為正式員工。

由於在對將來的經濟感到不安中成長，對於未來的收入沒有把握，所以「失落的一代」的購物欲望並不強烈，他們不怎麼花錢，卻很喜歡存錢。「為了向別人炫耀而買奢侈品」這樣的虛榮消費對於他們來說毫無意義，他們對這樣的心態不屑一顧，主張「即使不住高級公寓，不坐高級車也要讓自己幸福地生活著」。習慣光顧「100元商店」，旅行模式也從「豪華遊艇」轉變成「鐵道旅行」。為了吸引他們，零售業開始大打低價策略，爆發激烈價格戰，7-Eleven便利商店甚至推出以大豆和豌豆蛋白質製造、一瓶158日圓的「仿冒啤酒」取代傳統以大麥和酒花釀成的啤酒，以迎合這些新世代的消費者們。

即使這一世代的人們為了走出不景氣而努力不懈地工作者，但情況卻似乎永遠不會變好，於是，這些「失落的一代」不得不對重視經濟利益和日本傳統的勤奮精神抱持強烈的疑問情緒。漸漸地，他們將「不當第一，要當獨一無二的」作為座右銘，不在意他人怎麼評價自己，也不在乎輸或是贏。他們沉醉於尋找自己的價值，使自己從中獲得滿足感。如果是不能認同的事，即便是政府或者家長強制要求也不會去做。這是因為，他們認為「沒有高收入也可以，只要有時間熱衷於自己的興趣愛好就行」，並憧憬著「自給自足」的田園式生活。

在集體主義氛圍濃厚的日本，「失落的一代」帶來了一種個人主義至上的社會潮流。例如說，在下班之後，和同事、上司一起去居酒屋喝酒，這在日本社會是約定俗成的傳統。即使不想去，為了合群或給同事面子，也會勉強地前去。但是，「失落的一代」在這種情況下，卻會直截了當地說出「不想去」，每天下班後就會迅速地回家。對於日本社會的各種默契與文化，他們也帶有一種抗拒感。例如說，他們願意嚴格遵守法律和公司的規定，但除此之外，他們是不受商場文化和應酬風氣限制的。

不過，雖然可以說「失落的一代」帶有個人主義的傾向，但並不代表他們沒有日本傳統中的崇尚安定的志向。相反地，在他們身上，不想冒險、渴求安定的欲望反而更加強烈，這全是出於對未來的不安全感。他們會積極地參加各種認證考試，以獲取證照，這樣的做法是為了將未來的風險最小化，增加自己在職場競爭中的競爭力。

就這樣，失落的一代靠著自己的力量，試圖掙脫出日本當今的困境。

2-3 從失落十年到失落二十年

2010年1月，在日本「成人節」的前一天，佐世保市為當年度滿20歲的年輕男女舉行了成人儀式。期間，一位醉酒的青年跑到台上發酒瘋，讓正在致詞的市長忍不住大聲呵斥：「社會冷酷啊！守點規矩吧！」隔天，全日本的媒體一致把市長的斥責作為成人儀式新聞報導的標題，引發了社會對新一代年輕人的反思和「失落的一代」名詞的再定義。

自從九〇年代泡沫經濟破滅起，轉眼間，又一個十年過去了，「失落的十年」也不知不覺地變成了「失落的二十年」。「失落的一代」亦從出生於七〇年代末的世代，加入了生於八〇年代末、九〇年代初的世代。這些年輕人出生時，泡沫經濟已瀕臨破滅邊緣，他們的出生被寄予了無限厚望，如同一顆顆「金蛋」。然而，就在他們出生後不久，泡沫破滅，日本股市和房地產價格快速暴跌；到了1997年，這一世代才剛進入小學就讀，日本四大證券公司之一的「山一證券」就宣告倒閉，重創了日本人對於大型金融機構的信心。之後的幾年，他們陸續上了中學、高中，同一時間，日本的終身雇傭制與年功序列制正逐漸瓦解。到了2010年，他們終於成年，也就在這一年，被譽為「日本之翼」的日本航空（JAL）申請破產保護，再次打擊了日本人的自信。

如今，這一世代的年輕人準備踏入職場，他們卻發現，自己必須承擔長達二十年的經濟災難，他們的未來充滿著徬徨不安，他們的人生與「失落的二十年」一樣長，他們不幸地成為了「失落的一代」。

在他們受教育的時期，日本政府在小學、中學和高中推行了「寬鬆教育」，上課時間和科目減少了，休息日數變多了；儘管上學變輕鬆了，但孩子們的學習欲望和能力也一落千丈。在國際學生評價項目（PISA）

中，這些「寬鬆世代」的學童數學能力自6等降至10等，科學能力從2等降至6等。這一結果在日本社會引發了軒然大波，更顯示了年輕一代在國際職場競爭力上的缺乏。

日本的失敗教改——寬鬆教育

在七〇年代，日本青少年面臨極大升學考試壓力，逐漸衍生出自殺、霸凌、暴力、破壞環境、浪費成性等嚴重社會問題。有鑑於此，1989年，日本政府在新的《教學大綱》中提出以「尊重生命」為主要精神的「寬鬆教育」模式（日文為「ゆとり教育」），口號為「熱愛生命，選擇堅強」，目的是讓青少年透過教育認識生命的美好和重要，使他們能勇於面對挫折，熱愛生命。

「寬鬆教育」的具體改革內容，在於逐步減少課程內容和上課時數。1992年，全日本的學校開始實施「每月第二個週末休息」，1995年開始連第四個週末也休息，2002年又進一步減少課程內容與上課時數，公立學校更完全實施週休二日。

「寬鬆教育」有別於戰後的「填鴨式教育」，本意在於增加學生參與課外活動與社區服務的機會，這項制度在實施初期大體受到肯定。但泡沫經濟崩潰後，學生學力普遍降低的情形卻逐漸顯露出來，引發日本民眾質疑。探討其原因，在於上課時數減少，使得與考試無關的科目更受到忽視，而考試科目的上課時數仍然不足。當時，兵庫縣就曾發生有59所縣立高中漏修必修科目的事件，校方皆聲稱這是為了升學考試。由此可見，「寬鬆教育」並未減輕學生的升學壓力。故日本文部科學省（相當於教育部）於2008年正式廢除了此制度。

另一方面，他們面對的卻是個冷酷而嚴峻的社會，在他們出生的時代，日本的失業率僅有2.3%，如今卻高達5.2%，其中青年失業率更是從3.8%上升到8.4%，有20%的社會新鮮人找不到理想的工作。《日經新聞》曾報導，這些「寬鬆世代」在職場上抗壓力不足，離職率高達30%。同一時期，日本的國家債務從266兆日圓直逼1,000兆日圓（即每一位國民背負了784萬日圓的國債），經濟成長率由5.4%下跌至1.7%。

更為黯淡的現實是，由於越來越嚴重的少子老齡化和政府的財政問題，年輕世代要贍養的65歲以上老人從二十年前的1,500萬人增至2,900萬人，社會保障預算從10兆日元增至25兆日元，當年13.9%的儲蓄率如今只剩下2%左右。國民儲蓄的枯竭，意味著剛進入社會的年輕世代得掏空口袋支付社會福利費用。這都是上一代留給下一代的社會負擔。

低出生率造成了年輕人口的絕對不足，而老齡化負擔卻又如此沉重。2010年，東京的新增成年人口為11.6萬人，這個數字連續十八年減少，甚至是二十年前的一半，戰後嬰兒潮的三分之一。為了維持現行的養老金制度（由工作的一代支付給老年退休的一代）和解決鉅額的財政赤字，未來「失落的一代」必須背負的經濟負擔變得越來越沉重。由目前出生率的趨勢來看，學者估計日本的人口在2060年會銳減至目前的三分之一，年齡超過65歲的人口比率由20%升至 40%，勞動人口比例則下降一半；這代表，當失落世代的人老了之後，他們的養老金和經濟保障，卻完全無法指望下一代——因為「下一代」已經沒有多少人了。

嚴苛的社會環境進一步造成了「尼特族」的比率暴增，根據官方在2012年的統計，目前全日本的尼特族高達52萬人；而在35至39歲的男性中，有41.6%與父母同住，依靠養老金和父母的存款生活。在日本的大城市，八〇年代後出生的年輕人在畢業後依然和父母居住已是司空見慣的事，即使可能對生活和工作造成不便，但為了節省生活費用，很多年輕人依然繼續「啃老」，甚至連結婚後仍然和父母同住。另一個理由是，日本的房價走勢並沒有呈現上漲的趨勢，這使得在日本買房並不是一個好投資，許多積蓄有限的年輕人更沒有買房的意願。

在成年禮上，青少年按傳統慣例參拜了神社，並在架上掛滿了數百個繪馬（寫有願望的木板）。內容不乏「希望四年後能順利從大學畢業」、「祈求公司面試的測驗能通過」、「目標是加入某間大企業！」、「請給我一個戀人」等等，然而，比起積極與天真的抱負，更多的是為糊口生存的祈願和對命運的哀嘆。

筆者（當然，透過翻譯）問一名從神社內走出來的年輕人：「你認為日本的未來會怎麼樣？」他笑著回答：「啊！我都不知道自己的未來是什麼樣呢！」當時，《讀賣新聞》對參加成人禮的年輕人提出過一個問題：「對於自己的未來，你能預見到幾歲？」而最高的回答也不過是「30歲」。

「失落的一代」也衍生出了幾個特殊名詞。在2007年初，日本各大報都以當年三十歲左右的世代為題，刊出了報導文章。例如，《朝日新聞》的標題為「失落的一代：25～35歲」，當時年齡為25到35歲的一代人，雖然橫跨七〇、八〇兩個時期，卻不約而同對世局抱持著悲觀失望的心情。在文章標題下方，清楚地列出了三個主題——「踏板世代」、「跳槽世代」、「叛逆世代」。

「踏板世代」的代表，是一名在影印機廠打工的26歲男生。他從18歲就離開了北海道老家，在職場打滾了8年，總共搬過30多次家，全是為了短期工作。當他從札幌專科學校畢業時，一直找不到正式職位，只好來到人力派遣公司，出臨時工維生。

他第一個被派去打工的地方是富山縣的工廠。之後，每隔幾個月（最短甚至只有一星期）就收到人力派遣公司的來電，要他換到下一個地方去工作。從鳥取縣、愛知縣、到長野縣——日本每個地方他幾乎都待過。一下子在豐田的汽車工廠裝車身、一下子又在YKK公司的拉鏈廠作品管；這些打工的地方幾乎都是國際性的大企業下面的工廠，商品經常出口到海外而暢銷，但為了節省成本，公司不肯雇用正職勞工。舉佳能（CANON）為例，它們位於九州大分縣的數位相機廠，共有5,000名員工，其中正式職員只佔了二成。

臨時工的月薪，扣掉了房租與最低水準的生活費後，一共儲蓄了十五萬日圓（約台幣四萬多），他的同事大多是外國勞工，讓他不禁感嘆：「我覺得自己就像日本外勞。」不斷地遭受糟蹋、剝削的情形，就如同被人踩在腳底下的「踏板」一般。

30歲的乙部綾子是「跳槽世代」的代表人物，她在日本小有名氣，20歲時曾當過日本一家航空公司的空服員，這是短期合約工作；之後又跳槽到外資航空公司。後來又轉行，成為高級餐廳接待員，還曾到外資科技企業當過秘書。2005年，她來到Live Door網路公司做公關主任，當時，該公司前途大好，總經理堀江貴文更是一時的當紅人物，常在媒體上露面的乙部亦成了名人。後來，堀江因經濟案件入獄，公司的名氣大大下降。乙部又匆匆離職，目前在藝人經紀公司擔任電視旅遊節目的監製職務。

「叛逆世代」的代表是32歲的松本哉，他和夥伴們在前一年的聖誕夜裡，在東京新宿火車站南出口外廣場舉辦「粉碎聖誕節集會」，被二十多名警察包圍，並命令離開。所謂的「粉碎聖誕節」，實際上只不過是在露天擺起火爐，跟大家一起吃火鍋。他利用街頭表演般的手段，批判瀰漫日本社會的消費主義風潮。他原本也是「踏板世代」的一份子，但對於老是被人鄙視的生活忍無可忍。於是來到東京高圓寺商店街租了一間老店面，開起了收購服飾轉賣的二手店，店名就叫作「素人之亂」，即「外行人開店」的意思。後來，志同道合的夥伴們陸續在附近開了幾間二手店和咖啡館，全都以「素人之亂」為名。這群人對大企業壟斷的社會業結構深感不滿，想靠著另類價值觀的新商業方式，對老舊體制提出抗議。松本每個月的收入僅有14萬日圓，住在四張半榻榻米的小公寓裡（房租23,000日圓），吃飯購物主要在朋友的店內，能夠維持基本的生活。而這些年輕一代也為傳統的高圓寺商店街帶來了活力，當地的居民們大多是已屆退休年齡的老人，十分歡迎他們。

過去二十年間，日本職場發生了劇烈的變化，終身雇傭制瓦解，非正式員工增加。在這時期出社會的、如今三十多歲的年輕人，有些成為了老是被雇主、前輩壓榨的「踏板世代」，但也有「跳槽世代」藉著不斷地跳槽而爬上高層，或是用自己的方法表示抗議的「叛逆世代」。目前，全日本的「失落一代」之中，共有330萬人仍從事短期合約的派遣工作，即使有幸找到長期職位，他們最有活力、衝勁的黃金十年也早已在漫長的經濟低潮中耗盡了，只留下「還過得去」的生活品質，以及對時局的無奈。根據估計，這個「徬徨的世代」在日本大約有2,000萬人。

2-4 年輕世代在日本

堀江謙一是一位很有前途的汽車工程師，正處於朝氣蓬勃的36歲。面臨韓國和中國汽車工業虎視眈眈的競爭，可以說，他正是日本汽車業界最需要的年輕才俊。在三十歲出頭時，他曾在一家大型汽車工廠裡任職。他設計出一套高級生物燃料系統，受到了同事們交口稱讚。

然而，和當年許多日本年輕人一樣，他只是一個臨時工，和公司簽訂了臨時雇用合約，毫無職業上的保障，薪水也只有正職工人的一半，而那些正職工人幾乎都是接近50歲的中年，或者更老。堀江為了取得一個正式職位，他在工廠中打拚了十多年。然而，他發現自己的努力是不會得到回報的，於是，他最後放棄了臨時工的職位，離開了日本，並在兩年前來到台灣。

「日本公司為了保護老職員的利益，不惜浪費年輕一代員工的能力。」堀江說道，「在日本，我被他們拒於門外。來到台灣之後，許多大公司卻說我的資歷相當優秀。」

曾是超級大國的日本，在經濟衰退的過程中，人口也迅速地邁向老化；對於國內社會來說，當務之急是提高生產力、釋放那些數量越來越少的年輕的創業活力，然而，日本的現狀卻似乎正背道而馳，它的經濟成長越來越乏力，而養老金負擔卻日益增長。2011年，標準普爾公司下調了日本主權信用評級。

「日本年輕一代之間瀰漫著這樣的情緒，也就是不管我們工作多麼賣力，也永遠無法取得成功。」今年36歲的城繁幸說道，他是《世代不平等的真相》一書的作者之一，「年輕一代的所有升遷管道都被堵死了，撞個頭破血流也沒有用！」

大前研一曾說過，「日本的所有問題，都可以用老人家對政治的影響力來解釋。」老一代的人享受著既得的利益，而老化的人口正阻礙著這個國家的經濟發展。許多學者紛紛提出警示，這種現象會讓原本階級分明的日本社會變得更加僵化、保守。當日本這個成熟的經濟體系需要年輕人創

主權信用評級

主權信用評級（Sovereign rating）是由信用評級機構對一經濟體或政府作為債務人履行償債責任的意願和能力的評判。評判的依據有一個政府的經濟成長趨勢、貿易及國際收支、外匯儲備、外債餘額及結構、財政收支和相關政策影響等等。目前世界主要的評級機構包括標準普爾公司、穆迪投資者服務公司以及惠譽國際公司，這些機構作出的評級足以左右市場的走向。

債務評級可細分為「長期主權信用評級」、「短期主權信用評級」和「評級展望」三個方面，分別反映不同時間內的償債能力及信用狀況的變化趨勢。以長期信用評級為例，最高級為AAA，其次為AA、A、BBB、BB、B、CCC、CC等。而短期信用評級則依序分為A-1、A-2、A-3、B、C等。評級越好，代表償債能力越高，投機的可能性越低。此外，還有R、SD、D等級別，R代表目前正處於受觀察期間，D代表債務到期而發債人未能按期償務，SD則為「選擇性違約」。

目前，在標準普爾的評級列表中，評級為AAA的有英國、瑞士、新加坡、荷蘭、德國、香港等；評級為AA的有美國、法國、比利時、紐西蘭、日本、台灣等；而在2010年破產、導致歐洲主權債權危機的希臘則名列最低CC評級。

新的活力時，當新的公司和新的行業正推動經濟增長時，社會卻在打壓和邊緣化他們的年輕一代。

一個曾經創立了索尼、豐田和本田這些品牌的國家，在最近幾十年來，再也沒有培養出年輕的企業家，或是冒出類似Google或蘋果一樣改變行業風貌的指標型企業。這兩家公司的創始人賴瑞．佩吉（Larry Page）、謝爾蓋．布林（Sergey Brin）、史帝夫．賈伯斯（Steve Jobs）

等人創業之初都才二十歲出頭。

就業資料也突顯了年輕一代在社會中處於「二等公民」的處境。幾十年來的經濟發展停滯，使得各年齡階層中零時工的數量大增。而在這其中，年輕人受到的打擊最大。2010年，15到24歲的勞動人口中，有45%是臨時工；而在1988年時，這一比例僅有17.2%。職場中的核心與正式職位全被上一代的前輩們所佔據，這些前輩們固守著各種老舊的做法。今日，日本新聞媒體也充斥著應屆畢業生求職時遭遇嚴酷現實的報導，在2012年度的畢業生之中，只有56.7%的人找到了工作機會，但其中正職工作不到一半。

「在日本，年輕一代受到的不平等待遇是世界上最嚴重的。」秋田大學社會政治學教授島澤學夫說道，他曾針對世代間不平等的問題著述了許多文章，「日本已經喪失了活力。因為年紀大的一輩人不肯退居二線，來讓年輕人有機會面對新的挑戰，並且成長。」

很多國家都遇到了老齡化問題，但尤以日本的情況最為可怕。如前文所述，到了2060年，日本將有40%的人口達到或超過65歲。許多社會問題是可以預見的，例如通縮問題——隨著日本退休人口的增加，他們靠著退休金過活，消費力減少，進一步加劇日本國內消費原本就不熱絡的狀況。而這些世代與世代之間的不平等，另一個結果就是社會的生產力與競爭力會降低。

堀江謙一說，很多公司都會雇用許多年輕人來做那些收入低、毫無前途的工作，目的是為了讓企業裡的老一輩們能繼續佔住那些較輕鬆的職位。另外，日本一味照顧老年人的、不合理的養老金制度也面臨資金短缺，讓很多年輕人拒絕承擔。「銀髮民主」制度，讓國家經費在老年人身上投入過多，遠遠超過對教育和兒童福利的投入。美國也有類似的問題。

而瓦解不完全的終身雇傭制，在日本又催生出新的、自認被剝奪了公民權的「徬徨世代」。

井上渚是東京明治大學四年級的學生，她正在考慮自費再多唸一年大學，而不願意一畢業就失業。在日本死板的就業市場中，要在大企業找到一個高收入的職位，簡直難如登天！因為那些日本公司，即便有穩定的固定工職位，也只青睞那些他們認為能服從企業文化塑造的、缺乏個性的中生代。諷刺的是，井上說，她可不想去大公司工作。她寧可去參加非盈利的環保團體，但也不會去當一個老舊企業體系下的「固定工」。

「我希望能自由選擇，嘗試做不同的事情。」22歲的她說道，「但在日本，要做點與眾不同的事，代價太大了。」

很多社會學專家認為，日本嚴酷的經濟形勢，更逼迫人們不得不遵循日本現在那些過時的，千人一面的就業制度。明治大學曾對年齡在18到22歲的年輕人進行一項網路調查，發現有三分之二的人感到如今的青少年不願意冒險或者接受新挑戰；相反地，他們已變成性格內向的一代，對平庸的生活感到滿意，或者屈從於這樣的生活。

東京大學教育學教授本田由紀說：「這是年輕一代和舊制度間的脫節。很多日本年輕人不願意像他們父母一輩的那樣，過著一切以工作為主的生活方式。但是，他們又沒有選擇。」

面對公眾的強烈不滿，厚生省在2010年向企業建議，將「畢業不到三年」的學生都視為「應屆畢業生」，如果企業提供這些新鮮人正式的職位，厚生省將按每雇用一名新人，最高發放180萬日圓的補貼。然而，或許日本社會早已習慣澆熄年輕人的進取心，企業家精神蕩然無存，進一步對日本經濟造成了可怕的惡果。

年輕世代在社會受到的排擠，亦可從以下一個現象觀察出來：根據東京的Next公司統計，2009年時日本企業IPO（initial public offering）的數量僅有19家，同期美國企業IPO的數量卻高達66家；而厚生省的一項統計，更說明了在日本企業中也是老人居多——2002年，年齡為20至30歲的日本企業家佔9.1%的比例，但在美國，這一比例卻達到25%。

「日本已變成了一個零和博弈的社會。」板倉一郎說。他曾經營一家網路公司，後來失敗，他在書中分享了創業經歷，「既得利益者們害怕年輕的新人們進入後，會竊取他們的利益。因此，他們索性不和年輕人做生意。」

很多日本經濟學家和制定政策者們認為，「培養企業家精神」是治療日本經濟病症的最佳藥方。回顧二戰後的時代，「團塊世代」就是從戰爭的廢墟上站起來，大膽創業，徹底改變了日本乃至全球的產業面貌。然而，或許在日本經濟達到最輝煌的時刻起，它就已經開始僵化了。如今，有創意的創新企業在日本幾乎絕跡！

我們可以從網路鉅子堀江貴文的故事，探討箇中原因。

1995年，堀江貴文自東京大學輟學，與兩名同學集資600萬日圓成立了只有七坪大的網頁製作工作室「Livin' on the Edge」。工作室的業務迅速擴展，終於在2000年成功在東京證交所上市，成為一家公司，並在日後改名為「Live Door」。

這是他首次出現在世人的面前，他不像過去呆板的日本商人，而是渾身充滿了年輕人的活力與野心。無視於傳統企業文化的客套與排場，穿著一件T恤就出席會議。隨著Live Door的規模越來越大，他開始了一連串侵略性的併購行為，明目張膽地藐視各種商務邏輯。這種風格為死板的日本帶來了嶄新的氣息，自民黨甚至邀請他競選眾議員，不過最後沒有當選。少年得志的他，難免盛氣凌人，私生活極盡奢華之能事，並不時宣揚

「金錢萬能」的思想。他在國內以法拉利代步，旅行時搭的是私人飛機，身邊不乏性感美女。

就在2006年，他被指控證券詐欺，遭到逮捕。他的下場被新聞媒體渲染為一則典型的「因果報應」的例子，而他本人則被塑造成一個無法無天的西方資本主義的化身。2007年，法院裁定他偽造公司帳目有罪，經過多次上訴，仍然在2011年6月入獄。在當時，同情堀江的日本年輕人不在少數，他們將這次事件視為世代之間衝突的結果：一位年輕的挑戰者被專制迂腐的社會扼殺了。堀江的入獄，如同在警告年輕人「別想打破現狀」！

入獄前，堀江貴文曾在書信中寫道：「這個案子向社會傳遞了一個訊息：面對日本社會現有的保守體制，最好逆來順受。」官司纏訟的5年間，他和法庭始終不懈地抗爭，而不是像其他被捕的人一樣乖乖地坐在庭上。這種舉動又在日本社會引起很大反響，他在媒體前的桀驁不馴令許多民眾大聲叫好。他的微博擁有超過50萬名關注者，人氣超過日本首相。他公開呼籲大家挑戰現有的體制。

「堀江貴文就是我們身邊最鮮活的榜樣。」25歲的東大畢業生古市典俊說道，他曾出版一本書，暢談日本年輕世代在絕望的時候，如何保持快樂的心態，「堀江就代表了『新日本』與『舊日本』的衝突。」古市和其他很多人都認為，日本年輕人面對現實的反應不是憤怒或是抗議，而是選擇自責和逃避，或者默默地辭去工作，希望在自己狹小的空間裡尋求慰藉。對比他們父母「團塊世代」，生活視野顯然太過狹隘。

在這種氣氛下，也很難引起年輕一代對政治的興趣，政治界無法加入新的能量。高橋涼平是東京都郊區市川市的年輕議員，他曾和其他年輕政治家一起提出「青年宣言」，呼籲年輕選民一起來維護自己的權益。

2009年底，他競選市長職位，主打施政計畫是將更多的政府開支投入年輕人的家庭和教育。然而，年輕選民對政見的回應寥寥無幾。最後，他不得不去迎合當地最具影響力的投票族群，也就是退休人員和當地的企業家，這些人都已是五六十歲的中老年人了。

最後，他仍然落選了，這給了他一個痛苦的教訓：日本正變成一個「銀髮民主」的社會，政府大部分的預算和開支都大幅度向老年一代傾斜，老年人牢牢地掌控著日本這個國家。「老齡化進一步充實了老一輩的實力。」他在落選後感嘆道，「他們在選舉中輕而易舉地獲得勝利。」

另外，專家指出，削減財政赤字，就意味著年輕一代將來再也無法享受到現在退休人員的福利待遇。根據計算，二十一世紀後出生的孩子，終其一生能享受到的退休金、衛生保健和其他政府投入的經費總額，比目前的退休世代得到的各種福利要少了1,500萬日圓，而光就退休金的差距或許就高達數百萬日圓。

這個數字讓許多日本年輕人感到灰心，決定放棄這個養老體制。日本35歲以下的勞動者當中，有一半的人拒絕支付養老保險金，這代表他們將來需要面對沒有退休金可領的局面。「要是在法國，年輕人早就上街抗議了！」高橋說，「但在日本，年輕人們只會選擇拒付。」

年輕人選擇退出競爭，在「失落的二十年」間早已見怪不怪。杏子就是其中的一個例子。大約在十年前，當她還在早稻田大學讀大三時，她就期望走一條偉大前輩們走過的道路——進入大型公司工作，然後幹出一番事業。她說，一開始情況很順利，她在面試官前表現得相當熱情，不會很固執己見，這些都符合想找到勤奮員工的日本雇主的要求。然而，在參加了十餘家公司的面試後，她絕望了，再也不去面試了。因為她並不想和她的父輩一樣，終身為公司賣命，沒日沒夜地加班工作。結果，她在畢業前沒能找到心目中的理想工作。

她漸漸成為了「飛特族」的一份子，一群生活在社會下層的年輕人，做著收入很低的臨時性工作。自從2004年畢業以來，她已先後換過六份工作，但沒有一份工作繳納過失業保險金或養老金，也沒有一份工作的月收入超過15萬日圓。

「我明白自己也不想這樣，」杏子無奈地回憶道，「我不懂的是，為什麼按照自己的理想生活，必須付出這麼大的代價？」

時至今日，日本的經濟仍舊沒有復甦的跡象，年輕族群在困境中步履維艱地生活著，消費力依舊低下，「庶民經濟」更早已成了日本社會的普遍現象。

UNIQLO正是在這樣的背景下崛起，它有別於零售業界鎖定「消費力高的中老年客層」為主軸的策略，逆向操作，主打「廉價」與「潮流」，緊緊抓住了年輕世代的心。在「失落二十年」的低迷景氣中，UNIQLO的事業版圖逆勢成長，社長柳井正的身價更是水漲船高。根據美國《富比士》雜誌統計，2009年日本首富正是柳井正，他從2008年富豪排行榜的第六名躍升為第一名，身價達到61億美元，比一年前成長了14億美元。2010年，柳井正的淨資產達到92億美元，2013年又暴增到133億，繼續穩坐日本首富寶座！

柳井正到底是個什麼樣的人？為什麼經濟衰退與金融危機似乎對他沒有任何影響？身為「團塊世代」的他，為何能深受「失落世代」的愛戴呢？

服を変え、常識を変え、世界を変えていく

UNIQLO

Tadashi Yanai

Chapter 1 時尚教主的崛起

Chapter 2 登上日本第一寶座

Chapter 3 制霸全球之野望

Chapter 4 首富的經營之道

Chapter 5 UNIQLO傳奇

Chapter 1 時尚教主的崛起

1-1 除了第一，什麼都不要

創立UNIQLO的柳井正，於1949年2月7日出生在日本山口縣宇部市，與現任首相安倍晉三同鄉。他出生的年代，距離日本在二戰中宣佈投降已經過去四年，人們也已逐漸適應了戰後平靜的生活。

在二戰中，日本雖是戰敗國，但日本國民注重義氣的武士道精神並沒有因此而有所減少，戰後的日本百廢待興。隨著美國對日本的經濟扶持和西方現代經營思想的傳入，日本的銀行業和證券業也逐漸發展起來。因此，越來越多的人們開始穿起正規的西裝出入各種辦公場所。

柳井正的父親柳井等看出了這一龐大的商機，因此在1949年開設了一家男裝店──「小郡商事」，主要商品就是西裝，主要客層都是穿著體面的銀行或證券業人士。1963年，這家西裝店又由個人持有改為「小郡商事股份有限公司」。

柳井等是在日本動亂的年代成長的，曾經歷過慘不忍睹的戰爭場面，因此也更加懂得做生意時應遵循的基本法則。小學畢業之後，柳井正開始在父親經營的西裝店裡頭打工。在具有傳統經營風格的商業模式中，柳井正也受到了父親傳統經營理念的影響。

若是僅為了支撐起一個家，柳井等的業績已經算得上不錯了，但從一位商人的眼光來看，他的經營狀態顯然並不好，甚至可以用慘澹經營來形容，因為柳井等不懂企業家和經營者應怎樣樹立自己獨有的商業模式並創建「品牌」。不過，在山口縣的商店街長大的柳井正，仍然自小受到商業的耳濡目染，儘管當時的他只是漠然地覺得「做生意根本賺不了大錢」。

或許也正是因為父親曾親身經歷過許多商場上殘酷的競爭，柳井正逐漸明白，經商是一個需要靠大量實踐過程才能摸清門道的艱難過程。但是，父親的經歷卻成了他引以為戒的反面教材，就如同一名教師用自己的失敗經歷來教育自己的學生一樣，不論父親成功與否，他都已在年少的柳井正心中樹立了一面旗幟。

柳井正有一個姐姐，兩個妹妹。身為家中獨子，他寄託著父親深切的期望，因此也受到了父親特別嚴格的要求。童年的時候，父親甚至告訴柳井正：「當第一名！什麼第一都可以！」為什麼要第一名？柳井正曾解釋說：「第一名與第二名以後的名次是完全不一樣的，第一與第二不只在數字上差一位，而是有本質上的差異。在事業經營中，能夠讓事業持續受益、擴大的，只有第一名，第一以外的事業發展前途相對來說就渺茫多了。與運動競技相同，在奧運比賽中，讓大家印象深刻的永遠都是金牌，而非銅牌或銀牌。」這樣的座右銘也決定了柳井正一生對人生和事業的態度——總是一直不停地奔跑，一次又一次地為自己尋找下一個「第一名」的目標。

在柳井正的印象裡，父親晚上經常要應酬到很晚。不過就算再晚回家，一旦見到柳井正，一定會挑出一些毛病責罵他。為了躲避父親的責罵，柳井正總是早早地在父親回家前回房間躺下睡覺。柳井正早睡早起的習慣，大概也就是在這種環境下養成的。他很少看到父親對他笑，在他的記憶中，父親只有稱讚過他兩次，分別是在考上高中和大學的時候。

柳井正在自己的書中也提到：「當時我覺得爸爸只會罵我，但現在想起來，那可能是在激勵我。」從小父親就要他「當第一名，什麼第一都可以」，這個觀念對他日後拓展事業也產生了很大的影響。

但是，小時候的柳井正並沒有因為父親的嚴厲管教而形成叛逆的性格。他的性格靦腆而溫順，就像是一隻乖乖虎。只是，當時的柳井正也從沒有做出過什麼成就。柳井正在自傳《一勝九敗》裡曾這樣形容自己：「我生性內向，愛看漫畫，喜歡玩具，但就是對讀書不太感興趣。也因為如此，經常讓父親正色以待。」

不過他仍然得到了一個綽號，叫做「山川」，因為別人說「山」時，他偏要說「川」，由此可見，柳井正從小就擁有特立獨行的作風，以及與眾不同的思維。

在中規中矩的經營模式下，柳井等的西裝店經營得倒也還可以，後來甚至有餘力涉足建築公司，並在業績上有了很大突破，又拿出一部分資金投資茶館和電影院。然而，父親並未將工作上成功的欣喜帶回家中。在孩子們面前，他始終都保持著嚴父的形象。而且由於對柳井正要求嚴格，情緒容易激動的父親總免不了對他進行責罵。

隨著事業蒸蒸日上，柳井等並不甘心過平淡的生活，他開始對時尚前衛的物品產生了濃厚的興趣。也是因為當時已有足夠的經商經驗和資金作後盾，柳井等大膽地開設了一家時尚物品店。

當時的柳井正正處於高中時代，因此對父親店裡的時尚襯衫和前衛的運動鞋非常感興趣，而這也是他生平第一次親身體驗到輕便服裝的感覺。只是，當時他還不能判斷父親的這種「賭博方式」需要承擔多大風險。如果勝利了，自然是皆大歡喜；但若失敗了，誰也無法想像一家人將要一起承擔什麼樣的後果。

高中畢業後，柳井正離開家鄉到東京念書，就讀於日本最負盛名的大學之一——早稻田大學政治經濟系，可惜他的大學生涯有很長一段時間都是虛度過去的。早稻田大學在1913年的三十週年校慶時，曾確立了辦學宗旨，其中包括「活用學術」和造就「模範國民」兩項內容，其中造就「模範國民」是指提倡尊重和建立每個人的個性，創造文明的家庭，提高整個社會的素質。

可惜，這些觀念在柳井正身上並沒有留下什麼痕跡。最起碼，在大學畢業之後的一年內，柳井正的身上並沒有出現絲毫商業奇才的痕跡。另一方面，六〇年代後期的日本，正是「反日美安保」學生運動最如火如荼的時期，罷課在當時成了家常便飯，早稻田大學就曾一度停課長達一年半。對於柳井正來說，他始終無法認同動不動用暴力解決問題的學生運動，因此他的大學生活幾乎都是在電影、麻將和睡覺之中度過的。

上了大三後，柳井正的想法就是：「該怎麼做，才能不用上班還可以活得下去呢？」因為他完全不想工作。在當時不知何去何從的情況下，柳井正渾渾噩噩地唸完了大學。當父親問他有什麼打算時，柳井正回答「還沒決定想要做什麼」。父親聽完後，立刻向他下達了指令：「去佳世客（JUSCO）上班吧！」

原來，當時與柳井等共同經營商業大樓的朋友正好是從零售業巨人JUSCO出身的，而這位朋友的兒子也正準備進入JUSCO工作，因此打算找柳井正作伴。

1971年，柳井正大學畢業，進入JUSCO工作。起初，他被分配到廚房賣場，主要工作是往返於倉庫和賣場之間補貨。後來，他被調到男性服飾賣場工作，這也是他第一次與銷售服裝沾上了邊。不過，當時的柳井正還不曾真正體會到「工作」這兩個字的含義，所以他只在JUSCO待了九個月就離開了，因為他認為「當個上班族，實在很沒意義」。

登台失利的佳世客

佳世客（JUSCO）全名Japan United Stores Company，是日本永旺集團（AEON）旗下的連鎖零售品牌，在日本、香港、中國大陸、泰國及馬來西亞等地都設有綜合購物百貨公司及超級市場。

佳世客成立於1970年，由日本三重縣、京都府及兵庫縣3間超級市場組成，其後不斷擴展，目前在日本國內已超過300間分店。2011年3月，JUSCO正式更名為「永旺」。

佳世客曾來台灣發展，登記的公司名稱為「台灣永旺百貨股份有限公司」，第一家佳世客設於新竹風城購物中心，於2003年開幕。第二家於2005年12月於中和環球購物中心開幕。然而，2006年4月時，受到風城購物中心經營不善影響，新竹分店結束營業。到了2007年11月又進一步表示，在只有一家分店的規模下難以與其他同業競爭，因此中和分店亦於當年12月結束營業，佳世客從此退出台灣市場。儘管如此，它在亞洲仍有相當版圖，在中國大陸擁有29間綜合百貨，在香港有8間，馬來西亞有28間。

1-2 趕鴨子上架的社長

離開JUSCO後，柳井正回到老家，重新面對生計的問題。柳井等擔心自己不在時，沒人在兒子身邊管教他，於是下了一個決定：讓柳井正回到家鄉繼承自己的事業。當然，這麼做也是一件冒險的事，因為當時的柳井正沒有任何經營上的經驗可言。另一方面，柳井正對於這個提議也並不心甘情願，最後還是在父親「同意他與女友結婚」的交換條件下，才終於點頭妥協。

就這樣，柳井正接手了父親的西裝店「小郡商事」。當時，父親正忙於照顧其他的事業，因此對於兒子經營「小郡商事」並未提出任何要求和指示。不過，這反而讓柳井正第一次產生了危機意識，因為他不希望父親辛苦創立的產業毀在自己手上，只能全心全意地努力經營。

柳井正一肩扛下了西裝店的所有責任，當時的他只有23歲。關於這段經歷，柳井正在《UNIQLO思考術》一書中曾說過：「工作沒有合適或不合適，最好是除此之外別無選擇，就會認分了。找到自己願意付出一生去做的工作，或者把自己逼到非得這樣做不可的絕境，是非常重要的，而且發現這份『天職』的時間越早越好。我很幸運，在23歲時就找到了，這讓我的人生從此大大地加分。」

憑藉自己的努力，柳井正終於摸索出一套經營門路，而他在JUSCO的工作經歷更幫了他很大的忙。在JUSCO，柳井正真正體驗並學到了大企業的工作流程和管理結構，這也使他在經營自己的西裝店時，能夠一眼就看出西裝店在經營過程中所具有的優點和不足。在父親經營的年代，西裝店賣的雖然是高檔西裝，但資金往往是個令人頭疼的問題。因為商品種類的匱乏、新產品推出速度慢、以及員工工作效率低落等問題，始終都拖累著店鋪的發展。儘管並沒有出現虧損，但資金周轉情況卻越來越不理想。

然而，年輕的柳井正畢竟缺乏經驗，只根據自己親眼所見的一切作出行動。他大刀闊斧地進行了一系列的改革，將許多JUSCO的美式管理制度導入小郡商事。儘管他的做法相當先進，但操作手段過於激烈，使得老員工一個個產生不滿，最後有七名員工中有六名辭職，只剩下一人。

柳井正後來反省說，當時的自己太年輕，缺乏經商的經驗，所以才會一心想著改革，卻忘了對部下多付出一份關心。當時，一向愛罵他的父親將一切都看在眼裡，但什麼話也沒說，甚至還將公司的帳本和印章全交到他手中。那一瞬間，柳井正只覺得父親真是一位值得尊敬的偉大經營者！

由於小郡商事的員工都走光了，無奈之下，柳井正只好一手包辦出貨、會計出納、接待客人等事務。儘管這時的工作非常辛苦，卻也讓柳井正第一次真正認識到做生意絕不只是把東西賣掉那麼簡單。他每天要跑銀行、抽空面試新員工，還要對店內的營運做出各種指示。回憶起當時，每天都要從早上八點忙到晚上九點，即使回到家還是要忙於工作，將全副心力都投入到經營西裝店之中。山口縣是個不大的城市，很難找到合適的人才，所以進貨、整理庫存、銷售等工作，柳井正都親力親為。

不過，當他回憶起這段經歷時，曾說：「凡事自己來，對生意人來說就是最好的學習。」而他著名的「一勝九敗」哲學也逐漸成形——十次嘗試中，哪怕失敗了九次也沒關係。人生只求一勝，錯了九次，就有九次經驗。

其實，這種凡事操之在己的做法，也是柳井正經商過程中很重要的一部分。當然，由於缺乏經營實務經驗，犯錯對柳井正來說可說是稀鬆平常。不過從失敗中學到的經驗，也讓他體會到了「做生意」的樂趣，這也讓他從此下定決心，一輩子都要當個生意人。柳井正認為，倘若不能在工作中發現樂趣，那麼再大的挑戰也會有結束的時候，再好的計畫也有執行完畢的時候，那個時候怎麼辦呢？何況，常說機會是留給有準備的人，倘若不能在工作中找到樂趣，哪裡有時間和精力去接觸新的領域呢？

也正因為如此，柳井正經常對自己說：「創業不需要什麼資質，每個人都能創業，重要的是自己要試試看。不論失敗多少次，都要持續挑戰。在這個過程中，就可以培養出一位優質的經營者。」當時的柳井正，可能沒有想到自己有一天會成為日本首富，因為他每天的所思所想，就是怎麼才能不讓父親留下的家業敗落，根本沒心思去做富翁夢。儘管日子過得很辛苦，但他對引領他進入商場的父親柳井等還是充滿了無盡的感激。

興趣是一項事業的開端，只有始終對一項事業充滿興趣，才會取得成功。微軟創辦人比爾·蓋茲（Bill Gates）曾說過：「我認為做一個經營者有一個不可或缺的條件，那就是有經營興趣。」有了興趣，才有努力奮鬥的方向。興趣是一支興奮劑，它促使人們永遠充滿希望，對事業和生活充滿激情，並能激勵人們拿出足夠的勇氣和力量面對事業上的難題。

柳井正兒時的夢想，和服裝並沒有什麼關係。他與大多數的同齡孩子一樣，只喜歡各種玩具。在父親的西裝店附近，有很多家玩具店，這裡也成了柳井正少年時期的樂園。但隨著年齡的增長，中學以後的柳井正對玩具也不再那麼熱衷了，不過當時他最想做的事，就是能開一家屬於自己的玩具店。

除了玩具店外，西裝店的附近還有一些書店。閒暇時，柳井正也會到書店逛逛，打發無聊的時間。在書店老闆的照顧下，柳井正又喜歡上了漫畫，並逐步推及到其他的書籍和雜誌。在家長眼中，孩子喜歡看書肯定是件好事，所以父親對柳井正的批評也逐漸變少了。

大凡已經取得一定成就的人們，他們都明白自己的熱情之所在。如果對某些事失去興趣，或根本不知道自己對什麼感興趣，最好的辦法就是自己創造一個新的興趣。因為只有做自己感興趣的事，才不會覺得乏味和無聊。只要去嘗試，主動去接觸身邊的人和事，就會從他們身上發現自己感興趣的事物，而這恰恰是通往成功最便捷的一條道路。

就像柳井正曾經放棄自己想開玩具店的願望一樣，雖然他無法實現當初的願望，但在和書店老闆接觸中，柳井正又找到了新的興趣。當然，柳井正最終還是將自己的興趣轉移到經營UNIQLO上。也正因為對UNIQLO的事業充滿了興趣和激情，柳井正才最終實現了自己的目標，創造了輝煌的業績。

1-3 UNIQLO傳奇的起點

戰後的日本，美國文化不斷傳入，美式服裝的代表品牌GAP、The Limited陸續進軍日本，壓縮了國內西裝店的生存空間。因此到了1984年，柳井正不想再繼續做西裝生意了，而是想轉換方向，經營休閒服。之所以有這樣的念頭，還因為柳井正看到了經營西裝店過程中遇到的一些麻煩：經營高檔西裝，要是不能與顧客面對面地接觸交流，就很難將西裝順利地推銷出去。同樣的一件商品，如果營業員能巧妙地把對方說服，商品就能賣出去，反之則很難銷售；同時，為了讓西裝看起來更合身，營業員還需要親自為顧客測量各種尺寸。也就是說，西裝生意的好壞，大部分取決於營業員。

回想JUSCO的經營模式，柳井正認為，服裝銷售應該也可以像超市般，讓顧客自由走逛、自行挑選，享受多樣商品選擇與無壓力離開的樂趣。畢竟，商品銷售的最終決定者是顧客，店員說得再多，顧客不想要的東西，還是賣不出去。

若是經營休閒服，將可以省去這些麻煩，因為在銷售休閒服的過程中，並不需要營業員大費唇舌，暢銷的服裝也能瞬間被搶購一空。這種「以顧客角度來思考購物體驗」的想法，成為柳井正日後最重要的經營原則，不僅讓他下定決心結束西服事業，改賣休閒服，而商品的設計、賣場的規劃及行銷手法，也都會再三考慮過「這真是顧客要的嗎？」確認無誤後才會定案。

當然，身處地方城市，除了透過閱讀各種時尚雜誌來掌握最新的潮流資訊外，柳井正還進行了多次實地考察。因為每年都有一次出國的機會，柳井正就藉此機會到英國和美國等地認真考察當地各種服裝店與西服品牌的經營狀況。除此之外，柳井正還有一個瞭解休閒服資訊的便利條件，那就是父親經營的另一家「VAN」時尚服飾店。而這家店鋪與自己經營的西裝店剛好在一條街道上，這也為柳井正掌握第一手休閒服資訊提供了絕佳的機會。

根據他在店內的觀察，西裝店的迴轉率很低，客人一年最多光顧兩、三次，但休閒服卻可能週週購買，而且不用特別服務，只要放在架上讓客人挑選就好。這也讓資金問題成了柳井正做出轉變的又一因素——雖然男士高檔西裝存在著巨大的利潤空間，但因價位較高，也使得產品的銷售週期較長，資金一年也只能周轉兩三次，其餘漫長的時間都是在等待資金的回籠。然而，當時與他同屬於日本西裝頂級聯盟的其他幾家大公司，它們的營業額卻正在突飛猛進地成長，有的公司甚至已股票上市。這更加令柳井正強烈地感覺到經營規模太小帶來的種種限制及所面對的強烈威脅。而經營休閒服卻不存在這種限制，或許這也更符合柳井正自己設想的發展趨勢吧！

隨著對流行趨勢和休閒服的瞭解和感受越來越多，柳井正決定正式涉足這一行業。他計畫在山口縣附近最大的城市：廣島市中區袋町開出第一家新門市「Unique Clothing Warehouse」，意即「獨一無二的服裝倉庫」，也就是「UNIQLO」的前身，這是他人生中的第一次大冒險。這個店名反映了他獨樹一格的經營理念和經營業態——透過摒棄多餘的裝飾、裝潢的倉庫型店鋪，採用超市型自助購物的方式，以「合理可信的價格、大量持續的供貨」，為顧客提供他們所希望的商品，而主打的客群則為青少年——付不起高價，卻想要有豐富的選項，不喜歡被推銷。

柳井正在他的自傳《一勝九敗》的前言中提到，在開設第一家店鋪時，UNIQLO是以「像翻閱週刊般，用自助服務購買平價休閒服飾的店」來作為經營理念的，主要訴求的是為消費者提供「衣、飾、自由」的購物空間。

「廣島是一個因原子彈而聞名的城市，在日本算是個大城市，而我們那時還是個小公司。因此，要在大城市裡開一家店，對我們來說是意義非凡的。」

與如今UNIQLO的各家大型賣場相比，UNIQLO的一號店鋪只租下了廣島市鬧區一棟大樓的一、二樓，店面面積約100坪。商品以售價1,000日圓和1,900日圓兩種價格為主，走得是貼近日本金字塔底層消費者的路線。開張之前，柳井正透過媒體等方式在當地進行了大量的廣告宣傳，而且還在開店的前一個禮拜，集中在附近的商店街和學校發送宣傳單，上頭寫著「1,000日圓！50,000件衣服！」。

Unique Clothing Warehouse開幕當日盛況。

1984年6月2日，

「Unique Clothing Warehouse」開幕，這也就是UNIQLO的一號店。靠著事前鋪天蓋地的宣傳，儘管當天陰雨綿綿，仍然吸引了極為可觀的客流。當天，柳井正站在店門口，看到上午六點就開始排隊等候購買的人潮湧入店裡，狂喜不已，

Unique Clothing Warehouse最初的企業標誌。

他笑著說：「感覺就像挖到了金礦一樣！」由於人潮過多，晚上八點還沒到就拉下了鐵門，而且連續兩天都被迫進行入場人數控管。最終不得不透過廣播呼籲消費者不要再來了，因為就算到了現場也擠不進去。

然而，好光景沒有持續多久，開店沒幾天，廣島店裡的人流便稀少冷清起來。柳井正在店裡盤桓好幾天，才弄明白原因——休閒服的主要銷售對象是大學生，他們平時都在學校上課或在打工，而等他們想逛街時，店都關門了。於是，UNIQLO獨樹一格地將開店時間改為清晨六點半到深夜十點，果然顧客盈門。

曾在廣島店裡打工的植木俊行，對當時的柳井正印象相當深刻，他還記得，柳井正在指揮與命令上公正嚴明，對下屬的行動也徹底支持，「原來這就是所謂的社長及領導人。」植木回憶道。年輕的柳井正做事明快，不好的商品馬上汰換，或是降價促銷掉，絕不留庫存。

面對開幕時的空前盛況，柳井正並沒有因此滿足，他馬上想到的改革，就是「Unique Clothing Warehouse」這個店名。這個店名雖然很特別，卻多次被顧客抱怨太難記。於是，柳井正便委託製作商標的設計公司，尋找可以留下公司經營理念，卻又讓人印象深刻的縮寫。在設計師的

巧思之下，取了「Unique」和「Clothing」二字的縮寫，變成「UNI · CLO」，這樣就比原來的定名更易記了！幾年後，柳井正又把中間的「 · 」拿掉，讓「UNI · CLO」變成了「UNICLO」。

UNIQLO最初的標誌，字體較現今的標誌圓潤，底色的紅色也較為暗沉。

1988年，柳井正到香港成立分公司「UNICLO Trading」。在註冊登記時，香港的承辦員卻一時手誤，把名字中的字母「C」寫成「Q」，想不到，這個意外卻讓柳井正大感滿意，因為他覺得「UNIQLO」看上去比「UNICLO」要帥氣得多了，也更加生動和充滿活力，既然如此索性將錯就錯，將日本的所有店鋪也都跟著改成了「UNIQLO」。而中文的標誌是「優 · 衣 · 庫」，為了讓更多的人能輕易地記住公司的名字，後來也乾脆直接把中間的兩個點去掉，變成了現在的「優衣庫」。

然而，成功來得太迅速，讓柳井正有些掉以輕心，以為相同的案例可以輕鬆複製，於是迅速推出了二號店，佔地是一號店的四倍。想不到，廉價的熱潮一過，生意瞬間一落千丈，二號店的營收狀況大不如預期，害得柳井正將先前的獲利全部賠上。也就是這一次失敗，使得柳井正心中對「成功」產生了高度的不安感，他曾說過「成功中潛伏著失敗的芽」，就是源於這次的教訓。

「面對失敗，是否把它擱在一邊，全取決於經營者本身，」他說，「每個人都討厭失敗，如果你把它埋在土裡視而不見，那只會重蹈覆轍罷了。失敗不只為你帶來傷害，還會蘊含下一次成功的芽，唯有一邊思考一邊修正，才不會有致命的失敗。」

之後，柳井正記取教訓，步步為營，終於讓UNIQLO的營運重新步上軌道。成立不到三年，就在下關、小倉、廣島和小野田等城市的商業街和購物廣場開設了多家UNIQLO分店。到了1991年，已有29家店。不過，柳井正並未因此放棄西裝生意，他選擇的是西裝與休閒服並重的經營模式。

新店鋪陸續開張了，銷售額也隨之有了增加。但柳井正很明白，單憑銷售額的增加並不能說明什麼，只有純利潤上升才能證明自己的決策是正確的。而由於商品進價及管銷費用等多種問題，最後剩下的純利潤並沒有多少。

而且，由於是低價銷售、薄利多銷，UNIQLO商品的汰換速度與企業的存亡息息相關。所以，若是批發進來的衣服銷售量不如預期，就算使出「跳樓大拍賣」的手段，也必須想辦法賠本把衣服賣出去。

雖然當時的UNIQLO是採用「暢銷訂貨、滯銷退貨」的方式，萬一衣服賣不掉，還可以退貨給中盤商，降低經營風險；但羊毛畢竟出在羊身上，中盤商也想降低自己的風險，最後還是會反映在批發價上頭，也無法贏得廠商的真誠合作，這讓UNIQLO想實現「低價銷售」的經營風格受到不少挑戰。商品價格難以控制，對於喜歡「一手掌控全局」的柳井正來說，可說十分難受。

這一難題在1986年出現了轉機，這年柳井正參訪了香港，他發現，香港零售商很多都是採取「前店後廠」的經營模式，也就是以店鋪為中心，主導工廠的生產方向；同時，他還認識了黎智英（即壹傳媒之創辦人）。那時黎智英創辦休閒服飾連鎖店GIORDANO（佐丹奴）還不到五年，他採用一套SPA（Specialty Store Retailer of Private Label Apparel，製造商直營零售）經營模式，成功打響品牌知名度，並創造出鉅額利潤。這個「SPA」公式，給了急於突破現狀的柳井正不少靈感。黎智英與柳井正年齡相同，因此柳井正認為，既然香港可以採取這個模式，在日本當然也可以了。這一次考察之後，柳井正開始將生產線移往中國大陸，並決心在UNIQLO導入SPA系統，這個計畫也順利在數年之後實現了。

UNIQLO的社訓是「改變服裝、改變常識、改變世界」。在其成長過程中，成功的秘訣就在於一個「變」字。在柳井正看來，唯有「變」，才是企業生存和發展的根本。而不隨波逐流，正是柳井正的風格。

在數年後，UNIQLO的部分店鋪由於獲利不佳及管理問題而不得不關閉時，柳井正也不曾想過放棄。相反地，在經營過程中獲得的寶貴經驗，反而讓他對各種新的經營方式更加感興趣，也正因此，儘管柳井正屢戰屢敗，仍屢敗屢戰。

有時，成功者並不是靠專業嚴謹的知識和訓練有素的功夫塑造起來的。在安逸、穩定的環境裡承擔風險、忍受辛苦，成功也就理所當然了，而不敢冒風險，總是隔岸觀火，瞻前顧後，難道機會又會自己光顧嗎？國際零售巨頭八佰伴（Yaohan）前總裁和田一夫，原來是一家蔬菜店的老闆，後來卻成了全世界商家最景仰的英雄。1997年，快速擴張的日本八佰伴意外破產，使他一貧如洗，但和田一夫在痛定思痛後，又開始重新創業。在南京的一次會議上，和田先生強調說：市場發展就是不斷創新和淘汰的過程，只有永遠保持活力、持續創新的企業家和企業，才能堅強地生存下去。

失敗乃成功之母。柳井正認為：「重點在於嘗試，錯了也沒關係，錯九次，就有九次經驗。」在他看來，經營本身就是錯誤嘗試的累積，失敗更是家常便飯。柳井正真誠地告訴大家：「我們選擇了休閒服這種與人們生活息息相關的行業，服裝造就了時尚業廣闊的發展空間，同時服裝也是生活的必需品。在這個基本領域，我們一步一個腳印，把一件一件衣服賣出去，這樣一步步走到今天，通過每一個銷售的過程讓消費者得到滿足。」

1-4 「失落的十年」造就奇蹟

柳井正敢闖敢拚、不怕失敗的風格，源自於他對企業經營的理念一開始就與日本的傳統思想背道而馳。早在1984年，日本經濟還處於繁榮盛世，經濟成長率達3.9%，是連續四年中最好的一年，他卻選擇跳入平價休閒服的市場，強調物超所值、讓客戶自由選購的概念，果真顛覆市場，一開店就造成轟動。

1991年，日本經濟泡沫破裂，國內景氣急墜，經濟成長率從前一年的6%驟降到2.2%。此時的柳井正在拓展分店上遭遇了資金籌措的難題，當時，總計高達60%的法人稅、事業稅、地方稅，導致企業將年度獲利的90%都用來繳稅，缺少資金就無法用於快速擴張。柳井正沒有背景，又缺少抵押品，所以很難從銀行得到貸款。這個時候，只有「上市」才能取得需要的營運資金。為了快速達到這個目標，他制定了「每年新增30家分店、三年後總店數破100、隨即申請上市」的激進策略。

當柳井正召集員工公佈這一經營方針時，全體員工都大吃一驚，「不可能！」每個員工心裡都這麼想，他們覺得老闆就像是瘋了一般，因為當時的日本經濟急速降溫，已經陸續有大企業在經濟危機中倒閉了。如果此時逆勢擴張，一旦失敗，公司也將難逃關門的命運。

「要替自己設定高目標，如果只求安定，成長必然停滯。」柳井正堅定地回應了員工的疑問。同時，他還提出了公司要「每三年成長為原來三倍」的目標。

就這樣，柳井正確立了一年開30家分店的目標。他明白，要是這個目標無法實現，那麼UNIQLO無疑將面臨倒閉的危險。為此，他找來專門的培訓顧問為員工們進行培訓。在課程中，培訓顧問講到自上而下的管理模式是行不通的，這樣只會讓員工按照上司的指令去做，完全失去了自主性。真正具有活力的公司，應該是每個員工都具有獨立的思考和判斷能力。聽到這裡時，柳井正反駁道：「我並不是那樣認為的。」為此，柳井正還與培訓顧問之間產生了小小的爭執。

不過，在多次的實踐後，柳井正終於改變了自己當初的觀點，也真正理解了培訓顧問的話。因此，他放棄了雇用執行能力強的人來當經營者的想法。因為一個獨裁的領導者，身邊需要的不是有其他想法、鮮活的創新型人才，而只是能忠實地執行命令的人。執行能力強自然是好事，但如果只知道執行，沒有創意和想法，那麼他對於企業的作用也是可有可無的。企業規模小的時候，一言堂有利於提高效率；當企業做大後，團隊內部只有一種聲音的局面就顯得很可怕。因為一旦領導者決策失誤，就可能帶給企業致命的打擊。而且長此以往，有想法的人也會選擇離開，剩下的就是像機器一樣只知道執行命令的人。從一個公司的發展歷程來看，初期也許需要這樣的人來幫自己做事，但公司發展到了一定階段，就不能單單聽憑某一個人的決策了，而是應該依靠嚴密的組織形式去系統化運轉整個公司，這時就更加需要具有「頭腦」的經營者。否則，一旦養成群體的依賴習慣，形成懶於思考的思維模式，這個企業的覆亡就是遲早的事了。

事實上，即便是站在執行者的角度去考慮，他們肯定也希望自己能在公司獲得更多機會去施展才華，而不是完全做一個沒有頭腦的執行人員。只有這樣，他們才能向著更高的決策層一步步努力。當柳井正看到逐漸壯大的公司規模時，也終於認可了當初培訓講師所提到的經營理念。如果他一味地堅持獨裁，那麼恐怕現在世上已經找不到UNIQLO的店鋪了。

在這以後，他又用開店的速度來彰顯自己的決心和勇氣，從1991年的秋冬到1992年的春夏，短短不到一年的時間，柳井正就在日本開了33家UNIQLO新店。從1991年9月到1994年8月，UNIQLO就新增了100家店鋪。但在UNIQLO創立的最初三年，一共才開了22家店。也正因此，柳井正這時隱隱約約地意識到，自己可能已創造了一個「商業史上的奇蹟」。

其實，也正是日本泡沫經濟的崩潰，大幅助長了UNIQLO的成功。受到國內不景氣的影響，1970年後出生的世代，在「失落的十年」中陸續遭遇了艱困的青年期與求職冰河期等階段，成為「窮忙一族」，對金錢缺乏安全感，因此消費習慣緊縮，對高價的奢侈商品興趣缺缺，寧願選擇「零圓運動」也不上健身房；捨棄搭豪華遊輪、飛機出國渡假，而選擇鐵路、巴士的國內旅行；至於上個世代蔚為風潮的LV、Prada等品牌，到了這時也被視為土氣、庸俗的代名詞。在這樣的消費型態下，以「日本的國民服」為口號，主打中低價策略的UNIQLO自然大受年輕人歡迎，在日本，吃一份拉麵、壽司動輒必須花費數千日圓，相較之下，以這個價位就能買到一件衣服，豈不是太划算了嗎？

到了1992年4月，柳井正關掉了最後一家男士高檔西裝店鋪，如此一來，他手中所經營的店鋪全都是設立在外地的UNIQLO了。然而，第一家創業店卻已經停業。通常第一家店總會保留著創業者過多辛酸的記憶，誰也不想看到自己辛苦籌建起來的起始店鋪就這樣走向衰亡，但這並不是個人感情可以左右的事。當一家店鋪無法實現盈利時，關門歇業也成為最明智的選擇。

在每一次大動作時，柳井正都從來沒有猶豫過。不是他不怕失敗，而是他更加渴望成功。源於對成功的渴望，也讓他一步步地帶領著最初的一家小西裝店成為股票上市的大公司。這樣的成功，有幾個人可以複製？

1991年9月，他將自父親手中接下的「小郡商事株式會社」更名「迅銷（Fast Retailing）」，正式成為UNIQLO的母公司。1994年5月中旬，迅銷公司通過了廣島證券交易所的審核，最後的中央財政部的聽證也進行得異常順利。7月14日，UNIQLO終於以全新的面貌上市，首次公開發行的股票價格高達7,200萬日圓，僅在一夕之間就有近130億日圓的資金流入了公司的帳目上。從此，UNIQLO再也不用擔心資金周轉的問題了。

不過，當他高興地拿著上市報表給父親看時，父親卻冷淡地對他說：「上市其實沒什麼困難的，我白手起家比你難得多了。」儘管柳井等在兒子面前大潑冷水，但事實上，他卻對親友說上市是一件了不起的事。

從最初決定要上市，到今天上市成功，柳井正辛辛苦苦地走過了幾年的時光。UNIQLO的股票在證券交易所也得到了很高的評價，很多人都看好它的升值空間，每個人都想要購買，以至於上市第一天股票的價值就已經無法估量了，到第二天股票的交易量已超出了所有人的預期。這讓柳井正不禁想起了第一家UNIQLO開業時的盛大境況，回首這麼多年的奮鬥，他感慨萬千。

柳井正明白，過去已經成為歷史，現在他需要做的，就是重新在起跑線上做好準備。輝煌永遠只屬於過去，此時應該把目光放到更為長遠的地方——向全世界擴張。

1997年4月，UNIQLO又成功地在東京的證券交易所二部上市。1999年2月，UNIQLO的股票在東京證券交易所一部成功發行。至此，柳井正實現了他當初的所有願望。然而，就在他向父親報告上市情況的五天後，父親便撒手人寰。在葬禮上，柳井正說出「父親是我一輩子的競爭者」，並當眾流下眼淚。

柳井正與父親的關係一直很微妙，不僅彼此較量，又互相信任。他曾說過：「在一個家中，兒子永遠會認為父親是夥伴，也是競爭對手，尤其我與父親同樣從事商業經營，這樣的意識又更強烈，我與父親都有不服輸的性格。」

當UNIQLO在廣島成功上市後，柳井正為了能及時掌握國際潮流資訊，決定在美國紐約成立一家設計分公司，目的是幫助日本總部收集各種時尚的設計理念。他最初的設想，是讓設立在紐約的分公司負責收集各種設計新資訊，然後再把這些設計思想傳回國內，經總公司設計出新的服裝樣式後，再把樣品發送到中國的生產工廠進行大批量生產。

在美國紐約，沿著第五街道，從洛克菲勒中心到57街，各種華麗的國際設計師時裝店和大型服裝旗艦店交相輝映。在麥迪遜大道上，還有大量經典的義大利、法國和美國時裝店。如果能將這些服裝設計的精髓吸入到UNIQLO，那麼UNIQLO就無疑相當於吸收了全世界最優秀的設計理念。1995年，按照柳井正這一設想生產出來的第一批服裝上市了。令人意外的是，這竟然是一次徹頭徹尾的失敗！服裝完全都是單調、灰暗的色彩，在日本根本就不能提起消費者的購買欲望。

回顧這一決策失敗的原因，柳井正認為是彼此之間的文化交流出現了問題。畢竟，美國紐約和日本的工作時間不同，兩地的人們生活方式也完全不同，因此，設計理念便遭遇了水土不服的難題。想要用紐約的設計理念來製作適合日本人穿的衣服，可能終究都是要失敗的。

從這次失敗中，柳井正也獲得了一個教訓，那就是公司內部之間一定要學會橫向溝通。如果沒有良好的交流溝通，彼此之間不能完全理解對方的意圖，最後必然會阻礙自己的發展。

而到底什麼是溝通呢？有學者這樣對溝通下定義：資訊、思想、情感在個人或群體間傳遞的過程。就是這些資訊、思想和情感的傳送與接收。有效溝通則是指正確地傳遞資訊，資訊被接收而且被瞭解。

管理就是溝通，但是，管理需要高品質的溝通或有效溝通。溝通的前提是尊重、信任和理解，溝通又再促進了彼此的尊重、信任和理解。溝通不只是資訊的傳遞，還是情感、思想的交流，僅有資訊傳遞不會給管理帶來什麼根本性的改善，只有真正的情感和思想交流發生，資訊溝通才會發揮應有的作用。

良好的溝通不僅有助於管理，給企業帶來好的業績表現，而且也會給組織成員的個人生活帶來無窮妙處。相對地，溝通不力也已經成為企業發展的一大殺手，甚至成為優秀企業和卓越企業的分水嶺。

之後，UNIQLO在紐約、東京、大阪和山口四個地區都分別設立了事務所，但四個事務所之間的職能都有著明顯區分。為避免重蹈紐約設計分公司失敗的覆轍，柳井正決定將企劃研發部門全部搬到東京去，以便於彼此之間更好地進行溝通交流。

1996年11月，柳井正在東京的涉谷區設立了商品事務所。這一舉動的主要目的，就是為了協調各個不同部門之間的合作。雖然紐約的設計分公司只存活了兩年半，但在這短短的兩年半時間裡，柳井正卻深刻地認識到企業內部交流和協作的重要性。

1-5 找出SPA致勝之鑰

今天，UNIQLO的商品價格主要訂為1,990日圓，這個價位在日本差不多等同看一場電影的價錢，而一旦過了銷售旺季，或是換季時，這些1,990的衣服又會再降價至1,500日圓甚至990日圓。UNIQLO之所以能做到物美價廉的水準，正是靠著產銷一條龍式的SPA模式。

SPA，全名Speciality Retailer of Private Label Apparel，譯為「自有品牌服飾專營商店」。這是一種企業全程參與商品設計企劃、生產、物流、銷售等產業環節的一體化商業模式。值得一提的是，SPA是「全程參與」，並非「全部擁有」。

1986年到香港取經得到的靈感，一直深深影響著柳井正，尤其是佐丹奴靠著SPA模式取得的成功，更是令他念念不忘，因此，當UNIQLO發展到較成熟的階段後，也開始嘗試實現SPA模式，製作專屬於自己品牌的商品。第一步就是在中國委託工廠進行生產。中國是知名的「世界工廠」，廉價的市場勞動力也成為世界各地知名企業爭相攫取的目標。在中國生產服裝，就可以為企業節省大量成本。但是，隨之而來也產生不少問題，使得UNIQLO總公司不得不經常派專人往返於兩國之間，這在管理上造成了諸多不便。

在很早的時候，柳井正就對高檔名牌風靡日本市場的情形表示疑惑：「難道便宜真的沒有好貨嗎？難道設計師所謂的服裝個性就應該強加給消費者嗎？」經過反覆摸索，柳井正終於建立起自己獨特的商業運作模式，透過直接傾聽顧客的需求，並重組從策劃、生產、物流到銷售的全過程。

到了1999年4月，柳井正直接在上海設立了生產管理事務所，同年9月又在廣州設立了生產管理事務所，並委託專人常年駐紮在中國當地，擔任協調的角色。由於是全程參與，所以公司的盈虧得失都由UNIQLO自行承擔，「我們100%自己承擔風險，全流程完全自己控制」。只要覺得「能賣錢」，就大膽進行企劃、生產和銷售，就算銷售量不如預期，也能夠隨時中止生產，轉而開發其他商品，這樣就能大幅度地減少因與上下游廠商溝通所造成的時間和金錢上的損失。

在柳井正看來，要想實現「便宜有好貨」的商業目標，SPA模式可以說是唯一的解決途徑。儘管服飾業屬於毛利比相當高的產業，毛利大約可達到四到六成的水平，卻可能由於委託生產的方式，在製造端出現不必要的損失。透過進行SPA經營，UNIQLO取得了生產線的控制權，減少了製造端的損失，自然也可以把降低的成本反應在低廉的最終售價上。

柳井正在自己的著作《成功一日可以丟棄》中，也闡述了SPA經營的優勢：「透過SPA，在找到『狂銷熱賣』的商品前，可以在自家公司不斷地重複『企劃、生產、銷售』的階段。」簡單來說，由於不必擔心與上下游廠商的配合出現問題，所以UNIQLO可以不斷地透過「實驗」來測試市場「水溫」，從而找到真正能打動人心的熱賣商品。

但另一方面，SPA也有一定的危機性，比如萬一企劃出來的商品不受消費者歡迎，就可能使當季的營收受到重創；而且一旦處理不好，還可能直接對企業的形象帶來負面影響。所以說，SPA經營就像是一把雙面刃，更何況是對UNIQLO這種銷售平價衣服的企業來說呢？

同時，新的問題又隨之而來，在中國生產的服裝品質往往得不到保證。為了提高服裝的品質，柳井正啟動了「匠計畫」，即網羅日本境內擁有三十年以上資歷的成衣技術人才，派他們到大陸的生產工廠裡傳授紡織、織布、染整、縫製、加工、出貨等一貫作業的技術。「紡織工匠團隊」的平均年齡都超過了60歲，開始時只有13人，但後來慢慢擴展到40

人。這一做法起初當然受到中國工廠的強烈反對，因為不論是工廠的管理階層，還是生產中的勞動階層，都希望能夠採用自己的方式進行生產。但因為工匠們毫不藏私，將日本帶來的高度紡織技術傳承給大陸工人，終於讓匠計畫產生了具體成效。大陸工人們透過培訓，也擁有了日本工廠等級的技術水準，從而確保了UNIQLO生產的進度和品質。

與市場上流行的服裝設計相比，UNIQLO經營的是休閒裝，因此也成為男女老幼日常生活中都要穿的一種服裝，可以不受任何不良設計思想和流行概念的浸染，市場潛力巨大。在激烈的市場競爭中，柳井正始終堅持著一個信念，那就是生產和銷售消費者真正需要的服裝。

「匠計畫」在得到徹底的貫徹實施以後，中國工廠再生產出來的服裝品質就有了很大的提升。當品質提高後，銷量自然也就不成問題了。一些國際性的大企業甚至都開始向UNIQLO下訂單，柳井正覺得自己這一步走得十分明智。

從1990年起，UNIQLO商品在中國的累計生產總數超過了60億件，其在全球銷售的商品中約85%都是來自中國的合作工廠。與西方企業之間的簡單契約關係不同，UNIQLO與合作工廠往往是「命運共同體」，即雙方共同成長，同舟共濟，這也體現出了東方的「和合」之道。

柳井正說，他們所看重的不是合作工廠數量的增加，而是給每一個合作廠家帶來更多的訂單，加強與基礎廠商之間的合作關係，起到相輔相成、相互促進的作用。2005年，柳井正甚至採用中國籍的員工潘寧來管理UNIQLO在中國的事業。

不過，UNIQLO的分公司與委託生產的大陸工廠之間始終都沒有直接的資本關係，這也是柳井正獨特的戰略思想之一。因為柳井正希望，工廠能時時刻刻與UNIQLO保持一種對等的緊張關係，杜絕出現影響產品品質的任何因素。

而且，UNIQLO的日本總公司也經常派遣人員，親自來大陸工廠針對生產和品質進行直接管理。UNIQLO對市場的認真程度，也讓委託工廠感受到了壓力。至少面對UNIQLO，不能像面對其他外商那樣隨便。

從策劃到生產、運輸、銷售等各方面，UNIQLO都有專人進行品質把關，因而才能夠滿足各年齡段消費者對品質和價格的不同需求。也正因為如此，UNIQLO才不斷實現大步的跨越。

在日本，人們經常用「水物」這樣的稱呼來形容服飾商品的銷售。意思是說，服裝的銷售就像水一樣，難以捉摸，哪種服裝能暢銷，在上架前根本沒人知道。針對這一點，日本流通專家月泉博曾對UNIQLO表示出極大的讚賞。因為在日本雖然有許多標榜SPA經營的服飾企業，但像UNIQLO這樣，從九〇年代初就採用SPA經營，而且一路走來始終都堅持SPA經營模式，卻是少之又少的。

儘管運用SPA經營的過程中需要承擔不小的風險，但UNIQLO卻始終堅持採用SPA模式。之所以如此，就是因為直到今天，UNIQLO的商品企劃主軸還是放在提供「便宜有好貨」這個基本款服飾上。至於什麼是基本款休閒服，柳井正給它下了這樣的定義，「我們設計的衣服，是為了配合形形色色的人，在日常生活中可以穿得舒適，不管是男女老少都能輕鬆穿出門的服裝。」在這種定義下的衣服，就像我們身邊的其他消費性商品一樣，沒有什麼特別之處。

為了能夠更加成功地操作SPA經營，UNIQLO在東京、紐約、巴黎和米蘭等地都先後設置了研發中心，並積極蒐集當地的各種時尚訊息，透過對當地最新流行趨勢的研究，整合消費者需求、生活形態、素材運用等資訊，然後發展成為企業整體的季節商品概念。接下來，四個城市會同時進行設計，再根據各國市場的特性組合產品。透過研發中心的整合，UNIQLO還可根據商品企劃進行原物料採購到銷售端的一系列規劃。

可以說，引入SPA經營模式後的UNIQLO，採取自產自銷的全流程深耕的方式，朝著柳井正心中的「理想型」企業更跨近了一步，同時也滿足了他「喜歡掌控全局」的性格。在日本，UNIQLO掀起了一場SPA革命，如今UNIQLO也已成為日本甚至全球採SPA經營模式的成功典範。

Chapter 2

登上日本第一寶座

2-1 端出ABC牛肉

直到1994年上市之前，UNIQLO所有的戰略佈局與營運模式都是成功的。然而，在1995年之後，傳統的SPA模式和UNIQLO的業務流程之間的矛盾逐漸浮上枱面。UNIQLO的業績出現下滑，這讓柳井正再度對經營模式進行了一番升級改造。

1995年，UNIQLO的業績正好，柳井正卻在媒體上大幅刊登一則前所未有的啟事：「誰能講出UNIQLO的缺點，我就給他一百萬！」他知道，日本人很少直接將意見反映出來，必須設下誘因，才能得知顧客真正的心聲。

果然，啟事一經登出，批評信頓時如雪片般飛來，多達一萬封的回信毫不留情地指出了UNIQLO的品質問題：「洗了兩次腋下就破了！爛死了！」「樣式太老土了，歐巴桑才會穿吧！」「T恤才洗一次領口就鬆掉了！」這些批評讓他明白UNIQLO的產品仍然不夠水準，儘管在經營上創下佳績，但品質卻輸得徹徹底底。對於自小在西裝店長大的柳井正來說，自己創造的品牌被指責品質不佳，是一件難以容忍的事。從這時開始，他決心讓UNIQLO從根本上做到「價低質高」。

然而，該如何提高品質呢？當時，日本成衣產業都是透過商社買賣，品質和價格都取決於日本商社，這種方式的好處是品牌商不必承擔庫存風險；但柳井正決心全面略過中間商，直接赴中國挑選製造商。他的做法一度引起商社反彈，並讓UNIQLO暴露在高庫存的風險中。

為了因應這一點，柳井正採用了兩種作法。第一為主打基本款式，以素材與機能取勝，而非流行感，不求款多，而求暢銷；第二是全部開直營店，透過店長迅速掌握顧客的需求，並善用客服中心即時反映市場資訊。

提到UNIQLO，一般消費者可能都認為它只是個「販賣平價休閒服飾的企業」，但柳井正認為，在平價銷售之前，製作好的商品，讓各式各樣的人願意花錢購買，才是UNIQLO最根本的理念。換句話說，商品的品質才是UNIQLO堅持追求的目標，至於商品低廉的定價，那只是吸引消費者注意的手段而已。對於消費者來說，能用便宜的價格購買優質商品當然是好事，但若只是價格便宜，品質卻達不到要求，顧客還是不願意花錢消費的，所以企業想要擁有顧客，還是要從商品的品質做起。

自從在日本廣島證券交易所成功上市後，UNIQLO的資金周轉幾乎不再成為問題，UNIQLO也擺脫了在現金流生死線上不斷掙扎的困境。為了實現進軍國際市場的目標，開店的速度也在不斷加快，然而，隨著店鋪數量的增多，問題也隨之而來：為什麼店鋪數量在增加，而總利潤卻沒有同比率上升呢？

的確，銷售額隨著店鋪的增多正在增加中，但大部分收入的資金卻都被用來開新店，根本沒剩多少結餘。而且，UNIQLO在紐約的設計分公司經營失敗，運動裝和家居裝部門最後也都關門大吉了。這些接二連三的失敗，也讓柳井正覺得似乎應該多做些什麼。為了扭轉公司的敗績，他選擇站在顧客的角度重新考慮問題。

1998年6月，在這新一輪的改革過程中，柳井正決定重新開始，改造公司的結構，他創造性地提出了「ABC改革計畫」，「ABC」分別是

「所有（All）」、「更好（Better）」、「改變（Change）」。前文中所述「匠計畫」即是在此階段因應而生。

在這個計畫中，店舖的位置變得至關重要，企業的營運模式轉變為「重視單店應對、積極主動」的全新模式。各個終端銷售店舖被賦予了充分的自主權，只要能夠產生收益，就是迅銷公司該年度最耀眼的明星。這次改革著重於UNIQLO自身效率的提高和利潤的增加，雖然和SPA改革有著同樣的目的，卻更加具有顛覆性。具體來看，柳井正從以下四個方面改變了UNIQLO的經營方式：

第一，在產品庫存上，充分保證經營期中暢銷產品的供應。並且保證在每一段營業期間內，不進行減價，不以折扣方式處理存貨。這看似一種價格壟斷的行為，實則避免了消費者對UNIQLO產品的價格產生不信任感。同時，柳井正還提出盡量將商品的選項數量維持在200種左右，並且不斷增加同款商品的不同顏色和不同尺碼，以滿足消費者的不同需求。這一措施首先是為了使消費者對UNIQLO產生信賴感，其次又讓消費者覺得UNIQLO能夠充分滿足自己的需求，進一步加強之前因為價格戰略而打下的對UNIQLO的忠誠度。

第二，在經營者上，柳井正更加注重店長的作用。店長和形形色色的消費者相接觸的第一線資訊來源，培養起一個明星店長對UNIQLO的發展至關重要。一名店長不僅要會打理店面，更要能夠分析POS（point of sale，銷售點及時情報系統），還要會把各種數據用電腦軟體進行剖析，進而形成比較直觀的圖形圖像，以供決策者作為參考依據。

藉由這條措施，柳井正找出了UNIQLO中最重要的成員——不是高層管理者，也不是他自己，而是無數個工作在最基層的店長們；這些店長就像是磚瓦，一點一滴構築出了UNIQLO這座高樓大廈。柳井正在店長

POS系統

銷售時點情報系統（point of sale，簡稱POS），是一種廣泛應用在服務業的電子系統，主要功能在於統計商品的銷售、庫存與顧客購買行為。是現代零售業上不可或缺的經營工具，由於應用層面不斷擴大，已有人將「point of sale」改稱為「point of service」（服務式端點銷售系統）。

在過去，零售業者並沒有一個有效工具可以統計商品的庫存，尤其是商品數量都動輒成千上萬，盤點工作既耗時又浪費人力。隨著電腦的進步，零售業界也開始利用電腦來管理商品，七〇年代商品的條碼規格確立，工廠在生產商品時直接印製條碼，店家便可利用條碼來管理商品，這就是POS系統的概念，最早的POS系統也就是收銀機。到了後來，POS系統進一步與電腦結合，加入了檔案處理、庫存及客戶資料的管理、刷卡、驗證等功能。收銀機可連上小型顯示器、印表機、錢箱及鍵盤，如今更演變成具有觸控螢幕的多功能一體機（Touch POS）。

POS系統通常與電子訂貨系統（EOS）、電子數據交換及電腦會計系統相結合，可快速提供業者各種商品的銷售狀況、庫存狀況，甚至提供不同顧客群的購買行為分析，從而讓業者更有效率地瞭解顧客的消費傾向，有效排除滯銷的商品，提供未來商品開發的參考。

台灣第一個導入POS系統的是安賓超商（已結束營業），但當時條碼在台灣還不普遍，導入成果不佳。直到1993年，7-Eleven商店再度開始規劃，並於1996年全面完成導入，也成為台灣第一個導入POS的大型企業。目前台灣各大小零售業甚至部分連鎖餐飲業都已普遍採用POS系統，消費者的每一筆購物都有可能改變業界的生態。

之中實行「Superstar」制度，一方面體現出了UNIQLO對基層人才的重視；另一方面也強化了店長和UNIQLO長期合作的資訊，尤其是對於加盟店來說，這一決策有著不可估量的鼓勵作用。

第三，在管理上，柳井正充分發揮了UNIQLO在「SPA模式」中的核心地位。每個月，迅銷公司的總部都會把下個月要上架的衣服款式用圖表軟體發送給各個店長。正常來說，每一季的服裝會有200款左右，分為5種不同的尺寸、10種不同的顏色。等於說，一共有10,000個待選品項需要店長在每月（甚至是每週）根據自己對當地市場和消費者的判斷做出修改，然後再把意見反饋給總部。總部再根據這些反饋回來的資訊進行相應的計畫調整，最後確立整個生產、配送和銷售計畫。

這一個過程幾乎把UNIQLO新品上市的所有流程都囊括在內了。由此可以確保UNIQLO每一款新品上市都不是設計師的閉門造車，只有符合顧客需求的產品，才是真正有價值的商品。

最後，柳井正還建立起了一套評價體系。根據各個分店的毛利額、毛利率、庫存率、利潤率等一系列指標，算出每個店應該得到的獎金額度。不同店長之間的年收入差距可以達到兩倍或更多，甚至有的店長收入要比高層管理者的收入高出很多。這樣的方法可以說是顛覆了傳統，但也是全面調動起店長積極性的最有效方法，並且促進了UNIQLO的快速騰飛。

在「ABC計畫」的實施過程中，UNIQLO將在中國委託生產的廠家由140家削減至40家，以使單一廠家的生產量增大，同時也為了更加有效地提高產品品質。與此同時，柳井正還透過改革，使UNIQLO逐漸向專業的管理團隊過渡。因為柳井正很清楚，團隊的力量永遠要比個人強大，而這恰好也是所有具有大智慧的人共同遵守的經營準則。正是由於匯聚了集體的智慧，UNIQLO才迸發出眾多優秀的改革方案。

這項計畫的成效遠比預想的好，在柳井正看來，只要一個企業的商品夠吸引人，無論何時都可以成功將顧客吸引到店鋪中來，抱著這樣的信心，他決定打出改革後的第一戰，這回主打的商品是名為「Fleece」的刷毛外套。

在那個年代，刷毛外套在日常生活中使用得很少，通常只有在登山和滑雪用品店裡才有銷售，一件大約要一萬日圓起跳，而且款式單調，只有藍紅色系；因此一般的日本民眾很少會去買。柳井正從中看出了龐大的商機，希望能將這種刷毛外套作為日常休閒的服裝在UNIQLO店內販售。

剛開始研發時，就面臨了布料不保濕、光澤度不佳等問題。為了克服這些問題，柳井正親自率領多位一級主管，前赴日本纖維大廠「東麗」公司請求合作，終於獲得了理想的布料。之後，這些布料被送至印尼、中國的工廠縫製，以壓低成本。外套本身的設計也有玄機，它比一般的刷毛外套更加輕薄，不僅便於日常穿著，又足以抵抗日本平地都市的寒冷，更能進一步壓縮成本，這使得UNIQLO在生產高品質的產品的同時，又能夠大打低價格策略。除了價格低廉之外，UNIQLO又朝外套的款式下手。早期的刷毛外套只有紅色和海軍藍兩種顏色，UNIQLO的設計團隊決定打破這個規則，一口氣推出十多種顏色的刷毛外套。

1998年10月，「Fleece」刷毛外套的宣傳活動大張旗鼓地展開了，為了製造話題，又宣佈11月時將在原宿開設分店，這是柳井正在擴展模式上的一大突破，一反過去在郊區開店的策略，首次選在熱鬧的市中心設點。開店之前，原宿和涉谷地區的車站和地鐵吊環上面，密密麻麻地貼滿了UNIQLO的宣傳廣告，提前製造出了強大的文宣攻勢。

原宿店開幕當天，柳井正站在店門口，不安地想著：「會不會賣啊？有沒有人來啊？」過了不久，地鐵站裡湧出人潮，朝著店門口走來，很快地就大排長龍。顧客走進店內，立刻驚訝地發現，這間一共三層的分店中，竟然有整整一層擺滿了刷毛外套，接著又被店內的促銷活動所吸引了，它的標語正是「UNIQLO的刷毛外套！1900日圓！」柳井正看見顧客摸了摸這種外套，臉上露出不可思議的表情。

當年的秋冬季節，打著「1900free」口號的「Fleece」刷毛外套在日本國內就熱賣了200萬件。2000年秋冬季節，UNIQLO又大膽設計，推出了51種顏色的刷毛外套，並將銷售目標訂在1,200萬件上。最後，實際的銷售量達到了2,600萬件，三年下來共累積了3,650萬件，分店數也從300多家突破500家，還打響了UNIQLO「物美價廉」的口碑。這一項主打商品從設計到銷售可謂大獲全勝！

曾經被外界冠以「便宜、品質差」名號的UNIQLO，透過「Fleece」刷毛外套所取得的成功，也使得顧客的觀念開始發生轉變。「便宜、品質又好」逐漸成為消費者對UNIQLO的新看法。雖然UNIQLO的經營模式和經營理念並未有本質上的改變，但顧客的認同感卻完全呈現出兩個極端，這也正是柳井正在經營UNIQLO多年來一直想要看到的結果，他一雪賣低品質商品的恥辱，從一萬封抱怨信中挖掘出成功的芽。

「Fleece」刷毛外套，推出以來一直是UNIQLO的主打商品。

「Fleece」服飾的成功銷售，奠定了UNIQLO日本國民品牌的地位，能夠以1,900日圓買到價值5,000日圓以上的刷毛外套，正是柳井正堅持做到「便宜有好貨」目標下的產物。在他的經營哲學裡，用市場最低價格，提供相對高品質的休閒服飾，是UNIQLO最基本的商業訴求。

近年來，日本的成衣連鎖業者在制定商品價位時，通常都會參考UNIQLO同類品來設定，甚至被迫訂出比UNIQLO價格更低的價碼，導致日本成衣業界進入了「低價競爭」的戰國時代。只是在這場成衣市場的戰爭中，UNIQLO無疑已經獲得了先發品牌「價格設定」的主導權。因為競爭對手在企業的某些方面，如控制成本的系統上、經營策略與品牌知名度等，都是無法與UNIQLO相比的，自然也就更難打倒它的優勢。

不過，就在日本成衣業界將矛頭對準「低價時代」的時候，UNIQLO已搶先將目光轉向了「後低價時代」。目前，UNIQLO的商品企劃政策就是要讓商品更加多元化，比如，更重視季節性商品的開發，提升商品品質和附加價值，以及擴大商品數量等，以此來追求UNIQLO品牌更多的附加價值。

2-2 人才是企業的靈魂

隨著日本現代社會大生產的發展，企業領導者面臨的各種事務紛繁複雜、千頭萬緒。任何領導者，即使精力、智力超群，也不可能獨攬一切。因此，權力下放是企業發展的大勢所趨。

不論什麼時候，人才都是制約公司發展的決定性因素。當UNIQLO在廣島的證券交易所上市後，對人才的需求也顯得更加迫切，而且也擁有了更多招募優秀的人才進入公司的機會。在東京證券交易所成功上市後，UNIQLO的直營店已超過了300家，隨著分店的不斷拓展，對於優秀人才的需求也變得更為迫切。

在柳井正看來，唯有讓公司先發展起來，才能提供員工優厚的待遇，進而吸引更多優秀人才，因此，實力主義絕對是一件好事。在進行人事詳價時，只有能力出色的人才能獲得最高的薪酬。所以在一個團隊裡面，努力工作和不努力共工作的人差別很大。如果用集體主義的觀點去進行人事評價，那絕對是對優秀者的一種漠視和羞辱。如此一來，可能誰都不願意努力工作了。

UNIQLO迅速發展的一個主要原因，就在於它擁有與績效相連的工作方式，而且這種方式可能對有能力的人才更具有吸引力。而且，柳井正善於採取兼容並蓄的態度，這也為UNIQLO的不斷發展壯大奠定了堅實的基礎。

人人爭相搶著進入UNIQLO工作，這些跳槽而來的人才曾在各種行業任職過，例如其他服飾業、貿易公司、生產工廠、經營顧問、電腦製造及服務零售業等等。不過，柳井正更傾向於讓其他行業的人才進入自己的公司。因為如果員工曾從事過這個行業，那麼他就會認為所有的事都應按照既定的規章和經驗來解決，時間長了就容易缺乏對工作的激情，產生安於現狀的惰性。而若一個人進入了一個全新的行業，他就會從零學起，遇到問題後也會主動思考，不易受到原有規則的限制，也更容易培養積極創新的精神。

公司在媒體上登載了大量的招聘廣告後，前來應聘的人也是魚龍混雜，招聘也並不是一帆風順。例如有一次，柳井正想招聘一個部門經理，他期望看到的面試人員應該充滿激情、做事爽快有魄力，然而面試該職位的人大多都抱著一種可以每天坐在辦公室享受的心態，錯誤地將經理當成了一種可以頤指氣使的職位。

不過，精挑細選後還是可以招到優秀人才的。現今UNIQLO董事和執行董事中的一半以上，都是在公司常年工作且信譽良好的人介紹來的。基於對這些員工的信任，柳井正也毫不猶豫地吸收了他們介紹來的人才。

還有一些非常優秀的執行董事是柳井正訪問其他企業時偶然遇見的，因為彼此惺惺相惜，所以他們也選擇加入了UNIQLO。透過多種招攬人才的方式，UNIQLO也吸納了大量的優秀人才，為企業共同出謀劃策。

從創業初期到快速發展的階段，柳井正幾乎是一個人將公司經營起來的。然而當公司逐漸擴大，並將發展目標定位到國際企業時，柳井正明白，此時再單憑一己之力已不可能實現目標，而是要憑藉專業化的團隊集體協作，才能最終讓企業實現大步的跨越。

一個企業如何發展，與經營者的決策是息息相關的。柳井正明白，倘若按照他的經營理念，公司只單憑他個人的想法來運作，那麼一定不能發展成為現在的樣子。正是因為公司聚集了眾多的優秀人才，大家集思廣益，群策群力，才讓UNIQLO在邁向成功的道路上越走越快。因此，柳井正對人才的吸納非常重視，而且迫切地希望能有比自己更有能力的人加入到企業中來。

較早進入UNIQLO的員工，當看到公司的銷售業績達到1,000億日圓時，都大受鼓舞，並為自己訂出了更高的奮鬥目標，希望自己在UNIQLO能獲得更好的發展，也能幫UNIQLO獲得更大的進步。進入UNIQLO的人，總會在不知不覺中提升自己，生怕自己一鬆懈就被別人超越。

任何一個企業想要發展，都不能忽略對人才的吸收，但很多企業總是抱怨人才的流失和難以找到更合適的人來擔當職位。而柳井正卻認為，只要企業有明確的發展目標，就一定能夠吸引更多的優秀人才。也許有人會覺得高目標難以實現，但只要訂出目標，就要堅定地向著目標前進。要想吸引人才，首先就應讓人才看到企業的信心與勇氣，這樣他們才願意加入進來，共同去實現當初遠大的目標。

在柳井正看來，企業的思考模式必須要統一，尤其是有著相同思考模式的人在一起工作，同心同力是非常必要的。一個想把企業做強做大的管理者，必須培養尋找同自己志同道合的團體，這樣才能形成更大的力量，一起為企業的發展與壯大努力。

當UNIQLO剛剛發展到連鎖經營時，柳井正還完全沒有考慮體系整體運作的概念。直到UNIQLO的店鋪在全國範圍內開設了多家分店後，他都在實行中央集權制的管理模式，資訊從全國各地流向公司總部，在做出指令後，這些指令再逆向傳遞到各個分店裡。

其實，這種中央集權制的管理方式若能在企業內被徹底執行，也可以收到很好的管理效果。但在漫長的資訊和指令傳輸過程中，稍微有點差錯，就可能引起嚴重的後果。店鋪少時，這種經營方式還能持續。但隨著新店鋪的不斷開設和各種促銷活動的進行，柳井正開始感到頭疼。因為每產生一個新部門，就意味著公司的分工需要更加明確。以前由柳井正一人承擔的事情，現在就變成了幾個部門人員共同分擔。這樣，工作的好壞就需要一個完整的考核體系來做出最為客觀的評價。而且，每天都做同樣的事，久而久之也容易讓人產生思想上的僵化；若再缺乏創新，公司從上到下很可能就會完全依賴做出裁決的那個人，員工也變得缺乏工作的自主性和積極性。這是導致一家企業走向失敗的最致命因素。

在UNIQLO曾發生過一件令人深思的事，這也讓柳井正意識到中央集權制的嚴重危害。某日，一位未帶手機的母親帶著孩子到UNIQLO購物，孩子生病了，母親想向店內借用一下電話向外求援，但這間店的店長嚴格執行公司的規定，以公司規定不可出借電話婉拒了。後來，孩子的父親打電話到公司的總部，大罵：「你們這是什麼企業文化？孩子生病了難道不能通融一下嗎？」

這件事讓柳井正得到一個很深的教訓，雖然店員的行為違反了常情，但卻是完全按照公司的規定辦事的，這又怎麼能說是他做錯了呢？

企業的章程和制度、規則本來是用來規範工作的最低標準的，而現在卻成了限制店員行為的枷鎖。缺乏靈活性的店鋪，又如何發展壯大呢？因此柳井正覺得，公司管理體制的改革勢在必行。

進入電腦時代後，網路開始在世界的各個角落普及，此時柳井正也決定把公司的組織結構形式向網路的扁平化形式轉變。他的設想，是讓公司從中央集權變成像網路一樣能同時進行多項互動而不會互相干擾的模式。網路並不是沒有中心，而是每個點都可以成為一個新的中心，只要相互之間連接起來，就可以在任何地點實現資源共享。這也正是柳井正最期待的經營模式。

在網路模式中，每個人都可以是核心，因此領導者的位置也更加重要。在這個模式中，領導者不用再直接對下屬發號施令，而是需要做到如何讓各個部門之間相互協調工作。根據工作內容的不同，領導者也可以成為下屬，下屬也可以成為領導者。

對於這種經營模式，柳井正認為，每個人都不應該只對自己職責範圍內的事情負責，只要靈活地應用網路，從固有的框架中掙脫出來，才能更加靈活地對公司進行經營和管理。所以，透過對網路模式的借鑒，柳井正對UNIQLO的工作方式也產生了新的認識與想法。他想要建立的組織形式應該是這樣的：每個不同的工作職位都選擇最合適的人任職；有了問題，會有專門負責處理問題的人前來處理；彼此之間分工明確，但同時彼此又息息相關。

同時，借助於網路的力量，這種組織模式也更便於統籌各個部門和不同店鋪之間的工作。一旦公司內部的某個部門出現問題，也會在第一時間上傳到公司總部。這樣的組織結構，因科技的力量而存在，也必將因為科技的力量而走向興旺和發達。

日本傳統零售業的賣場效率並不高，所以企業的收入一般也比較低。但是，柳井正卻打破了日本傳統的企業經營模式，借鑒高科技企業的經營思路來管理公司。這樣一來，公司的員工也就必須具備理解這一經營模式的思想，這樣才能讓低科技含量的流通零售業實現高科技含量先進企業的收入。在這個過程中，最關鍵的人物就是在經營第一線指揮作戰的店長。店長必須具備相當的管理知識水準才行，因此UNIQLO將企業人才教育的目標定位在「全力培養知識勞動者」身上。

2-3 秘密武器！店長評鑑制

1999年2月，UNIQLO召開了店長大會，在大會上，柳井正頒布了「超級店長（Superstar）」制度。這一制度一改以前上意下達的傳統形式，在店鋪和總部之間建立起更為平等的關係。而且在銷售方面，店長往往也佔據主導位置，總部則是起到後援的作用。

「超級店長」制度的建立，也迫使每間UNIQLO門市都在考慮怎樣透過新穎的促銷措施將商品快速銷售出去。而且，不單是考慮怎樣賣掉商品，而是考慮怎樣讓現有的商品成為暢銷商品。至今，這個目標已不是某一個人的力量所能實現的了，而是要求一個分店必須團結一致，發揮出集體的智慧，才能實現既定的目標。

柳井正為各個UNIQLO分店訂出的最低限制是：只要店長和銷售人

員在遵循公司基本原則的基礎上實現了營業額的提升，就可以完全按照自己的想法來經營分店，真正實現其成為一位獨立商人的願望。這一機制也激勵了所有UNIQLO分店的店長們，讓他們將「成為超級店長」視為人生奮鬥的目標。

透過這一模式，柳井正將「扁平化管理」運用到極致。所謂的扁平化管理，就是企業為了解決層級結構的組織形式在現代環境下面臨的難題，而實施的一種管理模式。實行扁平化管理，則是指透過縮短經營管理途徑，擴大經營管理的寬度和幅度，進而提高經營管理效率和市場競爭力。具體來說，通常是指企業在組織結構上二級分行所在地、二級分行與其他網點之間不再設辦事處這一「去中間化」的管理模式。當企業規模擴大時，原來的有效辦法是增加管理層級，而現在的有效辦法則是增加管理幅度。當管理層級減少而管理幅度增加時，金字塔狀的組織形式就被「壓縮」成扁平狀的組織形式。

最早將「扁平化管理」思想付諸實踐的是美國奇異（GE）公司。1981年，傑克．威爾許（Jack Welch）就任奇異公司的CEO時，奇異公司從董事長到現場管理員之間的管理層級多達24至26 層。威爾許上任後，透過採取「無邊界行動」、「零管理層」等管理措施，使公司管理層級銳減至5到6層，徹底瓦解了自六〇年代就深植公司內部的科層官僚系統，不僅為企業節省了大筆開支，更有效地提高了企業的管理效率，讓企業的經營效益大幅提高。

對於企業的發展來說，只有透過第一線現場觀察，才能獲得「消費者真正想要什麼」的情報，甚至把這些情報數量化。透過這些實際資料，企業才能針對顧客的需要生產商品。但柳井正認為，光做到這些還不夠，畢竟資料只是個參考，並不能完全決定企業的發展方向。如果光靠資料來預測消費者的需求，那只是紙上談兵。因為在商場上，真正的決勝因素其實取決於銷售現場店員與店長的「直覺」。在銷售的現場，透過「肉眼」或「心靈」的感覺，店長和店員隨時都能把握進店顧客的想法與心理轉變。

譬如說，暢銷的商品也有賣不出去的時候，而能否在第一時間預測到熱潮退去的時間，左右著企業的營運與下一階段的工作部署。基於這種考慮，柳井正不會天天坐在辦公室內看報表，根據報表對分店營運進行指示，而是經常到賣場進行實地考察，憑著自己的感覺來判斷商品的銷售情況以及需要改進的地方。甚至偶爾還會到分店進行「突擊檢查」，私下觀察店內的商品擺設和顧客的反應等，以便真實地瞭解商品的銷售情況及各種消費動向。

柳井正認為，「要瞭解客人，一定要去銷售現場；而最瞭解客人的人，一定是站在銷售前線的店長。」所以早在1999年，柳井正就為UNIQLO引入了「分店主導主義」。

所謂的「分店主導主義」，就是把管理的權責授予對銷售現場最瞭解的店長。因為商圈的特性、地域經濟環境等差異，每間分店的熱賣商品、銷售價格、人潮情況、客人最常上門的時間等等，都會有所不同。很多連鎖商店無視這些差異，一律由總公司主導管理，對各分店實行一視同仁的制式流程與要求。但UNIQLO不一樣，柳井正將每個分店的「商品陳列數量」、「商品陳列方式」、「地域宣傳方式與人事費用」以及「促銷內容和時間」等權責，都授予對分店特性最為瞭解的店長進行處理，這也使每間分店都能根據各自不同的情況隨時隨地地調整銷售策略，以便更好地適應市場。

店長的本職工作，就是帶領店員進行更有效的管理和銷售。每間分店大約都有30名營業員，如何處理領導和員工以及員工與員工之間的關係，也是店長的主要任務之一。如果領導方法有誤，就可能導致整個團隊無法發揮出最佳的工作默契與效率。雖然店長是店裡最高的管理者，但他永遠也不能忘記的一點，就是「顧客是神」這個理念。只有讓顧客滿意，才是店長的最終使命。

評價店長的工作能力有許多指標，比如店內環境、商品擺設、店內員工的服務態度等等，而不僅僅依靠店鋪的銷售額和利潤數字。企業總部的監查人員每個月都會做出「店長業務報表」，根據評分KPI來評價店長、代理店長以及新人的工作績效等。在評價店長工作的同時，監查人員也同時受到店長的監督，以查核他是否勝任培養和發現優秀店長的職責。

柳井正心目中的優秀店長，應該在忙碌工作之餘，仍會找機會「模擬演練」分店的實際經營。比如，把自己當成是最苛刻的顧客，實際走進店內觀察體驗商品的陳設或店員的服務態度。柳井正說，「只要一天實做三次，這家店就一定會成為最棒的賣場。」

雖然優秀的店長可以給企業的管理和經營帶來很多幫助，但柳井正更在意的，卻是企業總部與店鋪之間的縱向交流怎樣才能達到平衡。

比如，UNIQLO的店長會經常向總公司提交企劃案，「在我們的店裡，這類商品希望用這樣的陳列方式來銷售。」也就是說，將銷售現場感受到的消費者需求，透過具體的提案來得到總公司的認可。對於這些來自銷售現場的意見，柳井正要求總公司的員工必須迅速做出反應，因為這不僅是總公司的義務，企業團隊的縱向運作也是從這些地方開始的。

對很多企業來說，UNIQLO的這種做法顯得很麻煩，但在柳井正看來，想要提供給消費者最好的服務，企業就必須要承擔這些麻煩。以往「總公司＝決策者」、「店鋪＝執行者」的理念總被視為理所當然，但柳井正卻認為事實剛好相反，因為只有遵循「店鋪＝決策者」、「總公司＝

達到更好服務的支援與執行者」的經營理念，才能讓企業組織免於「高來高去」的企劃案窒礙難行。

儘管UNIQLO尊重來自銷售現場的聲音，但也並非將分店的經營完

企業關鍵績效指標

KPI，全名Key Performance Indicator，是一項數據化管理的工具。這個名詞通常用於財政、一般行政事務的評量，是將公司、員工、事務在某時期的表現「量化」與「質化」的指標，可協助優化組織表現，並規劃願景。

KPI的理論法基礎是「二八原理」，即在一個企業的價值創造過程中，存在著「80／20」的規律，靠著20%的骨幹人員創造出企業80%的價值；而同樣的原理還適用於每一位員工，即 80%的工作任務是由20%的關鍵行為完成的。因此，抓住這20%的關鍵行為，就等於抓住了業績評價的主體。

常用的KPI計算法為「魚骨圖法」和「九宮圖法」。由公司級的KPI逐步分解到部門，再由部門分解到各個職位，採用層層分解、互為支持的方式，定義出各部門、職位的關鍵業績指標，並用定量或定性的指標確定下來。在這個過程中，須遵守一重要的「SMART原則」，即具體（Specific）、可度量（Measurable）、可實現（Attainable）、有關聯（Relevant）、有時限（Time bound）。

哈佛大學名師卡普蘭（Robert S.Kaplan）和管理大師杜拉克（Peter Drucker）都說過，KPI就像是飛機駕駛艙內的儀表。飛行是很複雜的工作，機長需要得知燃料、空速、高度、學習、目地等指標，才能順利飛行。而管理階層和飛行員一樣，必須隨時隨地掌控環境和績效因素，他們需要藉助「儀表」來領導公司飛向光明的前途。在如今的職場中，KPI已是衡量一個管理工作成效最重要的指標。

全放任於店長，總公司則不聞不問。柳井正說，「人一直待在同一個環境中，就會失去客觀的判斷能力，所以站在社長和總公司的角度，我們也會給予店長適當的建議和輔助。」因為店長一旦失去客觀判斷，就會開始為業績下滑找藉口，忘記應該從顧客的角度出發來看待店鋪經營的事務。簡單地說，擔任UNIQLO店鋪的店長，考慮的不僅是商品賣或不賣，而是所有事情都必須站在消費者的角度來思考。

柳井正認為，店長應該是UNIQLO所有員工的終極目標，因為在他看來，店長就是最高的職位了。對商場內的事，店長應該無所不知。只要他做到了一個優秀店長應做的一切，那麼他所拿到的薪酬也應是最高的，當然也比在公司總部的工作人員拿的薪酬還要高。

在日本的傳統觀念中，分店店長這樣的職位是缺乏榮譽感的，只有坐到總公司某個具有一定職權的職位上，才會被籠罩上眾人崇拜的光環。事實上，店長並不是一味地只聽上司命令，他需要依照自己的意願和想法去經營店鋪。如果所有的店長都只知道死板地遵守上司的命令和公司的各種規章制度，那麼UNIQLO也必然會與其他的傳統零售業一樣，逐漸走向下坡路。

在柳井正看來，店長才是真正的商人，是一家分店的核心人物，更是一個企業的靈魂。柳井正並沒有將UNIQLO的「店長」簡單地定位為「門市經理」，因為他覺得，店長應該是知識型勞動者，能獨立思考並積極採取行動，而且眼界開闊，喜歡挑戰極限。追求平穩安定的人是不可能勝任店長職位的。零售業附加價值得以實現的場所就是在各地的店鋪，而店鋪的負責人就是店長，所以店長也必須能夠意識到自己是一個知識型的勞動者。

身為一個優秀的店長，應該得到顧客、上級和下屬的信賴，而且最好還是個性格開朗的人。當然，在UNIQLO，性格內向的店長也是大有人在。但內向的人必須能夠改變自己，考慮問題時要將顧客和下屬的需求擺在自己前面，而且必須能以服務的精神，以顧客滿意為標準，使下屬在愉快的氣氛中開展工作。

那麼，店長的責任是什麼呢？是作為為顧客提供滿意服務之保證，並同時為企業創造利潤。畢竟，滿足了顧客的需要後卻掙不到錢是不行的。柳井正經常說，店長也是經營者，如果缺乏經營者的意識就不能做店長。同時，店長還有一個相當重要的職責，那就是培養代理店長。當店長不在時，代理店長能夠全權負責店鋪的經營和管理。

隨著銷售的變化，有的店長升高了級別，但也有的店長被降格了。通常來說，店長降格的原因有兩個：一是出現了無償加班的情況。有人會感到奇怪，無償加班是在為公司做貢獻呀，怎麼還會降格呢？其實不然。經常無償加班會有損公司的信用，而且還會造成效率低下，員工士氣低落。第二個原因就是私下替公司補充零錢，比如有時找錢時零錢不夠，店長可能會自己拿零錢補上，這在UNIQLO是絕對不可以的。柳井正認為，商人的原則就是公私分明，在對待金錢上一定要斤斤計較，公私分明。

日本企業的傳統組織結構晉升模式中，店長是個通往成功的跳板。一旦成為店長，就可以順理成章地成為監理人員，此後還有機會繼續晉升，直到成功進入公司的管理高層。

然而，柳井正卻覺得這種晉升模式不太合理。店長長期在銷售第一線工作，他們的位置至關重要，可以說，是他們主導了企業的興衰命運。所以，柳井正想對傳統的經營方式實現一次逆轉。

在柳井正開創的經營模式下，店長成為一切經營活動的核心。UNIQLO用銷售額、利潤貢獻、後備人員培養等作為評價店長的標準，將店長分為一般店長、一星店長（S）和雙星店長（SS）三個格局。處於不同格局的店長，在責任、許可權、薪資上都會有所不同，其中SS級店長的待遇是最高的，年薪達1,000萬日圓以上。目前，UNIQLO擁有二十幾位SS級店長，佔所有店長不到一成的比例。柳井正認為，要是UNIQLO的SS級店長能持續增加，企業的業績也一定會有更出色的表現。

雙星店長（SS）主要負責所有種類商品的訂購和店鋪的日常運營。不過，要獲得雙星店長的資格並不容易，前提是必須具備一星店長的能力與經驗。滿足這個前提後，公司人事部門會每年對其進行兩次業績考核，然後根據店鋪的各項資料、環境、企劃等，在店鋪的進貨、管理、經營等工作上有著總部所認可的高標準，才能夠獲得雙星店長的榮銜。

大多數連鎖企業的店長事實上都處於一種「被使用」的狀態，然而在UNIQLO，店長和總經理的職位是平等的。UNIQLO要求，店長在離開督導（SV）和主事（BL）的配合或不必在總部的指派下，也能夠自行開展工作。而且柳井正認為，商業活動本來就不屬於上下級的關係，既然店長與總經理擁有同樣的資格，那也必須在知識水準、判斷水準、價值觀等方面達到同等水準才行。通常店長接受地區經理的管理，但在UNIQLO，店長卻可以直接向總公司社長彙報，採購、員工培訓也都可以自行安排。

在UNIQLO，一名員工從入職到晉升為店長，需要多久呢？最快是半年！2009年，UNIQLO的營業部長承諾，只要在半年內取得店長資格的人，立刻就會任命其為店長。事實上，在2009年入職的167名新員工中，真的有19人在半年內成為店長。通常來說，一個人要想成為店長，除了本人要取得店長資格外，還必須有店長的空缺才行。在這種情況下，每個組織所採取的方式也有所不同，最常見的就是排隊等待。但在UNIQLO，如果一名員工能在最短的時間內獲得店長資格，那麼一定會儘快被任用為店長，而且以後還會有更大的發展空間。這就是UNIQLO的人才優先戰略——展店實力主義和早期教育並重。

為了培養新店長，UNIQLO還有一些別的教育訓練方程式。新員工在進入公司後，會馬上被分派到各個連鎖店，先作為銷售員開始工作。與此同時，還會對新員工進行強化訓練（URC）、現場教育（OJT）和集中教育（OFFJT）等，而且這幾項培訓是同時進行的。

集中教育（OFFJT）半年內會舉行三次，每次期間一週。第一次培訓主要是要求新員工接受UNIQLO的經營理念和價值觀，這也是UNIQLO每個員工必須理解的內容；第二次培訓主要學習行業知識、橫向協作和行銷方法；第三次培訓則主要學習銷售額及利潤的創造模式、庫存的管理、賣場的規劃等等。

現場教育（OJT）的培訓中也有類似內容，但通常更注重實際操作。員工每個月的學習成績都要由上級做出評價，一旦不合格還要重新制訂教育計畫。當達到一定標準後，員工就可以進行考試，通過考試就能獲得店長的資格了。

突破了重重難關，從員工成長為UNIQLO的雙星店長們，日常的工作內容有哪些呢？

日本NHK電視臺曾訪問過UNIQLO東京世田谷千歲台店的前田秀昭店長，他就是UNIQLO中極少數的SS店長。在柳井正看來，前田秀昭是一位經常帶著經營者的視野、並擁有高度決策力的優秀店長。

世田谷千歲台店的分店面積約1,000坪，員工約100人，屬於大型分店。根據UNIQLO的內部資料顯示，每位消費者在該分店的停留時間和消費單價都比一般店面高出2倍以上。因此，這個分店也成為UNIQLO在日本關東地區表現最出色的店面之一。

前田認為，成為SS店長，就不僅僅只是一個分店的店長而已，而必須要為公司做出更大的貢獻，生出更多附加價值來。世田谷千歲台店因坐落在國道周邊的住宅區上，所以店鋪也更積極地鎖定家庭客戶，用消費者的需求來改變店內的商品陳設。這裡所說的商品陳設，是把店鋪內從地板到天花板的高度一公分也不浪費！利用150具假人模特兒隨季節變換展示上千種不同的UNIQLO商品，呈現與其他店鋪完全不同的獨創陳列方式。這種設計方案是店內聘請的視覺設計師根據總公司給的指示，並綜合預覽諸多專業雜誌與其他競爭對手的陳設後，再加上前田店長的原創想法，設計出來的陳列方式。這種設計風格果然引起了消費者的關注。

此外，前田店長每天還必須向總公司發送郵件，將在銷售現場收集到的最新購物動向、消費者反應等，彙報給總公司的經營團隊。當然，總公司也不會各種大事小事都親自決定，卻總能及時準確地關注消費者的需求，而且又能對銷售現場的各種狀況提出建議。這種獨特的經營藍圖除了可以活化銷售現場的競爭力外，還大大地改善了一般企業內部的縱向溝通不良的問題。

2-4 非柳井正不可的UNIQLO

在銷售刷毛外套獲得成功後，UNIQLO繼續自己的素材開發路線，希望能找出像Fleece一樣不為人知的素材，再利用「便宜高品質」的銷售策略，創造出新一波的服飾熱潮。然而，除了在2004年以8,900日元的超低價推出輕薄保暖的「喀什米爾毛衣」，獲得熱賣160萬件的成功外，UNIQLO一直無法再找到更新的「代表性商品」。

「UNIQLO曾經創造過Fleece熱潮，不過我們不能因此滿足，因為凡事一定會有因果。當熱潮開始，就要想到熱潮結束後的事，我們必須往下一步走。」這是柳井正經常掛在嘴邊的話。柳井正始終認為，「不以讓消費者驚訝作為前提，可是不行的」。儘管UNIQLO著重於商品素材上的開發，但新的商品卻沒有辦法再讓消費者驚豔，UNIQLO對素材重視的商品開發策略似乎已遭遇了瓶頸。

此外，外套超乎預期的熱賣，造成供貨不及，UNIQLO不得不緊急協調生產線全力加速並擴張以維持貨源，柳井正也從這件事情上得到了教訓，不僅為經營團隊沒能準確預估銷量的暴增感到失望，也將其視為失敗的警訊。

果然，失敗緊隨著成功而來，刷毛外套的熱潮退去後，缺乏銜接的主打商品，使得UNIQLO在2002年首度出現年營收下滑，《日經》甚至以「熱潮退去後，UNIQLO只剩下便宜嗎？」揶揄。除此之外，2001年，UNIQLO首次進軍海外，在倫敦開設門市，並號稱三年內在海外展店50間，但計畫並不順遂，海外門市銷售慘澹。

在一番省思後，這回柳井正決定從自身開始革新，他已年過半百，應該讓優秀的年輕人才接棒，好維持UNIQLO的競爭力。2002年，56歲的柳井正辭去社長（總經理）一職，退居第二線，擔任會長（董事長）。

至於自己事業的繼承，柳井正摒棄了家族企業模式和職業CEO，而更願意挑選自己一手培養的、深諳UNIQLO文化的有為青年作為UNIQLO未來的接班人。

早在1998年左右，柳井正就在當時的副社長澤田貴司的幫助下，找來玉塚元一、森田俊敏（後來升任常務董事兼CFO）、堂前宣夫（現任首席經營委員）等優秀人才，一起幫助UNIQLO在2000年初期獲得了重大成就。因此，在他逐漸產生退居幕後的念頭時，以玉塚元一為首的一支年輕團隊早已在UNIQLO形成了一股全新的能量。

2001年底，柳井正打算將社長的職務交給澤田貴司，但當時只有44歲的澤田卻遲遲不願答應。對此，柳井正說：「澤田不想當個只領薪水的社長，他想要自己從商發展自我。」當時的UNIQLO正面臨Fleece外套熱潮退去後的困境，以致於柳井正與澤田貴司在經營上出現不少分歧，在這種情況下，做出最後決定的往往都是柳井正。因此澤田認為，即使自己當上了社長，還是必須聽從身為會長的柳井正擺佈，他索性選擇離去。這是柳井正尋找接班人面臨的第一次挫敗。

澤田離開後，柳井正找上了玉塚元一，並且在2002年順利接班。然而好景不長，玉塚上任的時間點正好延續了Fleece服飾熱潮退去後的空窗期，導致UNIQLO在2003年季中的業績跌落至谷底，年度營收衰退26%，並關閉了倫敦的16間分店。雖然2004年後公司逐步恢復競爭力，但柳井正卻對玉塚元一「穩中求勝」的保守經營策略感到不滿。

「玉塚的確非常優秀，卻讓我感受到優秀人才在經營能力上的極限，至少他沒辦法從根本上改變這家公司。這不只是玉塚一個人的責任，而是當時整個董事會的成員讓我感受到在經營能力上的極限。」儘管玉塚元一經營下的UNIQLO表現四平八穩，卻顯然不符柳井正要求以「創業精神」來經營的目標。

2005年，柳井正以董事長身分參加全球店長大會，大會上，他聽見一些店長在台發言：「未來改行成為政治家也不錯。」「希望退休後可以做想做的工作。」不禁面色鐵青，心想：「我們的店長怎麼都抱持受薪階級的想法？為何對銷售沒有追求極致的熱情？」當下，柳井正決定換下玉塚元一，回到經營的最前線。

他檢討這種現象，認為原因在於「安定志向」，一旦接班人認定事業已經成功，便會缺乏自我批評、勇於嘗試、接受失敗的勇氣。「也許跟世間一般的看法完全相反，年輕的玉塚是安定派，我是激進派，玉塚所為確實很踏實，但我們是要在全球發展的企業，他這樣會危及公司革新，我不希望UNIQLO成為一間普通的日本當地公司。不管是在營業額銳減的時刻，還是UNIQLO聲名大噪的時刻，都應該要勇於挑戰。」

2005年9月，重回社長寶座之後，柳井正展開一連串組織改革，包含許多令業界震驚的措施。例如，公司每年和高階經理人簽約，業績和獎金連動，業績未符者則降級、減薪；同時，他在2008年更毫不留情地將一批執行役員（位居社長之下的最高階主管）降為中階幹部。

在傳統的日本企業文化中，一個人一旦升為主管就永遠不會降級，但柳井正採取「實力主義」，就像日本相撲選手一樣，分為橫綱、大關、關脇這些等級，比賽成績好就往上升，成績差就往下降，雖然他的做法相當嚴厲，但動機其實再單純不過——希望帶領UNIQLO的管理階層永遠是最優秀最熱情的人才。

翻開UNIQLO執行役員的名單，到了2009年時，原有的21名執行役員中已有7個人的名字消失了，這些人全都是離職或被汰換的。柳井正這種「不成長就淘汰」的做法，被當時的日本媒體形容為「非情」，也就是冷酷、不通情理的意思。他用父親對待他的方式對待員工，相信嚴格能夠使人成長。在UNIQLO位於山口縣的客服中心入口處，就掛著一幅微軟創辦人比爾蓋茲的名言：「不會游泳的人，就讓他沉到水底吧！」柳井正的「非情」讓過去幫UNIQLO創下佳績的成員也受不了，曾創造出Fleece風潮的團隊，以及暢銷商品「bra top」的研發人員紛紛離職。

銀座店店長赤井田真希曾說過：「就算是分店業績好時，社長也會發脾氣，叫我們不要驕傲。他幾乎沒有讚美過我們，有時我搞不清楚他的話是批評還是鼓勵，被他批評就好像被他鼓勵一樣。」回想起玉塚元一領導UNIQLO的時期，她忍不住感嘆：「現在的緊張感強多了！」

日經新聞曾訪問在UNIQLO工作過的員工，許多人都說「從來沒有看過UNIQLO有鬆懈的時候。」柳井正會不定時到分店勘查，在每週的經營會議上，如果有哪位店長沒有發表意見，柳井正會毫不留情地說：「你下次可以不用來了。」他看每一份客服中心彙整的顧客意見報告，檢視每件商品的企劃案，每樣商品開發都需要他的拍板定案。

日本IBM董事長名取勝也曾形容柳井正的個性：「他二十四小時都在想工作，就像是太陽一樣發光發熱照耀公司，但是因為太熱，靠近他的人都會被灼傷。」

儘管如此，在柳井正的強硬手腕之下，UNIQLO的業績總算有所起色。從他重任社長的2005年起，UNIQLO的營業額快速成長。2008、2009年全球遭遇金融海嘯時，UNIQLO也仍然在市場中屹立不搖，不僅營收高於ZARA、H&M，而且還在紐約、倫敦、巴黎、上海等國際都市最熱鬧、昂貴的街道上，開起了一間間大型旗艦店。

2009年2月，富比士（Forbes）雜誌公佈了日本40大富豪排行榜，2008年度總資產47億、列名第6的柳井正靠著旗下品牌UNIQLO，在一年內多賺進了14億美元，總資產超越了2008年的日本第一，也就是任天堂（Nintendo）總裁山內溥的33億，榮登日本首富。這對柳井正以及UNIQLO的團隊來說是一個重要的里程碑，它除了證明靠著廉價服飾也能在全球富豪中佔有一席之地，還顯示出公司少了柳井正的帶領是萬萬不行的，更象徵UNIQLO今後的目標逐漸從「全國第一」轉變為「世界第一」。

因此，當年的柳井正宣佈了一個遠大的目標：UNIQLO在明年度業績要超過1兆日圓，並要超越GAP成為世界第一服裝零售品牌。柳井正自己也知道，要達成這個目標難度很大，事實上至今也尚未實現，「不過，你必須為自己訂個高一點的目標。目標設低了，如果可以輕易實現，就不是個好目標。最好的目標應該是一個不可能的任務。」為了實現這個目標，柳井正無時無刻不在努力著。

在迅銷公司2009年度財報上，迅銷集團的整體業績不過6,850億日圓，而且其中的大部分都是靠UNIQLO一個品牌爭取來的。在全球金融風暴的影響下，UNIQLO過去幾年的業績還是以超過10%的速度飛快成長。儘管如此，柳井正想在2010年底達到「年度業績1兆日圓」的目標，絕對不是一件簡單的事，因為要在一年內增加3,200億日圓的業績，從常理判斷就是不可能的。不過，UNIQLO就是會令人產生一種「搞不好可以」的神奇公司。「搞不好可以」的理由當然就在於柳井正，因為他已經為旗下的企業塑造了「挑戰目標」的文化。

在柳井正看來，安於現狀只會讓人退步，因此，柳井正會經常對員工這樣說：「不要想著做不到，要相信所有的可能性，去思考達成目標的方法。」也許這些話會讓人認為柳井正是個「嚴以待人」的老闆，其實他只是擔心日本年輕人過於安於現狀，忘記了敦促自己持續成長。

2010年3月，柳井正在董事會與高階主管的會議室牆上，掛起一幅「世界第一」的書法匾額，一旁則是擁有百年歷史的世界古地圖，明確宣示了UNIQLO未來的雄心壯志。會議室外的長廊掛著2010年度方針「民族大移動」計畫——也就是人才全球化。要走向世界第一，必須有一批能在世界各地移動的國際人才，隨時能立即趕赴中國、法國等地走馬上任。他鼓勵旗下員工到海外「留學」，又將UNIQLO內部的3,000位主管依序派駐到海外，並預計聘請一半來自海外的員工，藉此吸收更多「全球在地化」之人才。

之所以要這樣做，是因為柳井正制定的2020年UNIQLO年度業績5兆日圓的計畫裡，海外業績就佔了將近七成。柳井正認為，「光在日本，雖然稱不上完全沒機會，但本公司不太可能會繼續成長和發展。」而且他更進一步指出，「全球化經濟，就是把世界第一當成目標；過去想當日本第一的想法，現實看來已經沒有意義了，因為我們已經是日本第一了！」對於柳井正來說，既然要努力，就要努力當世界第一，因為他相信，即使在海外與世界級品牌競爭，UNIQLO也不見得就會輸。

Chapter 3

制霸全球之野望

3-1 蠶食中國市場版圖

在全球化競爭日益激烈的今天，柳井正也看到了中國的市場潛力。二十一世紀以後，中國國內的投資環境發生了巨大的變化，2008年北京奧運會和2010年上海世博會更是將中國推到了令全世界矚目的頂峰。

隨著中國經濟的發展，人民的生活水準也不斷提高，購買力也隨之加強。因此在柳井正看來，UNIQLO在中國將會有很好的市場發展前景；同時，柳井正也越來越看重UNIQLO在中國的發展。他希望能以中國市場為基礎，打造服裝零售連鎖店界的「亞洲第一」。

把中國市場作為UNIQLO海外發展的重點，這個決定來自於柳井正極有智慧的商業頭腦。柳井正很清楚，在全球化的必然趨勢下，只有拿下中國市場，才能保證UNIQLO在未來全球化的商業競爭中，爭取世界級的市佔率品牌。

其實早在1998年，柳井正就開始策劃讓UNIQLO進入中國市場。2001年8月，UNIQLO併購了許多中國企業，作為迅銷公司進入中國的橋頭堡，並於2002年9月正式在上海開設兩家分店。一開始，他們以中日合資的形式建立了迅銷（江蘇）服飾有限公司，2004年12月又以獨資的形式正式成立了迅銷（中國）商貿有限公司。2005年，UNIQLO又在北京開設了兩間分店。

然而，UNIQLO在中國的發展卻並不順利，甚至在剛剛進入中國大陸時定位就有錯誤。因為UNIQLO與中國本土中高檔品牌的價位非常接近，所以在競爭中進行的是你死我活的價格戰，對於消費者來說，他們無法明確地區分UNIQLO與Baleno、GIORDANO等品牌的差異；而且，UNIQLO所謂的「低價」在中國也不具備明顯的優勢。所以到2006年，UNIQLO不得不改變思路，重新調整展店的佈局。

經過較長一段時間的摸索和市場調查，柳井正決定重新調整UNIQLO在中國市場的定位。這一次，柳井正徹底放棄了平民路線，行銷上強調「百搭」，目標聚焦在城市中產階層，突出輕鬆購買、性價比高的優勢。自此以後，UNIQLO在中國市場上才逐漸打開銷路，並被越來越多的消費者所接受。

迅銷（中國）商貿有限公司總經理潘寧在接受媒體採訪時曾說：「UNIQLO現在能做到亞洲第一、全球第四，不僅在於它的價格優勢，更在於UNIQLO一直未變的經營理念，那就是提供任何人都可以享受到的高品質的休閒服。」潘寧是UNIQLO中「從店員成為企業菁英的店長」的最佳案例，他曾留學日本，自1995年起就進入UNIQLO擔任基層店員，因此深刻瞭解UNIQLO的經營理念。柳井正欽點他負責統籌UNIQLO在中國的生產管理，這也是UNIQLO的「中國生產」策略中重要的一環。

柳井正也說，要想讓企業在全球成功，就要讓世界上的所有人都能透過我們的努力為他們的生活增色。這一點能做到，才是真正的世界第一。柳井正及UNIQLO所奉行的價值觀不僅得到了消費者的認可，也贏得了合作企業的信賴和支持。

「我最崇拜兩位企業家，一位是賣咖啡的，把自己賣成了星巴克；還有一位便是柳井正先生。全世界有很多賣衣服的，但只有他賣出了UNIQLO，賣成了日本首富。」阿里巴巴集團董事局主席馬雲對柳井正充滿了敬仰之情。

柳井正和馬雲都是軟銀的董事，所以兩人在董事會會議上經常碰面。2009年4月，UNIQLO在上海宣佈與阿里巴巴旗下的「淘寶」結成戰略合作夥伴，同時又在淘寶線上商城開闢了官方旗艦店。開店不到兩週，UNIQLO的銷售量就突破了3萬件。當年的11月2日，開業才半年的UNIQLO淘寶商城旗艦店單日交易額已經破紀錄地達到了55萬元人民幣，成為淘寶網實銷量第一名的服裝店。

到了2010年5月，UNIQLO更投資3,000萬美元，在上海南京西路開設了其全球第四家旗艦店。如此大手筆地投資一家旗艦店，足見柳井正深耕中國戰略的決心。當然，這家旗艦店也沒有令柳井正失望。開幕當天，店外早已排成了彎了好幾彎的長隊，工作人員不得不舉起「在此排隊，進入店內需二小時」的木牌提醒顧客，但隊伍還在不斷加長。當天晚上9點後，店內顧客依然不見減少，即使是H&M在上海淮海路的旗艦店開幕時，也不曾出現過如此盛況。

「首先，要加快展店的速度，在以上海為中心的華東地區、以北京為中心的華北地區、以廣州和深圳為中心的華南地區、以重慶為中心的西南地區以及香港等地區，讓UNIQLO迅速成長為第一服裝品牌，並且還要借助這些核心區域逐漸輻射到其他區域，逐步擴大UNIQLO的影響範圍。」柳井正豪邁地對媒體說。

2003年就進入UNIQLO的朱偉，被柳井正提拔擔任南京西路旗艦店的副店長，他在接受採訪時曾說：「我管理的員工人數總共有300人左右，分店的月平均營業額為2,000萬人民幣以上，商品種類齊全。作為這樣一家店鋪的責任者，我希望能創造世界NO.1水準的店鋪——NO.1的人才，NO.1的服務，NO.1的賣場。」他感慨地說道，「作為一名UNIQLO的成員，在這裡工作的6年多裡，我經歷了分店中所有的崗位和所有的工作，同時每個時段自己的職責和期待也完全不一樣，這是一個痛苦且快樂的過程。」在此期間，UNIQLO也經歷了在中國事業的不同時期，從迷茫到探索再到重新崛起的過程。作為企業的每一名成員，也都同時在不斷成長，不斷進行從失敗到成功的反覆過程。

隨著UNIQLO亞洲最大的旗艦店落戶上海，UNIQLO的知名度也逐漸在上海確立。2009年5月，UNIQLO在上海新開了三家實體店面，使上海的店鋪總數達到11家。如今，UNIQLO已在北京、天津、杭州、上海、南京、成都、重慶、廣州、瀋陽、大連等大陸一線城市全部設立了「核心發展根據地」。

事實上，UNIQLO成功的模式也不是不可複製。柳井正曾在接受採訪時說：「當經濟形勢好的時候，可能所有的品牌都有比較討人喜歡的銷售量。但當經濟形勢不好時，可能有的品牌依舊能熱銷，而有的品牌就會從此消失。這就是品牌之間的差異造成的。」

很明顯，UNIQLO就屬於那種在經濟形勢好或不好時都能實現很好銷量的品牌。注重品質，保持創新，低價銷售，也成了UNIQLO最終能取勝的法寶。這一經營法則在日本適用，在國際市場上適用，在中國同樣也適用。

雖然UNIQLO在2008年就已經進入了北京市場，但最初的兩三年它在北京似乎並未享有「國際級品牌」的知名度。對此，柳井正說：「在北京等城市，UNIQLO知名度確實不高。但也正因為如此，它拓展的空間才更大。未來兩三年，我有信心讓UNIQLO趕上甚至超越ZARA和H&M

的知名度。」

柳井正及UNIQLO所奉行的價值觀不僅得到了消費者的認可，也贏得了眾多合作企業的信賴和支持。UNIQLO最大的生產合作工廠申洲針織總經理馬建榮用「真夥伴」這樣的比喻來形容中日兩家企業之間的關係。也由於這種緊密的合作，使馬建榮和柳井正成了很投緣的朋友。

目前，UNIQLO在中國有70家合作廠商。柳井正說，「UNIQLO與迅銷集團能有今天的成長，是源於長年來與我們共同努力的中國合作夥伴們。」據了解，中國紡織業前五強的企業都是UNIQLO的供應商。從1990年起，UNIQLO的商品在中國生產的累積總數已經超過了60億件，其在全球銷售的商品中約有85%都出自中國的合作工廠。在中國，與迅銷合作的公司和工廠已達到400多家，僅2013年度從中國出口的「UNIQLO」品牌各類服裝服飾品的金額，就高達30億美元。

UNIQLO與中國工廠的合作，與西方企業之間的簡單契約關係有所不同，兩者通常都是「命運共同體」，雙方共同成長，同舟共濟，這也體現了東方的「和合」之道。柳井正表示，「我們所看重的，並非合作工廠數量增加多少，而是給每個合作廠家帶來多少訂單，從而加強與基礎廠商的合作關係，起到相輔相成、彼此促進的作用。」今後的中國必將成為世界最大的市場，作為最大生產基地的中國與作為最大市場的中國，也將成為UNIQLO在世上最重視的國家之一。

3-2 航向世界的紅色旗艦

「只能賣給日本人的衣服，以後連在日本都賣不出去！」這是2009年9月柳井在迅銷集團的會議上說的第一句話。

在UNIQLO進軍海外的初期，可謂是慘澹開頭。早在2000年6月，UNIQLO就開始拓展海外事業，在英國倫敦成立子公司。隔年的9月，他同時在倫敦市內開了四家分店，之後又逐漸將英國境內的分店數擴展至21間，然而這些店鋪幾乎都沒有好成績。

原來，柳井正起初認為，在海外開設的分店，最好由當地人來經營比較好，於是他起用了英國老字號瑪莎百貨（M&S）的前員工，將經營全權交給這一批英國當地的團隊負責。然而，英國是個階級社會，經營人、幹部、店面員工之間很容易壁壘分明，無法實現UNIQLO 不分階級、攜手奮鬥的經營文化。

同時，柳井正在剛進入英國時，曾制定「三年開50間分店，並且轉虧為盈」的目標，為了實現這樣的速度，使得經營階層為了開店而開店，沒有充分評估銷售策略，不僅沒能打響UNIQLO在當地的知名度，反而被昂貴的租金成本壓得喘不過氣來，陷入分店「開越多、賠越多」的窘境。

繼英國之後，2002年9月UNIQLO在中國的上海開了兩間店，2005年又在北京開了兩間，但四間店全都虧損連連，不到一年就關門收場。同年，UNIQLO首次進軍美國，一口氣開了三間店，但都開在紐澤西的郊區地帶，完全缺乏知名度，最後也是默默關門。

從這些失敗的教訓中，柳井正瞭解到，隨著經濟與社會的全球化，全世界正快速演變為單一市場，單純的國內消費型經銷商遲早會被全球經銷商蠶食。因此，若不能成為行遍全球市場的品牌，UNIQLO將連日本都無立足之地。而他找到的答案，則是「全球旗艦店」。

旗艦店是大型店面，面積至少是標準店的一倍以上，這些旗艦店開設在全球主要城市，功能在於利用UNIQLO最高水準的行銷手法與視覺提案（Visual Merchandicing），展示研發中的最新內容，發揮品牌功能。

之所以會想出全球旗艦店這個答案，是來自美國分店的挫敗經驗的啟發。由於一開始美國分店不是開在繁榮的曼哈頓，而是紐澤西郊外住宅區的購物中心裡，使得本來缺乏知名度的UNIQLO變得更不顯眼。「以日本國內來比喻的話，就像一個沒沒無名又不做宣傳的國外品牌，不選在東京都心開店，而是在埼玉縣或千葉縣的購物中心開店。美國本來就不認識UNIQLO，所以客人不太上門，自然也賣不出去。」柳井正在《成功一日可以丟棄》裡說道。

另一方面，當時UNIQLO為了消耗大量滯銷的庫存，在紐約SOHO區租下了80坪的店面，舉辦跳樓大拍賣，結果銷售業績竟然比之前三家正式店面加起來還要好。這讓柳井正明白，車水馬龍的大城市，有許多對服裝有興趣又敏感的民眾，這才是最適合做生意的地方。因此，他徹底改變全球戰略，每當進軍一個國家時，會先在最大城市的繁華地段氣派開店，提高知名度，之後再逐步增加分店數量。

「UNIQLO未來的成長動力，將會擺在大型門市的開發。」柳井正在他的《成功一日可以丟棄》一書中這樣提到，這也為UNIQLO的展店戰略規劃了藍圖。早在2004年秋，UNIQLO就在日本大阪的心齋橋筋開設了一家佔地650坪的大型店鋪；2005年10月，又在東京銀座開設了面積450坪的旗艦店，這兩家店鋪的開設，也確立了UNIQLO日後以大型店作為新店鋪型態的目標。截至2013年6月，UNIQLO光在日本就開設了

125家大型店鋪，在這些廣達500坪以上的店鋪中，可以陳列UNIQLO當季所有的商品。如今，柳井正要將這樣的策略進一步拓展至全球。

2006年11月，UNIQLO的全球旗艦店一號店在紐約SOHO區開幕，店面積達到1,000坪，成為當時最大的一間店。開幕之前，柳井正在曼哈頓各地設置貨櫃屋臨時店，進行開幕預演，並分發一流創意人製作的免費雜誌，推出UNIQLO原創CD等，以各種促銷策略提高知名度。

為了跨出UNIQLO邁向全球化佈局模式的第一步，柳井正更特地找來曾為SMAP、明治大學、麒麟啤酒等知名企業或團體做過平面設計的佐藤可士和，擔任UNIQLO全球化專案的創意總監。

在日本，佐藤可士和有著「創造營利的設計魔術師」的稱號，擅長以極致的嚴謹、高效和精準態度來滿足客戶的需要。他主張在設計中進行「思考模式的實體化探索」，從而在設計中持續地激發靈感。在接下UNIQLO創意總監的工作後，佐藤的第一個任務就是重新規劃UNIQLO的商標，為這個即將邁入國際舞台的日本企業展現出品牌的「軟實力」。

然而，當佐藤在思考UNIQLO的新商標過程中，他發現UNIQLO的舊商標早已被悄悄改變過了。例如舊商標的底色從剛剛創業時的酒紅色變成了胭脂紅；UNIQLO這幾個字的字體也變得越來越細了。面對這種情況，佐藤便想利用新的標誌來表達UNIQLO想要「From Tokyo To World」的理念。

素有「創造營利的設計魔術師」稱號的佐藤可士和。

在設計過程中，除了保留舊商標的四方形設計外，佐藤還把新商標的底色恢復為酒紅色。佐藤認為，UNIQLO是日本成衣界的代表，所以使用日本國旗上「日之丸」的紅色可以彰顯UNIQLO存在的價值。另外，新商標的字體雖然比舊商標更細，但看起來也更為洗練、現代；並且在33×20的長方形商標中，佔據了更寬的比例，表達了UNIQLO的自信和向上。雖然新的商標在形式上沒有太大改變，但卻更具時尚感和現代感。透過設計的表現，傳達了企業的經營理念，取代了舊商標讓人看了後就認為是「便宜貨」的負面感覺。

2007年11月，累積了相當能量的柳井正決定在英國市場捲土重來，他在倫敦的牛津地區開設了一家超大型的UNIQLO專賣店。該店鋪的面積達3,300坪，這一舉動在外界看來，無疑是有點「燒錢」的瘋狂之舉。

「他們也花太多錢了！這是一次極冒險的策略。他們得賣掉多少件衣服才能把這些成本賺回來？而我們手中像這樣漂漂亮亮出場、最終一無所獲的公司名單早已多得數不清了！」在美國零售諮詢業界的權威安德希爾（Paco Underhill）看來，這無疑是一場「燒錢」的瘋狂舉動！但是柳井正卻不這樣認為，在柳井正看來，只要有了規劃，就要用實際行動體現出規劃的價值。也許最終無法完成目標，但如果不去執行，那很可能從此就失去了成功的機會。

之後幾年，UNIQLO接連成立大型旗艦店，從巴黎歌劇院、上海南京西路、大阪心齋橋、台北明曜百貨、紐約第五街道，到首爾的明洞，到處都可以見到UNIQLO巨大的紅色旗艦。到了2013年3月，UNIQLO以「凱旋」回鄉之姿，在東京銀座盛大成立第九家全球旗艦店，這一間店的面積共1,500坪，是全球最大的一間。

柳井正認為，UNIQLO進駐東京銀座是一大突破，一方面在於以往UNIQLO向來都將郊區的標準型店面作為展店的第一考慮；另一方面在於東京銀座是日本時尚潮流的象徵，是「最佳商品」的集散地，對於「便宜有好貨」的UNIQLO來說，超高的店面租金可能很難承受。但隨著

UNIQLO國際化的腳步，柳井正認為，進軍東京銀座不僅勢在必行，而且還可以提升UNIQLO的品牌形象。

當然，光有宣傳價值，店鋪本身賠錢的事柳井正是不會做的，所以銀座店不僅被要求創造比一般標準店鋪要高的銷售利潤，增加UNIQLO的整體收益，還要為UNIQLO開拓更多以往不曾來店內消費的女性顧客群。這也是銀座店成為UNIQLO所有店鋪中少數以女性商品作為主要訴求店面的原因。

除了開設新的大型店，UNIQLO在舊店鋪方面也利用多種方式增加賣場面積。例如面積最大的銀座旗艦店，在2005年10月剛開張時，面積僅為450坪；但柳井正並不滿足，他在2009年10月將這間店進一步擴張至700坪，直到2013年又增至現在的1,500坪。柳井正說道：「最具有競爭力、最能表現出新UNIQLO意圖的，只有200至1000坪的大型店鋪。」他估計，大型店將能佔UNIQLO業績的五成以上，成為其在2015年度業績突破2兆日圓的主力。

自從開設大型店鋪後，UNIQLO也開始了各種不同的店內銷售企劃。比如2005年開始的「Monthly collection」，即每個月以不同主題銷售男性流行服飾的企劃，只有大型店鋪才會出現的展示空間，也獲得了消費者的好評。根據UNIQLO公佈的財報顯示，大型店鋪每坪的年度銷售額坪效達300萬日圓。如此優異的業績，也加速了UNIQLO繼續開設大型店鋪的腳步。

在大型店如火如荼拓展的同時，柳井正也不忘多方嘗試。他創立了將各種商品分門別類進行銷售的小型專門店，比如專賣童裝或女性服飾的專門店，都是以15至80坪左右的店面作為展示空間，只是目前這類小型店對UNIQLO來說還處於實驗階段，對業績的影響暫時還看不出來。

在另一方面，同樣是小型店，已成為UNIQLO店鋪型態主力的，是在車站或機場內設置的類似24小時便利店性質的「迷你店」。這些迷你店鋪甚至能創造每坪每月銷售100萬日圓以上的業績，坪效驚人！

UNIQLO目前的展店策略雖以大型店鋪作為主軸，但從10坪到1,000坪的賣場通通都有，可謂「多元化展店」。而且不論是經營模式、開設地點、商圈設定等，都離所謂的「標準化」越來越遠了。其實，柳井正在1996年以前還是個標準化連鎖店的奉行者，開店地點也堅持在城市的郊區，尋找150坪左右的空間。當時柳井正還說，「UNIQLO是不可能在購物商場內展店的。」但消費者的習慣在轉變，UNIQLO就不能死守著「標準」。只有以柔軟的姿態來面對，才能跟上時代潮流和滿足消費者的需要。

在發展過程中，UNIQLO一直以「無論何時何地，只要是顧客需要的商品，都能確保在店鋪內供給適合的色彩和尺寸」為目標，因此不論是50坪的小型店鋪，還是1,000坪的超大型店鋪，都能為顧客提供快捷方便的購物流程。

柳井正的目標，是在2020年前達到營收500億美元、獲利100億美元。目前，UNIQLO的海外市場僅佔迅銷集團總營收的25%，但他相信海外營收在2015年前應該能超出日本國內的營收。截至今日，UNIQLO在日本擁有近900家分店，海外擁有超過500家，但在未來幾年內，柳井正打算每年展店500家，而且大部分都會開在亞洲，尤其是中國、香港、台灣、韓國等地。

現在，柳井正認為，「零售業的商圈設定、適合地點等固定的觀念已慢慢不合時宜了。身為賣家若不能跟著時代潮流改變，只會不斷限制自己的業績成長。」既然這樣，UNIQLO只好成立不論在何處都能開店的體制了。透過「從10坪到1,000坪」通通都有的展店計畫，可以看出UNIQLO已不再被地點、商圈、設施等固定觀念所束縛了，而是走上了多元化發展的道路。

柳井正還表示，「至少時尚產業不是像食品業一樣，非得離住宅區近一點才行。只要有開車也想去的念頭，即便店鋪再遠也會出門。所以，現在我們不用在意過往的商圈理論，而應在全國各大據點開設大型店鋪，只要有合適的店面，就算是購物商場也無所謂。」不被既定的觀念所套牢，柔軟地進行思考和做出反應，從UNIQLO的展店戰略變化中，我們也能夠看到柳井正展現出他承認變化也願意改變的經營長才的一面。

3-3 從日本第一到世界第一

曾有人問柳井正：現在已經擁有了那麼多的財富，準備怎麼花？這個稱自己為「賣衣人」的老人家野心勃勃地回答：「今後，我們的資金都會用於UNIQLO的全球化發展戰略，我們不再追求成為『日本最大』的企業，但我們會孜孜不倦地努力成為『世界最大』的休閒服生產銷售商。」

柳井正說：「排第二或第三，幾乎就賺不了錢，因為商場上有這樣的現實面。所以可能的話，我們希望成為業界第一。」柳井正的個人資產已成為日本第一，但他更希望自己的企業和品牌能成為世界第一。如今，柳井正的思考模式已經灌注到企業的整體，因此日本媒體用「柳井正主義」來形容他的經營風格。

在日本，UNIQLO的地位已經逐漸變得不可撼動，但過快的發展速度卻令UNIQLO面臨著本土市場日益飽和、越發侷限的發展空間。於是，柳井正決定開拓日本以外的國際市場，第一個目標就是攻克休閒服裝的發源地——美國。柳井正說，UNIQLO必須先在美國取得成功，才能在全球市場得以繼續發展，並逐步成為全球休閒服飾的領航者。

柳井正曾在2005年之前預計，2005年後，世界貿易組織很可能會撤銷紡織品的保護政策。因為當時的制度是，每個國家都在盡可能地保護自己的國內產業，對國外紡織品進口設立了很多的貿易關卡。而一旦這些保護政策撤銷，對UNIQLO來說絕對是一條好消息。

雖然這一措施可以為UNIQLO進軍國際市場提供契機，但UNIQLO也必將面臨與眾多國際大企業同台競爭的局面。可以說，UNIQLO即將面對的挑戰相當大。不過隨著經濟全球化趨勢的越來越明顯，日本企業如果不主動與國際接軌，也可能會很快被淘汰。當時的日本國內經濟形勢並不好，銀行存款利息極低，股票交易市場也長期處於「熊市」狀態，消費者對未來缺乏信心，因此，他們寧願將錢存起來也不願拿去投資或消費。在這種經濟形勢下，許多企業的生產也停滯不前，新設備的投資宣告流產，想在商業上獲得成功，機會變得越來越少。

越是在嚴峻的形勢之下，企業就越應該尋求突破和變革。只有認真研究新的市場領域，在固有的企業形式之中加入新的組織方式，才能讓消費者接受。雖然這樣做會冒較大的風險，但風險中也孕育著很多機會。而此時，最首要的目標就是國際化。當日本市場無法滿足企業生存的最低目標時，國際化也就成了UNIQLO的最佳選擇。

2006年7月，UNIQLO在美國紐約的SOHO旗艦店高調登場，並取得了不俗的業績，邁出了進軍國際的第一步，2007年11月，又在曾慘遭失利的倫敦開設旗艦店，選在最繁華的牛津街；同年12月與樂天

（LOTTE）合作進軍首爾；2009年10月登陸時尚之都，在巴黎歌劇院外的斯克里布街（Scribe Rue）設點；2009至2013年之間拓展至東南亞，陸續在新加坡、馬來西亞、泰國、菲律賓、印尼開設店面……截至2013年6月底，UNIQLO在日本開設了837家直營店（包括特許經營店在內有856家），在海外開設了514家直營店，主要地區包括中國大陸和香港地區、韓國、新加坡、台灣等。

「隨著中國以及亞洲其他國家、巴西、東歐和俄羅斯的加入，新的世界經濟正在成型，全球零售業的戰鬥才真正開始。」2009年12月，柳井正在《做真正的全球零售商》一文中這樣寫道。他在寫這篇文章時，正值UNIQLO在巴黎的全球旗艦店開業兩個月後，開業時的熱烈場景令柳井正帶領UNIQLO進軍全球的信心大增，他愉快地將之比喻為「經過數年艱苦努力終於獲得了一枚奧運會金牌」。

柳井正所期望的，就是讓UNIQLO帶著迅銷公司進入國際市場，透過企業整體的全球化，將經營的領域擴張到全世界。換句話說，柳井正希望做到的，不僅是派遣日本員工到海外發揮所長，還希望吸引國外的人才進入自己的企業，讓企業可以持續地朝國際化方向成長。

「在海外做生意，最重要的是要有自我意識。」這也是柳井正對全球化企業能否成功經營所定下的必要條件。他認為，即使在海外設立據點，也不能忘記自己的初衷，不能忘記自己的本質。而且，當國外消費者提出「你的優勢在哪裡」這樣的問題時，能直接了當地表現出「我這部分很具優勢」，這樣才能夠說服國外消費者。不過，經營者也要放開心胸，接納國外的理念和想法，這樣才能創造出共同的感動。

通過不斷的探索和實踐，UNIQLO走出了一條自己的海外之路。

在日本，UNIQLO已經是廣為人知的品牌了，但在海外根本談不上有多高的知名度。為吸引海外消費者的注意，結合當地的廣告宣傳和推廣策略對UNIQLO來說顯得很重要。日本媒體曾訪問掌管UNIQLO全球範圍宣傳推廣活動的全球資訊部（Global Communication）部長兼創意管理部總監勝部健太郎，當被問到「在向新市場進軍時，是否有一些UNIQLO獨具特色的方式？」時，勝部表示：「最重要的是利用網路事先讓UNIQLO的資訊在目的地進行流傳。」當然，準備好優質的店鋪和商品也是最基本的因素；但即便商品好，若不為人知的話，也沒有意義，所以對商品進行宣傳推廣是必須的。

在海外，想通過電視廣告與消費者進行交流是不太容易的，但以交通工具、交通設施為核心進行宣傳，利用輿論導向的作用來傳播消息就很適用。比如H&M這類跨國公司，在進入日本時也是用這樣的戰略。針對商品和店鋪投入巨大的精力，這也可以說是UNIQLO進軍世界的一種基本形式吧。

其中巴黎旗艦店就是一個很好的例子。在開幕前，UNIQLO提前選擇了在巴黎著名的複合精品店「Colette」進行限期銷售。Colette是巴黎複合精品店的第一品牌，每個月都會針對特定商品舉行特賣會，運用知名度較高的Colette來銷售UNIQLO以日本動漫為題材的「UT」系列商品，結果可以說是未販售而先轟動。

此外，UNIQLO還「佔有」了巴黎地鐵車站外的看板。以前在巴黎地鐵車站旁都會有整面牆壁的大型廣告區域，上下加起來大約可貼15張大型海報，通常這15個廣告欄位都用於張貼不同企業的宣傳海報。但是，UNIQLO卻大手筆地購買下了整面牆壁的廣告欄位，等於將車站所有的廣告欄全包下來了。另外還包括歌劇院鄰近的車站、沿線的其他車站等，也都佈滿了UNIQLO的宣傳廣告。

UNIQLO最讓人驚訝的宣傳手法還不止於此，它還在法國麵包的包裝紙外印上UNIQLO的廣告。因為巴黎人愛吃麵包，幾乎每人每天都會購買麵包，於是UNIQLO先在包裝紙上印好廣告，再分送到附近的麵包店，讓買完麵包的消費者拿著包裝紙在街上走時，等於無意之間就變成了UNIQLO產品的宣傳者和代言人。儘管這種宣傳方式並非UNIQLO原創，但大動作的造勢還是讓巴黎人對UNIQLO旗艦店的開業產生了更多的期待。

UNIQLO在美國紐約的旗艦店設計風格也非常獨特，專案團隊認為那是「超合理兼具美學意識」的設計風格。其實這種風格就是整理出UNIQLO過去最好的一面，再經過徹底琢磨後，呈現在店鋪的賣場設計中。

為了讓UNIQLO的商品呈現出特有的簡樸特性，柳井正對旗艦店的設計也給出了「越簡單越好」的指示。因為UNIQLO想透過紐約旗艦店讓美國消費者認識並認可這個品牌，「不讓商品出頭可不行。」柳井正說。在紐約旗艦店中，沒有太多的裝飾品，只有簡潔的櫥窗和展示櫃設計，甚至直接將商品名牌和價目牌設計進展示櫃中，徹底地體現了柳井正要求的「超合理簡樸主義」。

紐約旗艦店還有一個獨具特色的設計重點，就是讓美國消費者在購物時感受到一種愉快的氣氛。就像美國服裝零售商A&F（Abercrombie & Fitch）以猛男作為號召吸引女性消費者的方式一樣，UNIQLO的紐約旗艦店在入口處設計了會發光的展示櫥窗，裡面使用了會旋轉的30具假人模特兒，來全方位地呈現UNIQLO的服裝特色。更特別的是，這個展示櫥窗還用上了日本人獨特的空間概念，並非以亮麗的燈光或隨季節變換的服裝作為主角，而是讓消費者透過展示櫥窗的玻璃一眼就看到店內的商品陳設。透過這種方式，也達到了吸引消費者注意的目的。

柳井正曾多次提到，「就像過去本田汽車和豐田汽車一樣，從創業投資公司變成全球化的大企業，我希望UNIQLO也能成為日本零售業企業全球化的先驅。」將日本知名企業本田和豐田視為效仿的對象，柳井正當然清楚，這兩家代表日本的車廠除了擁有一致性的企業哲學外，在面對全球化競爭時，還不忘強調「日本製造」的經營理念，這才是在它們國際上獲得認可的主因。

以汽車和家電工業為首的日本商品，如今國際間已樹立起了精緻、高質、簡樸、單純等形象，因此單純地打出「UNIQLO from Japan」的口號，就足以令許多國外消費者產生聯想，並對UNIQLO產生正面的印象。所以，不論在紐約的旗艦店還是在巴黎旗艦店，UNIQLO都始終沒忘記傳達給消費者「UNIQLO是日本品牌」這樣的概念。

曾任UNIQLO美國子公司代表的堂前宣夫稱，「我們一邊滿足消費者對日本產品的期待，還得一邊推出超越他們想像的商品。」時刻不忘記自己的根本，也令UNIQLO在海外的品牌戰獲得了初步的成功。

當巴黎旗艦店即將開幕時，已經提前開始招募儲備人才了。為了應對開幕的要求，UNIQLO在巴黎招聘的第一批員工約200人，條件是不論年齡大小，只要求工作態度以及是否適合UNIQLO的理念。通過面試獲得UNIQLO的聘用，這些法國員工也只是才過了第一關而已，後期他們還需要經過嚴格且精準的培訓。

在海外的據點，UNIQLO基本都採用相同的員工訓練方式，即分店招募到新一批員工後，此前招募來的員工就要負責訓練這些新進的員工；下一批新人進來後，再由前一批員工負責訓練。簡單地說，就是由「老人帶新人」的訓練方式，以此來提升員工對企業的責任感及對工作意識的認知。透過這種「日本化」的訓練方式，也讓UNIQLO巴黎旗艦店的員工們產生了類似日本運動類社團般獨特的上下連結感。

另外，UNIQLO的「顧客優先主義」經營方針和運用方法，也在至少兩輪員工培訓洗禮後，貫徹到每位員工的意識之中。

為了使外籍員工不至於產生被外企歧視的感覺，UNIQLO的海外分店也與日本所有分店一樣，被要求進行「做給下屬看」的員工教育。而且，要求主管不能只是口頭命令或編寫標準流程和規範就行了，而是主管親自動手「做」給下屬看。比如，在指導下屬「必須在幾分鐘內摺完幾件毛衣」時，必須親自動手做，證明這是可以達成的目標，這樣才能有效地要求下屬完成任務。所以，即使平時放任自由慣了的員工，在主管親自動手的情況下，也只能乖乖學習，以便達到UNIQLO要求的基本功。UNIQLO每家分店的店長都被要求是銷售現場技術最精湛的員工，而且他們也必須毫不藏私地把技術繼續傳承下去。

在UNIQLO的母公司迅銷的經營理念當中，柳井正指出：「我們的目標，是要建立跨越休閒服飾的框架，為豐富世人的生活設計、生產出真正優秀的服裝，並將商品告訴消費者、賣給消費者，然後繼續生產更出色的服裝給世人的集團。」透過全球分店「日本化」的員工訓練機制，柳井正與UNIQLO也一步步地朝著他們的理念和目標邁進。

2012年，世界主要休閒服飾品牌數據顯示，UNIQLO在全球版圖上已躋身於世界前四的地位（前面幾位分別為ZARA、GAP、H&M）。然而柳井正對此並不滿足，他的終極目標是做休閒服裝零售業的老大，成為一個真正的全球化服裝零售商。「在世界舞台上無法競爭，就無法存活於日本市場。」這句話也是柳並正始終堅持的經營理念。早在二十世紀時，他就將ZARA連鎖服飾店當成了自己奮鬥的目標。不過隨著UNIQLO大舉進軍歐美市場，近幾年包括ZARA、H&M等歐洲勢力也逐漸開始重點進軍日本市場，這令UNIQLO面對的競爭日益激烈。

「H&M和ZARA只是銷售時裝，我們不同，我們提供高品質的服裝。」這也是UNIQLO自認為有別於歐洲快銷品牌的特別之處。由於有品牌的保證，UNIQLO同時製作精良的服裝也吸引了注重價值的消費者。對此，柳井正有著更大的雄心，準備在未來十年內成為世界上最大的廉價但時尚的服裝供應商。

當然，這也就不可避免要與強者進行不斷的抗衡。

不論任何一個企業，要打敗強大的競爭對手及不勝枚舉的潛在競爭者，就要做到知己知彼，百戰不殆。而對於UNIQLO來說，ZARA和H&M就是兩堵不可輕視的高牆。

ZARA是西班牙的品牌，如今經營足跡已經遍及了美國和亞洲，在全世界擁有超過六千家分店，而且不論在男士、女士、童裝領域，還是在家居及化妝品方面，ZARA都能提供高品質、低價格（相對於當地物價）的諸多商品。

ZARA的經營模式也比較獨特，它不將生產轉移到生產成本相對較低的地區，而是幾乎完全在西班牙本土生產。而且它也很少做廣告，開始時幾乎沒有做過任何廣告，但目前它卻是全球第一大的服裝零售商。

商品款式多是ZARA最突出的特點，它全年可以推出12,000款新式的服裝，相當於每天能推出40種新款。而且ZARA的生產效率極高，從設計理念的誕生到貨品上架，平均週期僅10到15天。同時，ZARA的庫存周轉時間也相當迅速，一年能周轉12次左右，一般企業也就只能做到3至4次，而台灣的很多企業一年周轉都不到一次。可見差距之大。

ZARA一年能創造出超過百億歐元的銷售額，幾乎比中國服裝企業前十名的總和還要多，利潤已連續超過H&M、GAP等品牌，成為全球最大的服裝供應商。

H&M獲得消費者認可的原因與ZARA很類似：豐富的商品內容、價格低廉、高流行感與快速的商品流動。其中，紳士服、女性服、童裝、首飾配件等廣泛的商品內容，不僅品質高，而且都以不到2,000日圓的價格銷售，還會針對地域性消費者的差異隨時調整出貨內容，使H&M不論到了哪個國家，都能很快得到一定程度的認可。

H&M最大的特點就是它的服裝擁有高度的流行性，這也是H&M能在日本銀座成功銷售的主要原因。雖然H&M經常會給消費者一種休閒服飾連鎖品牌的印象，但事實上他們的套裝與單件式洋裝在設計上經常會採用當季的最新流行，因此在巴黎時尚週和紐約時尚週剛剛發表的新設計理念，也很快就能出現在H&M的服裝上。

而且，H&M不僅與國際間一流的設計師合作推出商品，還自己培養了300多位擁有高水準的設計師。他們對於新商品的開發不遺餘力，這不僅吸引了一般層級的消費者，對於富豪階級也能產生一定程度的吸引力。

UNIQLO要想追上ZARA和H&M，恐怕還需要走一段很長的路。因為直到2012年底時，H&M的營業額是UNIQLO的1.2倍，獲利是UNIQLO的3.7倍；ZARA的營業額是UNIQLO的2.5倍，獲利則是4.6倍。而且更令UNIQLO感到緊張的是，ZARA與H&M的獲利在過去9年中增長了5倍之多，且每年的成長率都維持在20%左右；相比之下，UNIQLO過去9年的營業利益只增長了80%，年度複合成長率約6.7%左右，與兩大企業的差距愈加明顯。

日本知名的財經雜誌《鑽石週刊》認為，UNIQLO在營業利益成長上不如H&M和ZARA的主要原因有兩個：一是UNIQLO在挺進海外市場時花費的初期成本過高；另一個原因則是規模經濟上絕對的差異。

從財報上來看，UNIQLO海外事業的營業利益率只有7.2%，與國內事業的16.5%相比顯得非常低迷。出現這樣的結果，主要是在海外分店數量不足的形勢下，在海外分公司投入的資金比例過高，而且各分店的業績也與預期相比也有所差距。這些因素都對UNIQLO的海外事業造成了不利影響。

通常來講，要吸收花在海外分公司的投資成本，並達到物流和宣傳費用效率的效率化，至少要在該地區建立超過100家分店才行，但UNIQLO目前在海外僅有中國大陸（251家）與南韓（115家）超越100家分店這個門檻，其次是台灣（42家），至於在英國、法國、俄羅斯、美國等歐美地區，分店數都僅在10家上下。從這些區位來看，UNIQLO在海外的事業可以說還處於開創時期。

另外，UNIQLO一向都是以休閒服作為商品的主軸，在女性服飾和流行服飾這兩個區域，雖然相關商品的數量在近幾年有所增加，但比起ZARA和H&M來說還比較弱。這也令UNIQLO在開拓高單價商品市場時顯得動力不足，因此而難以產生規模經濟「以錢滾錢」的優勢。

雖然如此，但柳井正表示，「與H&M或ZARA相比，UNIQLO的特長完全不同。如果要UNIQLO跟隨他們的腳步經營，那是永遠都贏不了的。」

柳井正認為，UNIQLO主打休閒服領域，所以比H&M和ZARA擁有更為廣闊的普遍性，也就是潛在市場要比這兩大品牌大得多。只要UNIQLO的海外事業在未來幾年內能出現等比級數的成長，10年後UNIQLO還是有機會達成年度業績5兆日圓的目標，成為全球最大的服飾連鎖品牌。

隨著海外分店數迅速增加，UNIQLO對於店長人才的需求也急劇膨脹，而培訓海外的店長人才最快也要一年多的時間，其中最大的問題，就是會講當地語言、可以指導當地店長候補人選的「店長老師」。對此，UNIQLO董事會執行董事大笘直樹認為，「想要守住每家分店都能賺錢的原則，基本做法就是集合優秀的工作人員。所以，如何在人才培訓和擴張分店數量上獲得平衡，是我們現在最大的課題。」

當然，前進中的難題隨時可能遭遇，但成功企業家的智慧也會越來越多。對於從無數低谷中摸爬滾打出來的UNIQLO來說，面對前進中的無數問題，他們表現得無所畏懼。就像柳井正所說的，要想在全球成功，就要透過我們的努力為世界人民的生活增色。能做到這一點的話，才是真正的世界第一，才會是最後的贏家。

3-4 打造獨一無二品牌精神

近二十年來，日本的經濟一直停滯不前，服飾零售類的銷售總額縮水了近40%。但是，UNIQLO卻能逆市看漲，在十年間成長了五倍，成為僅次於ZARA、H&M、GAP之後的全球第四大、亞洲第一大平價服裝集團。如果以市值計算則為全球第三，已經超越了GAP。

對於這樣出色的成績，柳井正說道：「並沒有什麼成功的秘訣，只是UNIQLO對服裝的看法有別於西方而已。」他認為，亞洲國家沒有休閒服或西服的歷史並不是弱點，而是強項，因為沒有傳統包袱的束縛，就可以大膽地追求不同的東西和創新。一直以來，休閒服市場都被認為是非常冷門的，但事實上它的銷售額可達到6兆日圓。「我認為，個性不在於服裝，而是取決於穿衣服的人。服裝如果有個性，反而很難穿著得體。我希望把服裝作為一種『道具』來生產。」

在海外一些公司，休閒服銷售的年成長速度達到2至3倍，銷售額可達到數兆日圓。柳井正認為：「只要努力，在日本也能做到這一點。」「我們可以更客觀地看待服裝，不帶任何負擔地任意發揮。西方觀點或說西方品牌通常會依據場合來區分服裝，比如，這件裙子是出席晚宴穿的，那件上衣是為了見客戶穿的。但我們不區分服裝，我們的服裝元件可以和任何服飾或品牌混搭，這是我們在市場上的核心競爭力。」

也正因為如此，UNIQLO的產品外觀沒有任何品牌標誌，同時還推出了大量基本款而色彩眾多的服飾，以不過時的設計提供給消費者隨意搭配的自由。

除了注重服裝的隨意混搭外，UNIQLO還將重點放在面料上。為了達到不用穿厚重的衣物照樣能夠穿得保暖的目標，柳井正積極地與各布料商研究開發新型布料。以具有吸濕發熱功能的Heat-tech新型布料為例，自1999年研發以來，經過不斷測試、重來、再測試的反復嘗試，終於在2003年問世。結果Heat-tech系列每年冬季都賣到缺貨，2009年的訂單量更是達到了破紀錄的3,000萬件！

從亞洲企業走向世界舞台，在世界時裝重鎮法國巴黎和美國紐約各擁旗艦店，延伸出的指標意義是在時尚業佔有一席之地，這可以說是柳井正的人生至今為止最大的成就。但柳井正並不滿足於此，他在辦公室裡掛著一幅「世界第一」的匾額，隨時提醒自己要在十年內營收突破5兆日圓、全球4,000店，攻上世界平價服裝第一品牌的頂峰。

UNIQLO為什麼會受到消費者歡迎？柳井正說，「價格便宜而品質又好」是UNIQLO抓住顧客的主要原因。特別2008年下半年起又吹起了節約風，使這個現象更明顯，所以光便宜還不夠，產品還要有特色。像UNIQLO在2007年冬天推出的具保溫效果的Heat-tech內衣，短短幾個月便賣出了2,800萬件。

柳井正當年剛剛闖出名號時，就把標價1,900日圓的外套稱為「1900free」，共有50個顏色可挑選，光是這種外套就在日本賣了3,650萬件。把服飾店超市化，正是柳井正經營過程中的過人之處。

這幾年，其他平價服飾的名牌也逐漸進軍日本，在東京銀座，H&M、ZARA等服飾店經常排長龍，但柳井正並不在意這些。他說，各家公司有自己的特色，那些外國品牌是流行服飾，UNIQLO則是價格與品質的平衡。對於柳井正來說，企業在銷售服裝的同時，也是在銷售企業的思想和態度，並以此來為社會創造價值。

在開發商品的同時，能否掌握對消費者的訴求，是商品能不能成功銷售的主要原因。其中，「便宜」恐怕是最能讓消費者接受的關鍵字了。不過，除了便宜以外，還應該注意些什麼呢？以成衣業界來看，設計、顏色、花樣、縫製、染色、編織等都是可能要注意的問題。只是柳井正卻認為，「重視衣服的素材，尤其是素材功能面的開發」，才是最佳解答。

在大多數人的觀點中，名牌服裝一般都有著「高品質、高價位」的特性，而不知名的服裝則是「次等品質、次等價位」。但UNIQLO對自己的定位很明顯，就是用盡量低的價格向消費者提供品質最好的保證。柳井正說，UNIQLO的產品除了合適的價格和良好的品質之外，還能夠創造新的價值，這種價值能夠產生新的需求和吸引更多的消費者，這才是真正偉大的服裝品牌。柳井正也通過自己的實際行動，讓日本人逐漸樹立起了新的服裝消費「價值觀」。

很多服裝品牌都刻意突出高貴、奢華，而UNIQLO卻有著不同的追求，這不僅是品牌定位的問題，深層次反映出的其實是價值觀的差異。在柳井正看來，服裝是生活形態的「零組件」，通過穿衣者自身的搭配去展現自我個性，可以讓世界上所有人都能感受到身著稱心得體、優質服裝的喜悅、幸福和滿足。

一般顧客可能會認為UNIQLO「是個販賣平價休閒服飾企業的印象」，但柳井正卻認為，「在平價銷售之前，製作好的商品，讓各式各樣的人願意花錢購買，才是UNIQLO最根本的理念。」換句話說，追求服裝的高品質才是UNIQLO的主要目標。至於商品價格定位比一般服裝要低，只不過是吸引顧客的手段而已。UNIQLO賣的是品質，不是價格。

當然，站在消費者的角度來看，能夠用便宜的價格買到好的商品，當然是最好不過的。但就算商品賣得再便宜，如果品質達不到要求，消費者還是不會隨便掏腰包的。所以企業想要「創造顧客」，還是要從根本做起。首先就得弄清什麼樣的商品能夠讓顧客感到物超所值，並能在最快、最短的時間內完成最高品質的商品製作，這樣才能在商場中獲得成功。

這種以顧客需要為主的價值觀也讓UNIQLO在2008年的金融危機爆發後再次受益。作為全球第二大經濟體，日本的經濟在金融危機中也遭受重創。這種形勢也使物美價廉的服裝銷量大增，從而令UNIQLO成了金融風暴下為數不多的幾家生意興旺的服裝零售商之一。

的確如此，全世界賣衣服的企業很多，但只有柳井正賣成了日本首富。可見，經營的理念與品牌的學問是最不可忽視的。

柳井正嶄新的思維，還反映在他對企業體制的改革。一般來說，一個成功的企業，除了商品本身要具有足夠競爭力之外，銷售的管道也是關鍵之一。因此，提拔銷售員中的佼佼者晉升為管理者，已成為約定俗成的慣例，從銷售員爬升到高端管理者的例子也很多。雖然一個銷售業績好的人不一定就是一個好的管理者，但業績好的銷售人員與管理者之間有一點是共同的，那就是銷售技能，它也是一個企業的優秀管理者所必須具備的。

對基層的員工來說，位於公司頂層的經營者就像是一尊尊神壇上的佛像一般，遙不可及，他們彷彿什麼也不用做，只要把一切交給底下的員工精心打理就夠了。事實上，要是少了這些「佛像」來指引方向，企業是不可能維持的，要是連這些管理階層也不熟悉銷售門路，又該如何帶領整間公司呢？因此，柳井正要求公司優秀的管理人員，首先必須是個一流的銷售人員。

活躍在銷售第一線的人，往往以25至30歲之間的年輕人居多。UNIQLO與其他企業不同之處，在於經營階層和這些人的年齡相差並不大，所以他們之間也有共同的語言基礎，對一些事物持有的觀點也一致。當交流不再成為問題時，團隊中的人也更能夠專心致志地工作。可能很多大企業中的員工無法理解這種經營模式，但柳井正卻固執地認為，經營者必須清楚銷售是怎麼一回事，這樣才能在經營者的位置上做出正確的判斷和決策。

這種觀念與柳井正是從一家小公司一步一步走來的特殊經歷有關。作為一個從銷售人員成長起來的管理者，其中很重要的一點，就是管理者必須學會「不做」。不該由管理者做的事絕對不要做，如果身為管理者，卻用銷售的手段去替你的手下做銷售的工作時，這本身就是一種失敗。管理人員最大的作用，就是帶領團隊，引導團隊成員用正確的方法去解決問題，創造更大的價值，教導他們學會正確的處理手法，這才是管理者應該做的。一個銷售人員也只有學會管住自己的手腳，在自己不去直接參與的情況下使手下團隊做出更好的業績，才算是真正完成了向管理者的轉變。

Chapter 4 首富的經營之道

4-1 向彼得．杜拉克學習

柳井正曾表示，自己的成功是受杜拉克的管理學及其「創造顧客」需求的產品並進一步創造需求的概念所啟發。柳井正花費26年的時間，將父親創立於日本廣島的小郡商事西服店發展成全亞洲第一大服飾品牌，足以與ZARA、GAP、H&M等國際品牌分庭抗禮。

「我這輩子最尊敬的人有兩個：一個是以主觀視野從實戰經驗中歸納出經營理論的松下幸之助；另一個是從客觀角度觀察企業和組織，並提出個人見解的彼得．杜拉克（Peter Drucker）。」柳井正在他的《成功一日可以丟棄》中這樣分析了指導他如何經營UNIQLO的兩位導師。松下幸之助相信無需多說，大家都知道他是日本松下電器的創業者，更被譽為「日本經營之父」。

至於杜拉克呢？一般人都將他視為管理學者或經濟學者，甚至給他冠以「管理的發明者」和「現代經營學之父」的稱號。儘管許多人也都知道，杜拉克是以管理學理論著名的，但少有人注意的是：杜拉克畢生的經歷幾乎都是在「實踐」他的理論。他的名言「管理不在於知而在於行」不只是教導企業家的標語格言而已，事實上他在做任何重大抉擇時，用杜拉克的術語來說，這叫做「自我管理」，也幾乎都是在身體力行著他所提倡的理論。

柳井正對於杜拉克的崇拜，從他閱讀過每一本杜拉克的作品、甚至翻到書都快被磨破的程度，就可以看得出來。日本NHK電視台製播的節目「工作學的推薦」，就曾邀請柳井正上電視，他侃侃而談對杜拉克的認識。這個節目的製作人湯澤克彥曾經說過，「在採訪過程中，柳井先生把他閱讀過將近30本杜拉克的著作拿出來給我們看。在這些書裡面，柳井正把他對公司經營哲學的領悟寫得密密麻麻。」

對於自己的這個習慣，柳井正解釋說：「在杜拉克的書籍裡，當然沒有提到任何有關『賣衣服的方法』，不過他在書裡面寫了許多關於工作的本質、社會的本質，還有人類的本質。我經常在想，倘若把這些知識置換到自己的公司裡，將會變得如何？UNIQLO能否執行這些點子呢？」所以，柳井正把自己從書中得到的啟發全部都寫下來當作參考。

柳井正曾經說過，「杜拉克總是能用最淺顯的方式將理論說清楚，就像自己的伯伯在教我經營一樣親切。」儘管如此，柳井正對杜拉克的崇拜並不是從一開始就養成的。

柳井正第一次試著閱讀杜拉克的著作是在25歲，也就是剛從父親手上接下家業時。該怎麼用人？該怎麼更有效率地提高公司的收益？因為柳井等把小郡商事的經營完全放手給柳井正管理，這也使得他開始閱讀杜拉克的書，期待能從中找到這些問題的答案。不過當時或許是因為太年輕，柳井正並沒有從杜拉克的書中獲得問題的答案。他回憶道，「當時杜拉克的書我看是看了，不過既沒有感動，也沒有任何收穫。只是因為當時日本吹起了一波杜拉克風潮，所以我才跟著看的。就這樣而已。」

直到1994年左右，UNIQLO開設了20多家分店，員工數增加到100多人，從銀行借來的貸款也已比資本額要高出好幾倍了。在這樣的企業規模下，只要有一點點的差錯，就隨時可能讓公司倒閉，所以為解開「該怎麼做才能避免公司倒閉？是不是該讓股票上市呢？」等經營問題時，柳井正又重新拾起了杜拉克的書來閱讀。

再次親近杜拉克，柳井正形容，「和上次閱讀杜拉克的書相比，現在有了一百八十度的轉變。」這時的柳井正已經有了10多年的經營實務經驗，對於雇用人力也有了更多的認識，所以柳井正開始認同杜拉克所寫的經營觀念。而且最讓他感到驚訝的是，自己只憑著感覺去執行的經營理念，杜拉克竟然可以用理論淺顯易懂地說明，「我從書中知道自己過去做的方法沒錯，這讓我對經營產生了自信。或許就在這時，我開始認真對杜拉克產生了興趣。」很多人都將杜拉克的著作歸類於經營學的書籍，但柳井正卻不這樣認為，因為他所寫的內容包含了「商人做生意的目的是什麼」、「企業之於社會為什麼會存在」，以及「人的幸福究竟是什麼」等等，深入地討論到關於經營哲學最根本的部分。而這讓柳井正認為，杜拉克的書還可以當成哲學書或人生指南來閱讀。

柳井正同時看了松下幸之助與杜拉克的著作。他認為松下本身就是經營者的關係，所以在書中會舉出實際例子，站在主觀的角度來看事情；反觀杜拉克，是從學者這個「旁觀者」的立場客觀地議論經營和組織的。雖然兩者之間的經營哲學大同小異，但就經營理論的觀點來看，杜拉克的書更容易讓人理解，就算沒有商務經驗也能輕鬆地閱讀。

《幸之助論》裡曾提到這樣一件事：松下幸之助在第二次世界大戰後，面臨有史以來最嚴重的負債時，曾問一個剛從神戶大學經營系畢業的大學生，「經營究竟是什麼？」大學生吞吐了半天也沒回答出來。

很多人經營了一輩子的企業，可能也不見得會自問自答經營是什麼。然而松下幸之助卻能夠不斷探索、不斷進步，終成經營之神。柳井正很早就深知買賣商人跟企業經營者的不同質之處，因此他也深入地看幸之助，並找到幸之助當年的迷惑，找到了「經營是什麼」這個問題的答案。

對於柳井正來說，經營應該就是站在制高點，畫出遠方的目標，善於調配人、物、財等資源，做最佳的分配與組合，從而最終達成目標。而生意人與經營者的區別，就在於生意人大多是喜歡買賣商品這種純商業行為模式，對經營者該有的工作卻有所忽略。

柳井正認為，杜拉克的理論是普遍性的，超越了國境、時代、民族的概念，是以人和社會為基礎發展出來的經營理論。柳井正更意外發現，杜拉克在20多年前所寫的《創新與創業家精神》這本書，正好是現在UNIQLO面臨的狀況，就如同一邊客觀觀察UNIQLO的發展，一邊給予建言一樣。

特別是書中杜拉克對於「人」的描述，他把「人」視為經營理論之核心部分，讓柳井正對「企業的本質」有了更深的認識。柳井正融合了杜拉克的基本理念，導出了「人想要獲得幸福就有必要發展社會，能夠負起這個責任的並非國家或政治，而是企業」這樣的結論。換句話說，也就是企業不只要追求利潤，更要滿足顧客的需求，因為「企業是為了顧客，甚至是為了社會而存在的」。正因為重視「人」的價值，杜拉克在字裡行間也透露出他對「人」的熱愛，所以能用超越時代和國家的廣闊視野站在客觀的角度對企業的經營提出建言。

杜拉克曾經說過，所有的人都是靠優點來獲得報酬的，而不是靠弱點。所以，人們剛開始最常被問的問題應該是「我們的強項究竟是什麼？」因為自己不擅長的部分，即使你花再多時間去改善，效果可能也很有限。既然如此，那不如就無視弱點的存在，在經營上強化自己的優勢。這些年UNIQLO都在積極開發海外市場，這也是柳井正建立「全球最大休閒服飾帝國」夢想的第一步。柳井正說，如果想達成這個目標，那做法只有一個：「如果不把我們的優勢繼續強化，根本就不可能戰勝世界」。

松下幸之助與彼得．杜拉克的著作讓柳井正受益匪淺，因此他也要求培訓中的員工多讀讀這兩人的著作。不僅如此，柳井正還視杜拉克為師，每年進入UNIQLO的新社員都會獲得他贈送的一本《有效的管理者》（The Effective Executive）一書。柳井正希望，自己的員工能夠在工作中一邊獲得成長，一邊反覆閱讀杜拉克的書，而且不只是去理解書中所寫的內容，而是應以「當杜拉克這樣寫時，套用在自己時又會是如何」式的自問自答，再經過深層思考，把杜拉克的理論轉化為行動。

柳井正說：「我自己也是透過這種方式，才理解到杜拉克的偉大。」尤其是對剛剛進入UNIQLO的年輕社員，柳井正更希望他們能透過該書瞭解經營理論和在企業中工作的方法，甚至還要從書中學習杜拉克的理想主義。

雖然20幾歲時的柳井正並沒有從杜拉克的書中得到任何有用的幫助，但他認為，自己當時嘗試去理解杜拉克的想法絕對不是浪費時間。他還表示，「如果能更早地知道杜拉克的想法，對於社會和企業的本質，還有徹底理解我們是為何而工作的，肯定會對工作和人生有更高的理想和動力」。

「我現在瞭解的事情，如果同仁們能在現在的年紀就知道，或許可以更早得到成功。」這也是柳井正希望在UNIQLO深植杜拉克思想的最根本原因。

柳井正認為，現在的年輕一代，包括經營者在內，似乎都逐漸失去了對未來的理想。尤其是當時的日本，面臨全球金融風暴之後的不景氣，年輕一代對未來不抱希望固然可以理解，但可以努力的空間依然很多。「如果日本國內的需求減少，我們還可以走出去啊！」杜拉克年輕時就不在乎國界和語言的障礙而周遊列國，靠自己的力量開啟了自己的新人生。柳井正覺得，與當時的年代相比，如今出國已經不那麼困難了，所以他也鼓勵公司裡的年輕員工應該勇敢地挑戰世界舞台。

4-2 媒體與廣告是最佳武器

一直以來，UNIQLO都積極地利用電子媒體和平面媒體增強對大眾的影響力，而且對網路的佈局也很深入。柳井正認為，「網路的本質，就在於它的雙方向性。」隨著UNIQLO全球化腳步的加快，柳井正也逐漸將企業的理念和商品宣傳主軸轉移到網路世界。在柳井正看來，網路最大的優勢就是不只把企業的思考方式告訴消費者，同時還能接受來自全球各地消費者的迴響，讓消費者能與UNIQLO的員工形成一體，從而創造「Update版」的UNIQLO。

為了加強UNIQLO的網路宣傳效果，2008年11月，柳井正統整了企業內部的傳單製作、公關和宣傳等三大部門，成立了全球溝通部。同時，柳井正還將曾在大型車廠銷售部門服務過的勝部健太郎請來擔任網路部門的主管，策劃並設計UNIQLO在網路世界的文宣戰略。

UNIQLO逐漸將行銷主力放到網路市場還有另一個原因，對此，勝部解釋道：「因為在全球化的時代潮流中，透過網路來宣傳企業的價值觀，比起使用電視或新聞等大眾傳播媒體，更容易達到世界規模的溝通效果。」全球化的品牌，提供的都是跨越國界、全球共通的價值和體驗，既然如此，「UNIQLO的廣告也應採用超越國界的方法，也就是利用網路來進行宣傳」，這也是柳井正賦予勝部統領的新媒體情報部之最大的任務。

2007年8月時，UNIQLO曾發佈企業報告，顯示花費在日本國內電視的廣告宣傳費用仍是各媒體領域中最高的。不過，若以廣告製作費來看，UNIQLO投入到網路的規劃與執行費用其實已與電視廣告並駕齊驅。也就說，網路宣傳已逐漸取代傳單與電視廣告，成為UNIQLO廣告文宣的最重要武器。

勝部表示，UNIQLO想塑造的是「跨世代傳播」的體系，實現不再依賴傳統大眾傳播媒介的全球化宣傳。因為透過網路達到情報流通的狀態，可以將商品和店鋪的最新訊息及時有效地傳遞給網路上的消費者。這樣的組合方式，也是最能打造品牌形象的溝通方式。

探究UNIQLO的廣告，可以準確地把握消費者目光的背後原因，擔任UNIQLO廣告創意總監的田中紀之（Tanaka Noriyuki）認為，柳井正的思維沒有被日本廣告界的既有觀念所約束，不只把企業嶄新的一面透過廣告表現出來，還可以自由地與UNIQLO的高層交流，討論出廣告的主要方向。田中想要表達的是，許多日本企業在思考廣告內容前，都會先設定好音樂、旁白、由誰配音等細節，但UNIQLO卻能將這些既定的細節完全歸零，從而鼓勵廣告創意人自由自在地發想創作。

儘管UNIQLO百分百地尊重廣告人的創意，但柳井正卻也要求與廣告人進行大量的溝通，這就是UNIQLO內部的廣告創意執行方式。在這種思考模式下，UNIQLO也是日本企業中少見的不依賴廣告公司進行文宣戰的企業之一。與UNIQLO合作的廣告創意人，也可透過自己的履歷與工作經驗，思考UNIQLO的發展方向與企業精神，然後再來激發廣告創意，讓廣告人有無限發揮的空間。

由於沒有廣告公司參與，所以UNIQLO現有的廣告行銷戰略幾乎都由企業本身負責，由勝部所領導的全球化網路部就是其中的一個團隊組織。在網路蓬勃發展的二十一世紀，由企業本身主導媒體行銷，也讓UNIQLO的宣傳方式有更大的發展空間和更快速的反應。

在網路行銷策略上，UNIQLO採用低成本的「消費者自發媒體（Consumer Generated Media，簡稱CGM）」模式，同時進行國內外的網路行銷方式。2006年8月，UNIQLO開設了「UNIQLO MIX」網站，一點進站內，就能看見多名日本國內外的模特兒穿著UNIQLO的服裝跳舞，打破了傳統以靜態圖片呈現的方式。同年12月，廣告團隊又繼續以「音樂和舞蹈傳達，不以語言傳達」的概念，製作影片上傳到YouTube和「UNIQLO MIX」網站上。這麼做不僅成本效益高，也能讓世界各地都接受到相同的訊息。同時，Yahoo的日本官網上也刊登了廣告，雖然效果不錯，點閱率大大提升，卻也花費了數千萬日圓，相形之下反而顯得昂貴許多。

UNIQLO亦注意到部落格（Blog）的影響力。2007年6月開設了可與個人部落格連結的「UNIQLOCK（即UNIQLO加上CLOCK之意）」網站，網友可從這個網站取得網頁元件「UNIQLOCK」貼在自己的部落格裡。這個flash元件包含了配樂與影像，影像中有數名少女隨著配樂作肢體動作，並穿插當時當地的時間，24小時全天候播放，裝飾感十足。不僅可用來佈置部落格本身，還能為喜愛的品牌打廣告。這種宣傳管道的建立不僅成本比電視和入口網站的廣告費用低，還能藉由粉絲和顧客的眾多部落格，製造出相乘效益。除了「舞蹈」和「音樂」外，還加上「數位時鐘」的功能，提升網友張貼的欲望。時至今日，共有88個國家、42,906個用戶，張貼了56,148個UNIQLOCKS，點閱率達 2億，瀏覽者涵蓋了214個國家的網路使用者。這個創新的想法也讓UNIQLO在2008年榮獲坎城數位金獅廣告獎的科技創新大獎。

在中國，UNIQLO選擇在最大的網路購物平台「淘寶網」建立了分店。2009年4月，柳井正到上海與淘寶網集團簽訂了合約，UNIQLO網路旗艦店也正式上線。雙方宣佈，UNIQLO將在淘寶網上開設其中國的網路旗艦店，並借助淘寶網一億多名會員的高集客力，將UNIQLO的高品質時尚更便捷地帶給中國的消費者。同時，淘寶網也將進一步幫助UNIQLO建立、完善和推廣其在中國的官方網站，全方位幫助UNIQLO拓展其在中國的網路銷售管道。

UNIQLO之所以投身於中國電子商務市場，是因為柳井正看到了中國網路消費群體的巨大潛力。在中國眾多網路銷售平台中，淘寶網以其超越1,200億元的營業額、2億名以上的會員數，穩穩地佔據著亞洲網路零售市場的領先地位。根據艾瑞諮詢資料顯示，在中國網路購物群體中，23到32歲的年輕人佔了半壁江山。而這一消費群體的特徵，就是崇尚和追求時尚，善於把握時尚潮流。而且，很多上班族因忙於工作沒有時間出去購物，因此坐在家裡或辦公室從網上購物也逐步普及並走向平民化。基於這些因素，UNIQLO借助淘寶網龐大的消費群體，可以在短時間內大幅提高其品牌的知名度和影響力。

通過淘寶的資料和資訊，UNIQLO可以在第一時間準確地把握中國年輕消費者的喜好和行為習慣，從而設計出更符合中國消費者的商品。這也將改變UNIQLO線下店鋪只能覆蓋中國少數城市的現象，一方面，透過網路開店可以一夜之間覆蓋全中國的年輕人，使中國一線城市到二、三線城市乃至鄉鎮都能同時體驗到UNIQLO最時尚的氣息；另一方面，UNIQLO也得以藉此全面瞭解中國的消費人群。

在網上開店不到兩週，UNIQLO的銷量就突破了3萬件。2009年11月2日，開業不足半年的UNIQLO淘寶商城旗艦店，單日的交易額就達到了55萬人民幣，一躍成為淘寶網第一服裝店。

柳井正表示，在進入金融危機的陰影下，UNIQLO在中國仍可以保持迅速成長的態勢，2008年的整體銷售額比2007年成長了一倍之多。相信不久的將來，中國市場定會成為迅銷集團在全球最主要的市場之一。如今在中國，消費者也可以隨時透過登陸淘寶網，購買到UNIQLO生產的最新的優質商品。

2010年UNIQLO登陸台灣時，也善用了網路的力量。這回，UNIQLO鎖定了當時正流行的「臉書」與「推特」進行病毒式行銷。當台北阪急門市即將開幕時，許多網友打開臉書，都能發現塗鴉牆上留滿了一則則「某某正在參加UNIQLO網路排隊」的訊息。這正是UNIQLO最新的點子「UNIQLO LUCKY LINE in Taiwan」。

「想到顧客可能要在大太陽或下雨天裡排隊，就覺得很心疼。」UNIQLO台灣區的行銷人員劉逸珊說道。利用創新的「網路排隊」模式，就能讓消費者免於日曬雨淋。同時，這個排隊網站設計得很有趣，它擁有可愛逗趣的人物介面，消費者可以幫排隊的「自己」挑選喜歡的衣服與顏色，將網站裡的虛擬人物設計得更像自己。如果將游標移到排隊前後的人，還會顯示這些「競爭者」的臉書資訊，這一切打造出彷彿真的在排隊的氣氛，讓人不禁有種期待感與真實感。沒錯，現在是宅世代，不必出門，只要動動手指就能有機會得到相關贈品，正合宅男宅女們的胃口。

與一般網路抽獎不同，消費者只要有臉書或推特的帳號，無須經過繁複惱人的註冊手續，即可輕易參與這次排隊活動。而且在參加成功後系統會自動發佈訊息到消費者的臉書，讓更多的好友得知這個訊息。比起粉絲團，這個活動在拓展度上可說是更勝一籌。這個排隊遊戲在網路上掀起了一陣轟動，短短兩週內就吸引了超過63萬人上網排隊，並且有效帶動實體店鋪的人氣。台北統一阪急百貨開幕當天，就有超過6,000人次湧入，現場人聲鼎沸，這波網路宣傳確實貢獻了不少功勞。

事實上，這已經不是UNIQLO第一次利用社群網站行銷。當UNIQLO在英國拓展時，也推出病毒式折扣網路活動「UNIQLO Lucky Counter」。消費者可以透過一個遊戲，與網友集體殺價，等到官網正式上線時，即可以殺價後的金額購得該服飾。這個活動引起了巨大的迴響，並且讓UNIQLO在英國名氣大增。

4-3 嘉惠全球的CSR計畫

所謂的「企業」，是社會中的一種存在形式。而CSR則是企業必須履行其對社會的承諾。

CSR（Corporate Social Responsibility），其實就是「企業社會責任」的簡稱。這幾年，UNIQLO也在積極展開各種CSR活動，這也是柳井正從杜拉克的書籍中領悟到的企業生存法則。

在杜拉克看來，一個企業要想持續地經營下去，就要在社會或共同體中持續扮演著適當的角色。一旦企業無法擔負起應有的社會責任，那麼「社會將會成為消滅企業的唯一組織」。

簡單地說，杜拉克認為，企業是由於進行了有利於社會和具有良性生產的工作，才會在社會中被允許存在。不過也正因為如此，企業更應該要求自己扮演好「社會公器」的角色，不只是追求企業本身的利益，更要扮演好對社會有意義、讓社會需要的角色才行。

在眾多類型的休閒服裝爭相進入中國市場時，日資的UNIQLO是憑藉什麼優勢獲得中國消費者的首選呢？答案是：承擔社會責任。2008年是中國奧運年，UNIQLO在北京西單店開張之際，特意推出了環保型購物袋，而且這種購物袋也在全國各地的UNIQLO店鋪陸續引進使用。該購物袋添加了NHC2塑膠添加劑，將二氧化碳的排放量減少了60%。在全球範圍內推行這一環保舉措，無疑展現了UNIQLO對環保事業的支持和重視。而且UNIQLO表示，今後還會透過各種方式積極履行自己的社會責任，為環境事業保護做出貢獻

柳井正說：「我希望把UNIQLO變成更好的企業，網羅更多出色的人才和優秀的知識工作者。」因為柳井正認為，企業是由「人」建立起來的，所以讓企業發展得更好，自然也會得到更多的社會認同，吸引更多優秀的人才加入，從而讓企業進入茁壯成長的良性迴圈內。基於這個目標，UNIQLO除了「提供各式各樣的人高品質的服飾」的基本事業外，還非常積極地參與包括殘障者的雇用、環境保護和社會奉獻等CSR活動，這也成為UNIQLO提升品牌形象的基本企業戰略之一。

UNIQLO的CSR活動中，最著名的全球化行動就是「全商品回收」。這項活動是從2001年的Fleece服飾回收計畫開始的。當各分店陸續收到顧客要求回收的衣服後，柳井正驚訝地發現，竟然有超過九成以上的衣服都是可以繼續穿的。回收的物件，也由最初的羊毛物品逐漸擴大到幾乎所有的服裝。最初回收的服裝主要用於燃料，此後考慮到難民營嚴重缺乏衣物這類狀況，UNIQLO與UNHCR（聯合國難民救濟總署）合作，決定從2007年開始，回收到的衣物都用於支援坦尚尼亞、埃塞俄比

亞、烏干達、黎巴嫩、格魯吉亞等國家。

回顧開始回收舊衣服的源由時，柳井正稱是由於他的朋友曾抱怨，「麥當勞或Mister Donut的東西吃完就算了，UNIQLO的衣服不穿卻得留著很煩惱。」事實上，柳井正自己的家裡當時也囤積了不少已不穿的UNIQLO舊衣服，所以他進一步想到：「如果能在各分店回收舊衣服，客人們應該會很開心吧。」於是，UNIQLO便開始了回收舊衣之路。

如同字面上的意思，這項回收活動是指在UNIQLO買的衣服若是不要了，只要清洗乾淨後拿回UNIQLO各分店回收，UNIQLO就會將還能穿的衣服拿去救濟非洲與中東的災民。還有一部分不能繼續穿的衣服，會被變成再生纖維循環利用，從而達到迴圈的經濟效益。

「一個企業走向世界時，外界的人們會想知道『這個企業是個什麼樣的企業？』、『這個企業的志向是什麼？』等訊息。因此，我們必須將『自己是誰』、『堅持什麼樣的價值觀、道德觀及具有什麼樣的基本想法』等內容，明確地告知世人。若非如此，對方就無法對我們作出準確的判斷。」這是柳井正在2009年的企業社會責任報告中所說的。根據2009年12月的統計，2009年UNIQLO實際回收了262萬件舊衣服。據此，全年回收活動正常進行的話，5年之後將預計回收3,000萬件。

事實上，這樣的回收活動與UNIQLO在2008年打出的「改變服裝、改變常識、改變世界」的口號是相呼應的。當一家企業想要從本國走向國際市場時，就一定要讓全世界的消費者都知道自己的價值觀和道德觀位於什麼樣的等級。而回收活動，不僅提升了UNIQLO在國際上的公眾形象，還成為他們進軍國際之路中的重要推手。

在舊衣服回收回來後，為了能讓這些舊衣服真正派上用場，UNIQLO的CSR部門除了與聯合國難民救濟總署和各地的NGO組織聯繫外，還根據難民營的地理環境和氣候因素等，選擇適合當地人的服裝款式和大小，並由UNIQLO派專人將回收商品親自送往各地的難民營，以免中途遭到偷盜或轉賣。迅銷集團2010年的CSR報告顯示，從2007年到2009年，UNIQLO總共向難民營捐贈約205萬件衣服，支援的國家達到12個，共計26個難民營。

穿上了UNIQLO白色T恤的14歲少女基塔，露出了燦爛的微笑。她有個智障的哥哥，父親在逃出不丹時被打傷了脊髓，從此無法活動，這在尼泊爾的難民營中算是最糟糕的情況了。但是她知道，還有人愛著她和她的夥伴和親人們。

在尼泊爾的難民營中，有許多像基塔一樣對UNIQLO的衣服有著特殊情結的孩子。在他們看來，這些衣服不僅僅可以禦寒、防暑，更是來自另一個地理座標上的關愛，是他們對美好生活的嚮往。

「我們將回收過來的衣服捐贈給難民，這些色彩豔麗的衣服會使他們的心情也開朗起來。」這也是UNIQLO進行這項捐贈活動的主旨和目標。

在日本已完成原來使命的衣服，在難民營裡受到了新的歡迎，再次溫暖地保護著人們的身體，也溫暖了人們的心靈。透過這樣的CSR活動，讓柳井正體認到了衣服的價值有時不僅僅只是衣服這樣單純。不少難民營裡的孩子因為有衣服穿，也產生了上學的動力。而且衣服不只能防寒，更有預防受傷和傳染病的功效，因此柳井正說，「透過衣服不僅可以守護人的尊嚴，在生活品質的領域，我們也發現了衣服新的價值。」

除了回收舊衣服外，UNIQLO對於殘障人士的聘用也很受社會肯定。UNIQLO不僅是日本殘障奧運代表團的贊助商，還積極地引進殘障人士到各個分店工作。UNIQLO的目標是讓每家分店至少聘用一位殘障人士。目前，這項目標在日本國內分店的達成率已超過了80%，全公司的殘障員工比例也高達8%，遠比日本法定的1.8%要高出許多倍。

不過，UNIQLO積極聘用殘障人士來公司工作，並不把這只當成是一項社會貢獻，柳井正說，「有這麼多殘障者在UNIQLO工作，是因為我們知道這可以給企業帶來正面效應。」因為在與殘障者一起工作時，其他身體健全的員工就必須在工作上給予他們一些協助。換句話說，只要分店裡有一位殘障員工，其他員工就不會再各自為政，絕不會對他人遇到的困難視若無睹，大家都會伸出自己的手去幫助殘障者，這反而會產生一種團結的心態，進而改變工作上的態度。

日本的NHK電視台曾深入UNIQLO在山口縣的分店，採訪了一位智障的UNIQLO員工。這名員工已在UNIQLO工作了7年，他的工作就是每天檢查超過30箱的商品，並擔任補貨的工作。在節目裡，店長誇讚了這名員工陳列商品的速度和細心程度，是整家店裡最出色的一位。店長說，「他在職場中盡心盡力的姿態，已經傳達給店內的每個員工。大家從他身上學到的東西，可能比他教會大家的還要多。」

在UNIQLO裡，每個員工的待遇都是平等的，誰也不會享受特殊待遇，因為柳井正要求每個員工都要在自己擅長的領域有效地發揮。而且，因為沒有特別待遇，UNIQLO的殘障員工也不像其他企業那樣，被安排在特定的部門，而是與健康的員工一起工作。這也會讓殘障員工產生一種「我也是公司一份子」的工作動力。柳井正認為，員工其實並不需要全能，但每家分店裡都需要每一份子互相取長補短，這樣才能讓每個人能發揮所長，從而讓企業的整體潛力不斷成長。

柳井正認為，不論是回收舊衣，還是聘用殘障人員到企業工作，對UNIQLO來說都不單純只是CSR的活動，而是希望透過這些活動，讓

UNIQLO的存在能為更多的人帶來幸福。「以企業為首的各種組織，都是社會機構之一，所以組織存在的理由，不該只是為了組織本身。」這也是杜拉克為企業的存在所下的定義。把杜拉克的話視為聖經的柳井正，自然也能體會到大師言語背後的真義。企業本身的目的不應該只為賺錢，那只是企業持續生存的手段之一而已。以UNIQLO來說，只有做出更優質的商品，讓消費者感動或穿著覺得幸福，才是根本的目的。無論是難民，還是家財萬貫的富翁，都能從UNIQLO的服飾感受到幸福，這才是柳井正追求的社會責任的願景。

4-4 去哪裡找第二個柳井正？

柳井正期望，「十年內，UNIQLO的營收達到五兆日圓，成為世界第一！」當時UNIQLO的營收僅有ZARA、H&M的一半，如果想追上它們，必須在海外大舉展店或購併，這考驗了UNIQLO的跨國管理能量是否足夠，也考驗柳井正的後繼者能否完全承襲他的經營長才與理念。

為了鼓勵可能的接班人，柳井正摒棄了家族企業模式和職業CEO模式，更願意挑選公司內部一手培養、深諳UNIQLO文化的有為青年作為這間公司未來的接班人。

當柳井正在2005年重掌UNIQLO的社長職務後，他原先想安排玉塚元一擔任UNIQLO海外事業部的負責人，但玉塚卻鄭重拒絕了，隨後也自UNIQLO離職，並當著記者的面感嘆：「其他人不可能變成柳井正。」多年之後，柳井正公開坦承，玉塚元一的離開是他經營生涯中的重大挫折，「到目前為止，在人才培育上我失敗過兩次。本來想培養像玉塚這樣的年輕經營者，但他卻離開了。」

這件事讓柳井正放棄了尋找年輕接班人的想法，轉而將委任型經營委員制度引入UNIQLO內，也就是找來曾在大企業擔任管理者，「已經是訓練好的經營者」的現成人才來分擔經營。根據經營委員擅長的領域，柳井正將職權下放，讓自己處於監督的地位。這是柳井正對經營接班人所進行的第二次嘗試。

然而，這些其他企業訓練出來的經營人才早已習慣了大企業「向部下做出指示，並等著裁決提案」的經營模式，這碰巧正是柳井正最厭惡的「大企業病」，所以這次的接班人嘗試又以失敗告終。

柳井正在他的自傳《成功一日可以丟棄》一書中提到，所謂的「大企業病」，就是主管只負責發號施令，這樣就覺得已經完成工作了。然而一旦發生問題，主管又會將所有責任推給下屬承擔。「這樣的工作態度，根本就是把自己當成評論員，只將分析和計畫視為自己的工作，自我感覺良好地劃分自己的工作職責，並對其他相關事務不聞不問。這根本就是一種笨蛋的行為！」由於委託經營的模式宣告失敗，這些被招聘來的經理人也陸續離開了UNIQLO，讓柳井正只好重新回到經營決策的第一線。

當柳井正重新接掌UNIQLO的社長職務時，市場和媒體曾一度傳出各種批判之聲，其中不乏有「UNIQLO就是柳井正的個人公司」這類聲音。這些謠言自然也傳到了柳井正的耳朵裡，但柳井正絕不是一個貪戀權力的經營者，所以類似的謠言也不會影響他對退休時機的判斷。不過，畢竟曾經退休後再復出，這讓柳井正決定在何時再將社長職務傳給何人這樣的問題受到高度關注，也讓柳井正的接班問題更顯得撲朔迷離。

從那之後，到底會由誰來接班？應該何時接班？這件事就一直讓柳井正猶豫不已，這對以爽快俐落著稱的柳井正來說，顯得非常少見。但唯一可以肯定的是，柳井正心中絕對沒有「世襲」的念頭。曾有媒體問他：「您希望什麼人來繼承您的財富？」柳井正回答：「我將來既不想把財產留給子孫後代，也不想找職業經理人來接管迅銷集團。我的兩個兒子都很優秀，也持有公司股份。但我認為，由家族世襲經營並不好。另外，專業的職業經理人也不在我的考慮範圍之內。我希望能找一些真正具有UNIQLO的基因、深刻瞭解UNIQLO價值理念的人來擔任未來的領導工作。」

如果從創業經營者的角度來看，從早期開始就著手尋找接班人，柳井正算是很罕見的。因為日本的零售業，尤其是隨著戰後高度成長期發展的零售業，創業者不是傳承給家族人員經營，就是一直掌控經營權直至晚年，嚴重限制了企業的發展。這些經營前輩的下場，提前為柳井正敲響了警鐘，這也是為什麼他不讓自己的兩個兒子進入UNIQLO，反而從外部尋找人才，試圖培養成自己的接班人的原因。

然而，柳井正始終無法找到一個擁有全球視野的接班人。他對於接班人選的條件，給出的標準是：「交出成績的人、可以賺錢的人、可以讓公司成長的人」。為了能找到出合適的接班人，柳井正會針對公司員工職務的不同，給予越高層的員工越困難的課題。而且，就算對方達成了柳井正賦予的目標，等著員工的也不會是獎賞，而是更多困難的障礙。就是在這種不斷的嚴格要求下，讓UNIQLO失去了許多擁有成為經營者潛能的員工。但柳井正對此毫不在意，他認為，「無法忍受壓力的人，本來就無法成為最高經營者」。看來，要真正找到一個能滿足柳井正要求的人，確實不是一件容易的事。

《經濟學人》（The Economist）雜誌曾明白指出，「柳井正可能是公司的最大問題之一，要找出跟他一樣聰明的策略者和不可思議的流行敏銳度，是相當困難的事。他對細部決策的緊抓不放，讓很多優秀的經理人離開公司，使得計畫交棒的柳井正幾乎沒有接班人可選。」

作為領導者的柳井正，把「成長」兩個字作為UNIQLO發展的關鍵字。他在《成功一日可以丟棄》中提到，「穩定中求成長雖然有可能獲得成功，只是不能一開始就只追求穩定中的成長。」簡單地說，如果一個企業開始就將目標設限，並未去挑戰一個看似不可能的企圖心，那麼成長的幅度就會受到限制，在競爭激烈的市場競爭中也會很快被超越。

「只要你努力，只要你有實力，那麼任何的職位任何的工作都向你敞開著，並不會因為你的資歷、年齡、性別等因素受到約束。」一名UNIQLO員工的分享了他的親身感受，「在UNIQLO裡面，每個職位都是一種全新的挑戰，只要自己有實力並且你勇於嘗試，就可以得到自己想要工作內容，我就曾經歷過超小店鋪—標準店鋪—大型店鋪—超大店鋪—全球旗艦店這樣的發展過程。」對於UNIQLO的員工來說，UNIQLO提供他們的是一個可以終身就業的技能，而不是一個終身就業的場所。

企業要獲得成長和發展，其中肯定少不了員工的努力。如果員工個人沒有成長，企業就無法成長；同樣，如果企業不追求成長，那麼企業中的個人也無法跟著企業進步。所以，柳井正認為，成長這件事的前提是個人的責任，企業當然需要提供員工成長的環境，但能否抓住機會讓自己得以成長，就是員工個人的責任了。所以，UNIQLO對於員工的教育訓練投資從不吝嗇。

外界通常會將UNIQLO對員工的培訓教育系統稱為UNIQLO大學，因為整個教育系統的完整性與讀完一所大學幾乎沒什麼差別。而這所有的教育培訓，都是為了能更快地培養起擁有經營管理知識的店長。柳井正也認為，只有讓員工到銷售的現場，從經營實戰中學習摸索，才能獲得更迅速的成長和發展。

UNIQLO平均每年會招收400名左右的新員工，其中超過八成會被派往各個店鋪實習，接受店長的培訓教育。在半年之內，這些新員工除了要在店鋪進行日常工作外，還得另外接受四次三天兩夜的集中訓練。與一般企業只在進公司後進行一到二次的員工訓練相比，UNIQLO的培訓課程要舉行四次，目的就在於讓員工可以接受到更多的管理理念和實戰經驗。

當然，在教育培訓過程中，UNIQLO對新員工的要求不是只有學習而已，還要員工在回到工作崗位後，要能實踐培訓中所賦予的各種專案任務。根據員工在各個分店內的不同表現，下次的員工訓練內容又會適當地調整，以達到在課程指導和現場實踐中不斷重複學習，讓員工快速成長的目的。負責UNIQLO人力部門的柚木治形容，UNIQLO大學是在員工進公司後，立刻展開管理人才的教育，所以新進員工也得做好接受這一連串紮實培訓的心理準備。

在大學畢業後1至2年內，就讓年輕員工擔負起店長的重任，這樣的人事戰略在UNIQLO已經越來越普遍了。對此柳井正認為，只有透過銷售現場的磨練，才能讓員工迅速得以成長和成熟；而且，年紀輕輕就開始累積經營賣場管理的實戰經驗，對未來企業經營人才的養成有更大的幫助。

從2009年起，UNIQLO甚至還實施了「社內甄選會」的新制度，以一年為期限，讓不同職位的員工轉職到本部內的其他部門，體驗不一樣的工作經驗。如果長官與員工之前達成共識，在一年期間過後也可直接轉換職位。透過這種方式，柳井正希望能讓公司內的人才交流變得更加活潑。

「在當過店長的基礎上，還能瞭解到本部各部門的工作形態，希望能讓員工的視野更加寬廣。」柳井正創設的獨特人事戰略，為UNIQLO的員工提供了成長和發展的空間，同時也讓UNIQLO本身有了更多成長的動力和活力。現在，UNIQLO每年都會舉行兩次社內招募，讓員工根據自己的願望選擇服務的部門。只要在期間內向公司內部網站提出申請，通過書面評鑑和口試的過程，就可以進行內部職務輪調。

UNIQLO一直將店長的職務視為經營管理的基本，所以員工若想在銷售現場繼續努力，還可以朝著更高階的區域主管努力。在UNIQLO，升格為區域主管後可以成為統籌50家分店、每年經手300億日圓業績的營業區負責人。但讓人驚訝的是，UNIQLO區域主管的平均年齡只有32歲，而且如果工作能力再強一點，甚至28歲就有機會得到晉升。UNIQLO完全採用「實力主義」，所以員工的薪資與年齡無關，完全依照個人能力來進行評價。這種做法也給員工提供了足夠的向上發展的空間。

雖然絕大多數員工都要經歷店長這一關，但UNIQLO還是為員工安排了各種不同的出路，比如企業本部的管理部門、市場行銷部門、生產部門，甚至還有海外事業部門等，都可以成為員工考慮的職場。柳井正認為，「包括企業本部的工作在內，累積海外市場的工作經驗，絕對可以連結到個人的成長，所以我們公司的方針，就是提供同仁這些選擇來鼓勵他們挑戰自己。」

如今，UNIQLO已在著力發展全球市場。為配合這個全方位的發展，同時確保UNIQLO的特色得以保留和推廣，迅銷集團還派遣了1,200名商場管理層前往國外參與公司的經營和發展。這些管理人員主要都是日本員工，他們從2012年9月份開始，前往迅銷集團位於歐洲和美國的學校進行教育培訓。

幾年前，UNIQLO在國外的工作人員大約只有100人。而隨著海外市場的不斷拓展，UNIQLO也已有數百名的員工調職到國外，同時也會積極在中國、韓國以及俄國等國家開展分店連鎖業務。不過，UNIQLO在以跨國企業為目標的同時，也希望能給予員工更好的發展平台，促進員工觀念的改變。柳井正表示，「在日本之外開店，這很好。對於培訓國際級人才，這更是錦上添花！」

柳井正在接受日本產經新聞採訪時談到，「2010年員工的調動非常大，這不僅指在海外的日本職員，也包括本地的日本職員。現在公司本部的員工約為3,000人，本部所有成員都會先後派到海外去獲得工作經驗。」同時他也表示，將會陸續「在日本、美國和歐洲會設置相應的教育機構，持續培養經營幹部。」

柳井正帶領的UNIQLO，將永遠都不會停下學習和發展的腳步。

2010年4月，UNIQLO又從全日本40,000名員工中選拔出100位優秀的人才，這些人即將成為UNIQLO內部經營幹部教育機關「FR-MIC」（Fast Retailing Management & Innovation Center）的創校生。這100名優秀員工與UNIQLO海外員工中選拔出來的另外100名優秀員工，總計200名，將接受次世代公司領導的高端教育和培訓。

在FR-MIC裡，除了有商學院的教授外，還會找知名顧問公司或外部經營者來擔任客座教授。他們除了指導學員學習經營的原理原則外，還會將UNIQLO內部發生的實際經營問題當作討論的個案（case），透過解決實際問題的方式方法來培養學員們關於企業經營的實戰技能與個案研究（case study）。

世界上第一個打響企業內部商學院名號的，應為美國奇異公司的克羅頓韋爾學院（Crotonville Institute）。在克羅頓韋爾學院裡，學員們尤其要重視團隊合作。然而相對於克羅頓韋爾學院的團體作業，柳井正更希望在FR-MIC中看到學員們對「個人課題」的解決。

關於這點，柳井正的解釋是：全球化的第一個階段是國家的全球化，其次是企業的多國籍化，但目前正逐步轉向第三階段的個人全球化，因而UNIQLO也應讓社員盡可能地累積海外的工作經驗，以適應個人全球化時代的到來。另外，柳井正標榜的「全員經營」理念最後仍要依靠每位員工的個人能力。若不強化員工的個人能力，那麼組織的力量就無法得到增強。柳井正認為，提升個人能力，才是UNIQLO邁向全球化過程中絕對不能少的元素。他甚至希望自己能親自到FR-MIC執教，將「柳井正主義」灌輸到每個學員的頭腦中。

柳井正說，「希望能在FR-MIC中培養出願意在UNIQLO工作一輩子，並與之一起成長的人才」，這樣的人才，既要對企業和柳井正顯示高度的忠誠感，又要同時擁有與柳井正一樣，「一勝九敗」也在所不惜的創業精神。

話雖如此， FR-MIC究竟能否為UNIQLO和柳井正培養出真正的「世界第一」接班人？這個問題恐怕還需要再過幾年光景才能得到明確的答案。

Chapter 5 UNIQLO傳奇

5-1 追求商品的「高附加價值」

對世上大多數的人——尤其是世界級富豪們來說，金融危機彷彿就像電影「2012」中吞噬一切的洪水，正面遭遇就是滅頂之災。然而，柳井正卻認為，一切剛好相反。

回顧UNIQLO發展的歷史，我們可以看出，柳井正是一個從金融危機裡「浮」起來的人：1990年，日本經濟泡沫破滅，柳井正的UNIQLO擴張計畫卻如日中天地進行著，並在隔年成立迅銷公司；1999年，日本「失落的十年」走到最難熬的時期，UNIQLO在東京證券交易所的一軍藍籌股正式發行；到了2008年，爆發全球金融危機，導致比爾．蓋茲和「股神」巴菲特的財產都大幅縮水，前日本首富——任天堂公司會長山內溥的資產也由78億美元銳減了將近一半，但柳井正卻「因禍得福」，資產硬是逆勢成長了兩成，以61億美元的身價成為日本新的首富。

柳井正坦承，是金融危機造就了UNIQLO的成功。「沒錢的人買UNIQLO，有錢的人也買UNIQLO。我們推廣百搭，而百搭需要品味，品味很好的人會買UNIQLO，品味一般的人也會買UNIQLO。我們擁有很好的品質，價格又便宜，這是我們在經濟蕭條中能夠取勝的關鍵。」

現在，迅銷公司已成了日本零售業排名首位和世界服裝零售業名列前茅的企業，在日本與十數個國家都掀起的UNIQLO熱潮，它創造了1999

年銷售額1,110億日圓、2000年銷售額2,289億日圓、2001年銷售額4,185億日圓之業績連續三年翻倍的奇蹟，榮獲「二十一世紀繁榮企業排行第一名」、日本優良企業「2001年度排行第一位」等稱號。2001年9月在倫敦首度開設了海外一號店，開幕不到短短一年，就被歐洲代表性業界雜誌《Retail Week》評為「2002年度英國市場最具影響力的最優秀企業」，如今當地已擁有10家專賣店。曾在世界經濟普遍不景氣的二十世紀末，被封為「UNIQLO神話」的迅銷，引起了全世界的注目。創造了如此令人驚異的佳績，UNIQLO又是靠著怎樣獨特的經營理念和經營模式，一路發展而來呢？

原來，柳井正抓住了一條最簡單而最有效的商業法則——物美價廉的東西人人愛。在一般大眾的觀點裡面，時尚品牌往往有著「品質好、價格高」的特色，而不知名的服裝則是「品質一般、價格低」。UNIQLO對自己的定位很明顯，就是用較低的價格向消費者提供品質極佳的商品。柳井正說，UNIQLO的產品除了合適的價格、良好的品質之外，還能夠創造新的價值，這種價值能夠產生新的需求和吸引更多的消費者，這才是真正偉大的服裝。柳井正透過自己的行動，讓日本人逐漸樹立起了新的服裝消費「價值觀」。柳井正在《成功一日可以丟棄》中特別提到，「消費者在購買商品的同時，也買進了商品的形象與商品的附加價值。」

以「Fleece」系列為例，消費者買進的不僅僅是一件衣服，還包括Fleece外套豐富的配色、容易搭配其他衣服穿著，以及Fleece可以保暖的性能等等。柳井正認為，像這樣的情報價值，都隨著商品一起帶給顧客，可以提升商品吸引現代消費者的能量。

杜拉克曾說過：「企業的目的，通常存在於企業本身以外。」這句話也帶給柳井正很多經營上的啟示。柳井正是這樣理解這句話的：「把上門的消費者當成目標客群，是無法創造更多利益的。所以UNIQLO該視為目標客群的，是那些還沒上過門的消費者。為了要吸引這些未曾謀面的客人上門，我們有必要開發出讓更多人出現『想要』感覺的商品來。」也就是說，光是提供消費者覺得有需要的商品，還談不上滿足客人的需求。企業必須努力的方向是：把消費者明明有潛在需求、卻還不曾出現在市場上的東西商品化，然後問消費者「這東西您覺得怎麼樣？」這才是在商戰中能夠創造出高附加價值的真諦。

在柳井正看來，ZARA和H&M是傳遞「流行」的品牌，所以他們的品牌目標就是用最便宜的價格提供消費者「現在流行什麼」。對此，柳井正一方面把ZARA和H&M當成競爭對手，但又覺得這兩個來自歐洲的速食時尚品牌太過於強調服飾「流行」的一面，缺乏更廣闊的視野，因為服裝其實還應該帶給消費者「功能、素材、舒適感、設計感」等各種附加功能。

UNIQLO與ZARA和H&M有所不同，柳井正想做的，是在重視服裝的功能性之外，還要兼具穿著的舒適感、穿著的風格以及和肌膚接觸的感覺等層面。柳井正說，UNIQLO提供的商品，只是消費者衣櫥裡中的一部分「配件」，因為消費者可以根據地點、場合或自己的風格與心情，來選擇如何搭配自己的穿著。為了滿足消費者，UNIQLO會提高單一服飾的品質，再加上時尚的設計元素，然後以低價提供給消費者，滿足消費者各個層次的需要。

簡單地說，柳井正期待的UNIQLO商品不只是一件流行的服飾，而是將UNIQLO的企業形象、理念滲透到商品當中，讓消費者能依照自己的心情和想法選擇怎樣穿著搭配。即從「顧客」的角度出發，為顧客提供最合適的服裝選擇。靠著這種不斷生產具有高附加價值的商品，

UNQILO也成功地吸引了越來越多消費者的目光，並開拓了原本對UNIQLO不認識、不瞭解的消費族群，使他們也成為UNIQLO的新客人。

對於企業本質，現代經營學之父彼得．杜拉克曾有這樣的見解：「企業經營的有效定義只有一個，那就是『顧客的創造』。」聽起來頗為艱深，但這句話卻正好說中了柳井正經營UNIQLO的哲學。與企業本身想要賣什麼商品相比，企業更應該優先考慮消費者想要的是什麼，並且需要提供給消費者具有「附加價值」的商品。簡單地說，如果你經營的是西服店，就應為顧客提供高品質的衣服；如果你經營的是報社，就該應該用心做好每一個版面的內容。就像這樣，透過各種工作的本質與內容為社會和人類做出貢獻，才是杜拉克和柳井正對於企業最基本的想法。

隨著全球化的腳步，日本的消費需求這幾年也出現了急速變化，「低價訴求使顧客增加」的單純方程式也逐漸成為過去。現在，日本的成衣市場與消費者已不再單純為「價格」所迷惑了，反而開始追求商品的「價值」。要讓消費者覺得你的商品物超所值，柳井正說：「就是要提供具有高附加價值的商品。」對此，他對商品的附加價值下了這樣的定義：「創造附加價值，就是做出前所未見的東西來。」因為是首創，更是唯一，所以後面蘊藏的市場機會自然也會比一般商品多出很多。

在全世界的大公司因金融危機與不景氣而紛紛收縮戰線時，卻正是柳井正全力侵入世界商業版圖的最佳時機。透過這本書，大家可以對柳井正這個人物以及他充滿攻擊性的狩獵民族性格有基本的認識。柳井正把這稱為「UNIQLO的DNA」，因為他已經透過言教、身教，把自己的經營理念、哲學、想法，貫徹到了企業內部。

柳井正經營十誡的其中一條就是「工作勤勉，一天二十四小時都應該將精力投入到工作中」。到過迅銷公司的人，都會對其特殊的工作環境印象深刻。這裡的辦公室沒有固定的辦公桌，所有的工作人員都在一個無隔間的大房間裡工作，員工可以抱著筆記本隨意走動，柳井正說「待在自己想待的地方，才是最好的工作環境。」除此之外，所有的會議都控制在10分鐘以內；晚上7點，公司準時熄燈，原則上禁止加班，他們的工作標語是「工作要趁早完成」。

喜歡冒險的柳井正還有更大的目標：「我希望在10年到15年之內，人們能忘記UNIQLO是一個日本品牌。它將是一個世界品牌。」把UNIQLO打造成世界第一品牌，柳井正深知實現這個目標的難度。但他必須為自己訂下一個高一點的目標，因為能輕易實現的目標，不會是一個好目標。

成功需要機遇、努力、知識、企圖心等各式各樣內外部的因素，沒有一個因素能單獨起作用，每一個成功者的經驗都很難複製，但成功者在思想上、行動上卻總有我們可以借鏡之處。柳井正與UNIQLO的成功故事，足以為正在前行途中迷茫的的人們帶來前進的力量。

5-2 與成功相比，失敗更重要！

過去，日本人信奉：「出頭的釘子會被搥下去。」但在日本失落的十年裡，有一群平民企業家，他們沒有顯赫的家世與經歷，卻到處顛覆傳統，打破陳規，創造逆勢成長的奇跡。他們都被形容為「出頭釘」，也是推動日本再起的民間力量。柳井正就是其中一支最長的「出頭釘」，他靠著一件990日圓的平價休閒服，打造出日本第一大休閒服王國，更在2013年達到總營收1兆日圓。

「我認為我是一個冒險家，所有的商業行為其實都是一次冒險。你承受越大的風險，你才有可能獲得越多的利益。」作為日本首富，柳井正評價自己是一個有野心、有理想的人。

商界奇才，並不一定非要有智慧、精神和汗水，想要創造自己的財富，最關鍵的是要有冒險的精神，視風險為遊戲。無論在什麼時代，如果沒有敢於承擔風險的勇氣和膽略，任何時候都成不了氣候。而大凡成功的商人、政客，都是具有非凡膽略和魄力的人士。

從一定意義來講，經商本身就是一種風險。不論你從事什麼生意，都要承擔一定的風險。如果懼怕風險，那你永遠也不會擁有財富，不會成功。精明的商人，從來就不懼怕風險，他們視風險為遊戲，視風險為樂趣，當然，他們同時也獲得了豐厚的利潤。

柳井正認為，經營就是執行和實踐，就算是當成繳學費也好，只要覺得是好的事情就該去做。「無所謂適合不適合，首先要做的是決定方向。」這也是正是柳井正經營哲學中相當重要的一個概念。柳井正認為，不管想法多麼出色，如果不去挑戰落實的話，雖然不會失敗，卻也不會成功，這樣的結果「只是在浪費時間而已」。

對於經商來說，沒有統一的標準可循，也沒有固定的模式可鑑，關鍵就是要有「膽量」。膽量大的人，通常也更容易把握機會，找到方法，敢於突破，該出手時就出手。一個能把所在企業引領到所屬行業主導地位，除了對市場的敏銳和悟性外，還與他們的魄力、堅持和韌性有關。如果在商場上畏首畏尾，猶豫不決，再多的才能也難以發揮，再好的機遇也難以把握。無論是哪個時代，沒有敢於承擔風險的膽略，都成不了氣候。而大凡成功的商人，都是具有非凡膽略和魄力的。

柳井正似乎天生就喜歡冒險。他將2003年出版的自傳取名為《一勝九敗》，書中也歷數自己所犯下的錯誤。「我一直在犯錯誤。我堅信如果你嘗試新事物，就不可能不犯錯。錯誤是為成功準備的教訓。如果能從錯誤中吸取教訓，那將非常好！」

和一般日本企業家不同的是，柳井正勇於承認失敗。

1996年10月，UNIQLO出資買下東京VM童裝公司85%的股權，作為UNIQLO的子公司。但這家公司本身的損益結構一直沒有得到有效的改善，出現了連續虧損，最終不得不將所有店鋪關閉。

有鑑於此，柳井正放棄了將自己企劃的商品以別人的品牌推向市場（僅支付品牌使用費）的運作模式。由於UNIQLO主打休閒服裝，與運動服裝性質相近，於是，柳井正決定將那些平時穿着的運動服分立出去，另外創立一個新的品牌。經過一年多的準備，1997年10月，販售運動服裝的「SPOQLO」與專賣家庭休閒裝的「FAMIQLO」開幕了，兩個品牌都一口氣開設了9間店。

然而，就在「SPOQLO」開到17家，「FAMIQLO」開到18家的時候，柳井正又不得不將它們關閉。原來，這兩個品牌與母品牌UNIQLO在定位上太過接近，有的時候，為了優先確保這些子品牌的商品種類和數量，不得不調集UNIQLO的商品，反而使UNIQLO的店鋪出現了缺貨和斷碼；而從客戶的立場來看，本來在一家UNIQLO的店鋪裡能能買齊的商品，現在卻必須跑三家，反而變得更不方便。

2001年9月，UNIQLO在倫敦風光開幕，一口氣開設了4間店。之後的幾年又擴展到21間分店，但銷售狀況卻一直不佳。為此，柳井正當機立斷，決定壓縮UNIQLO在英國的規模。他將倫敦圈以外的分店全部關閉，而即使是位於倫敦圈的店鋪，凡是效益不好的，也一律關閉，最後只留下了5間店。

「我認為當時自己處於泡沫狀態。在日本大鳴大放，隨便就以為可以進軍海外，直接把日本的成功模式拿來用。但空有形式卻沒有靈魂，等於毫無內容。」他在自傳《一勝九敗》中回顧道。

2007 年，柳井正曾試圖收購紐約高檔百貨巴尼斯（Barneys）。在一次記者招待會上，他向紐約時尚雜誌《THEME》的記者躊躇滿志地規劃著光明的未來：「巴尼斯是紐約的標誌，是世界上所有時尚品牌打入美國市場的大門！」不幸的是，來自杜拜的主權財富基金Isithmar也參與了這場購買競爭，對手強大的資金支持使柳井正輸掉了這場叫價遊戲。但是，柳井正並沒有為輸掉這個生意而沮喪，這不應該受個人感情因素左右。因為，在這個舞臺上，只有輸與贏，成者為王敗者為寇的法則如同鐵律一般，把任何人的感情都排斥在外。

「UNIQLO已經習慣於失敗」，這是日本媒體眼中的UNIQLO。就是柳井正自己也這樣說：「只要（對企業）不至於致命，我認為失敗也無所謂。因為不去做，就不知道結果如何；在行動前考慮再多，都會是浪費時間。因為只要一邊行動，一邊修正就好了。」其實，對於「方向轉換」的判斷和「修正能力」的應變，也正是他受到管理學學者認可的地方。

對於做生意，柳井正始終抱持著一樣的觀念，因為直線式的持續成功根本是不可能的，就成功率來講大概頂多只有一成，也就是十次挑戰中會面臨九次以上的失敗。柳井正甚至這樣說：「我一直在面臨失敗，到現在為止的勝率大概只有一勝九敗左右，唯一成功的就是UNIQLO。」

以一個棒球投手來說，如果出賽十場只能贏一場，那根本不能算是一個好投手；但柳井正認為，假如沒有經歷過失敗，人就永遠都無法發現自己到底哪裡出了問題，更不會想要去改變，這也是柳井正所說的「失敗是必要的，而且越早碰上失敗越好」的原因。因為越早遭遇失敗，就可以越早地從失敗的體驗中發現自己的不足，也可以為自己爭取到更多修正錯誤的時間。

「我一直在犯錯誤。但我堅信，嘗試新事物不可能不犯錯。錯誤是為成功準備的教訓，錯九次，就有九次經驗。」他說，「現在，不僅僅是節約購物開支的家庭主婦買UNIQLO，有錢人也穿UNIQLO，年輕人更喜歡用我們的款式混搭。」如今，柳井正已經把這個牌子的服裝旗艦店帶到了英國最繁華的牛津街、法國的斯克里布街以及美國紐約百老匯對面的時尚中心。

雖然有專業人士說，從UNIQLO的衣服價位來看，這些旗艦店顯然是在「燒錢」。但柳井正的回答是：「我們是急速爆發出來的小企業，如果不拚命宣傳，世界就無法知道我們的存在！」但在柳井正的觀點裡，只有承受越大的風險，才有可能獲得越多的利益。

柳井正把他的第二本著作取名為《成功一日可以丟棄》，也是基於這種敢於失敗的思考模式。因為在任何時候，商場上都沒有永遠的成功，一旦開始就產生成功的錯覺，那麼「成功就已經不再是成功，而是以成功為名的失敗」。所以柳井正認為，身為一個經營者，必須具備馬上讓自己忘掉成功的強烈意志力，不被眼前的成功沖昏頭，並要時刻記住：企業永遠是為顧客而存在的。

任何想要創業的人，都不能因為害怕失敗而裹足不前，只有在經歷過失敗後，才能找到邁向成功的道路。人生中最容易留下的悔恨，就是不去嘗試挑戰。嘗試任何新的可能，即使沒有成功，也不能算是失敗，因為「我們可以把『失敗』讀作『成長』」。柳井正就是從「一勝九敗」的哲學中領悟到了這種無懼失敗的精神，從而帶領著他的UNIQLO大膽地邁向國際，尋求更大的成功。

為什麼失敗會這麼重要？柳井正認為，「只有在生意不順時，人才會去徹底思考該怎麼做才能讓一切步入軌道。」反觀成功，則會讓人變得退縮保守，因為想著現在這樣也不錯，然後就不再想去挑戰，想法也變得呆板、形式化，甚至產生「驕兵」心態。所以在商場上，「成功」絕對不是好事，因為當人們心中出現了「成功」的念頭時，其實已經開始落入「失敗」的陷阱當中了。

2008年1月，《GQ》雜誌日本版將柳井正評為年度封面人物。該雜誌評論稱，柳井正入選不僅僅因為他是日本最大的服裝零售商，而在於他敢於冒險的人格特質。「柳井正胸懷大志，他想與行業中的巨人競爭的渴望和意願使他變得不僅是個商人，更是個思想家。」

說「自己沒有失敗過」，也就等於說「自己從來沒有挑戰過」。什麼都不做的人自然也不會失敗，那些越積極勇敢地工作的人，失敗自然會越多。根據統計，新興企業要在商業競爭中存活下來，成功率只有10%，但即便如此，如果沒有勇氣進行挑戰，依然無法開闢出新的道路。

在學校裡，比如說在棒球隊或足球隊裡，那些抱著「想成為替補選手」的志向而參加的隊員中，有一半能夠實現目標。在成為正式選手後，接著不少人又會樹立想要參加地區大賽、參加全國大賽等目標，目標越高，難度就越大，遭遇挫折的可能性也就越強。試想，若是有人設定了一個想要拿奧運金牌的目標，那麼有99.99%的可能，會以失敗告終。

任何領域都是如此，目標越高，失敗的可能性就越大。但是，如果一開始人們就因為害怕失敗而不敢去嘗試挑戰，最後一事無成，這才是比失敗還要壞的結果。柳井正曾說過：「成功的原因有許多，但是失敗的原因就那麼幾個。失敗並不可怕，可怕的是你從來沒有真正努力過，失敗了總結經驗，等成功的那一天，你發現你已經是個智者了。失敗的越多，你積累的經驗、知識也就越多。」

「暢銷商品不是一朝一夕就產生的，它是同一件商品經過多年改良而得的。」正是一次次這樣的失敗，才讓柳井正的UNIQLO終於找到了與西班牙的ZARA一樣的經營模式，不斷地追求「快速時尚」：上架快、平價、時尚，面向大眾賺「快錢」。

在奮鬥的道路上遭遇失敗，這是難以避免的。只要不斷挑戰，就會不斷失敗。在這個過程中，如果降低目標，自然就能避開失敗，但那樣的人是毫無挑戰精神的，這樣貧乏的人生難道是我們想要的嗎？換個角度來想，從來沒有失敗過才是人生最大的失敗；一個失敗多的人，正代表了他是個勇於接受挑戰的人。

如今，柳井正早已練就一身絕活，只要瞄一眼別人的穿著，就知道這個人的腰圍大概多少，應該穿L尺寸、還是S尺寸的衣服。不僅在經營中勇於試錯，即使在平時的生活中，柳井正也是錯中學、錯中用，一步一腳印地向前衝。

當有人問他：「創業是不是需要天賦？」柳井正回答得很乾脆：「創業不需要有什麼特別的資質。我認為幾乎所有人都能創業，重要的是要自己做做看。不論失敗幾次，都不氣餒。在這樣的過程中，就能培養出一位成功的經營者。」

正如柳井正自己的《一勝九敗》的書名一樣，「九敗一勝」看起來成功的機率很低，但事實證明，誰能耐得住前面九次失敗的考驗，誰就能贏取最後那一次的成功。

即使是得來不易的成功，柳井正也總是說：「成功一日就可丟棄！」

這句話對於他來說不僅意味著危機感，也意味著一種「忘記背後，努力向前」的雄心。因為成功只代表著過去，一直停留在過去的成功裡，就容易故步自封，讓自己滿足於眼前的成績而停滯不前。

要一個人不去回顧以往的成就是不容易的，因為這是一種不可避免的自我心理暗示，人們趨利避害的天性會時常提醒自己將過去的成就當作投資未來的資本。成功的人，通常能夠非常準確地把握這種心理暗示的尺度，因此內心的放下需要自我意識的深刻認識與覺悟。放下，也就意味著你擁有了歸零和空杯的心態，願意一切從頭再來，就像大海一樣把自己放在最低點，來吸納百川。

成功還可以說是一種積極的感覺，它是每個人實現了自己的理想後所呈現出的一種自信狀態和一種滿足的感覺！柳井正自1973年接手父親的「小郡商事」，歷經改革失敗、人才出走等難關後，直到1984年才熬出了第一間UNIQLO，並且大獲成功，這時的柳井正才開始明白成功的真正意義。每當他抬頭看到店內高聳的天花板，然後環顧四周看著到處都是衣著乾淨、動作俐落的員工時，心中就隱隱升起一種成就感。

柳井正喜歡突擊巡查各個店鋪，也會看每一份客服中心彙整的顧客意見報告，檢查每一件商品的企劃案，而且每件商品的開發都需要他親自拍板定案。在每週的經營會議上，如果哪位店長不能提出一些意見或建議，柳井正就會說：「你下次可以不用來了。」每年，他都會預先告知下屬「今年開多少分店，另關閉多少家；明年再推出多少家，關閉多少家」，之所以這樣做，就是為了讓各個店長時刻都保持憂患意識，處於一種「不進取」離關門就不遠了的狀態。

《日本經濟新聞》曾訪問過一位在UNIQLO工作過的員工，他說：「我從來沒看過UNIQLO有鬆懈的時候。」另一名店長也說：「業績好的時候，社長也會發脾氣，說不要驕傲了。他幾乎沒有讚美過我們。」但是，這位店長也搞不清楚柳井正的話究竟是批評還是鼓勵，因為員工覺得被批評就好像被鼓勵一樣有幹勁。

對於管理的嚴謹態度，柳井正的解釋是：「我認為，企業所在環境在本質上就是非常嚴峻的，沒有任何一家企業能隨隨便便就成功、即使有，那也是短暫的成功，不會持久。要想長時間一直保持成功，也沒有任何一家企業可以輕鬆打混過日子。一旦原本嚴格的公司鬆懈下來，他們就會在競賽中落後。所以，為了一直保持領先位置，嚴格其實是一種禮物。」

5-3 以「萬變」應「不變」

柳井正認為，任何組織的重新建構都是為了進攻做準備的，而原有的模式只是為了防守。通常來說，隨著公司規模的逐漸變大，很多人開始不惜代價地去維持公司的正常運營。然而，外界環境在不斷變化，公司原有的目標和經營模式可能已不再適應時代的要求了，可是大量的員工還在費盡力氣地試圖把公司維持在既定的軌道上。柳井正覺得這是一種非常可笑的行為。

企業規模的不斷擴大，肯定會不可避免地產生一些小的決策性失誤。為了讓公司更好地持續運營下去，柳井正經常為自己「充電」，學習各種經營管理的知識，好讓自己時刻都能跟上市場的變化。1986年，他讀了一本關於公開招股的書。這本書的作者安本隆晴站在讀者的立場上，詳細地講解了經營企業和公開招股的入門性知識。當通讀完這本書後，柳井正覺得自己受益匪淺，並決定要見一見這位作者。

見面後，柳井正詳細地向安本隆晴回顧了自己公司的發展歷程，然後便開始向安本進行了漫長的諮詢過程。經過多次討論，當安本隆晴說出要打造在日本迄今還未曾出現過的國際性大企業時，柳井正被徹底征服了。兩個有著同樣遠大理想的人很快就產生了共鳴，這不僅讓柳井正感到興奮，更為自己能找到這樣難得的知己而欣喜不已。

在安本的指導下，柳井正又開始了新的改革。改革分四步，每一步柳井正都走得異常小心。這裡列舉出了柳井正改革中的一些關鍵點，希望借用他的成功經驗，可以幫助更多的人走向成功。

首先，總公司的所有員工都在柳井正的領導下明確了自己的角色定位和工作目標，集體分析UNIQLO從創始到現在走過的每一步，然後根據以前的成功經驗制定公司今後的發展目標。

其次，UNIQLO的每個分店都要完全獨自承擔起盈虧的責任。柳井正剔除了家族式的經營模式，根據每一家店鋪的不同規模，規定出每家店鋪的收入標準。在這個基礎上，他還詳細地制定出每年開店、銷售、採購和資金周轉的時間表。

第三，財政上嚴格執行按月結算的程式，如果年度預算和按月結算之間出現差異，公司員工應及時糾正錯誤。

最後，在管理方面，為防止UNIQLO在採購、銷售、庫存、店鋪營運及新店開張等方面出現問題，公司制定了內部員工管理手冊。柳井正還引入了更為先進的POS系統，這對統計銷售資料更為方便有效。同時，他還根據公司以往的成功經驗制定了新店開業的指導手冊以及招商時所需要的手續和標準流程等，這也為UNIQLO更進一步地擴大經營規模打下了堅實的基礎。

安本的經營理念是從其他書本上很難尋覓到的，因為這些都是他多年來從書本和雜誌上學習古今中外企業家的成功之道後，再根據自己的經驗歸納出來的。而他將所有的管理知識融會貫通，最終成功地運用在了UNIQLO的經營之上。而且，他還將這種經營理念推及全公司，力圖讓每一個員工都明白公司正在朝向哪個方向發展。正因為如此，公司的每一個員工與公司之間都建立了更加休戚相關的感受，大家開始一起向著更遠大的目標進步。

當柳井正回想起當年的這些舊事時，不禁一番感慨。他說，正是由於自己從未系統地學習過經營管理的知識，才會大膽地接受這些新穎的經營理念和方法，也才更容易讓新事物注入自己的企業。在這種大膽的改革之下，UNIQLO也快速地發展壯大起來。

從最初的創建到成功上市，UNIQLO在發展過程中經歷了數次大大小小的變革。直到今天，在UNIQLO進行的各種變革依然沒有停止。如此多的變革，其目的都是只有一個，那就是讓公司的經營目標時刻都能適應新時代的要求。所以說，UNIQLO的公司組織一直都在變化，一些從大企業跳槽過來的人對此感受更加明顯。但柳井正始終都覺得，UNIQLO的流動性還遠遠不夠。在他的意識之中，UNIQLO應是每天都在發生變化的一種組織形式。

在外人看來，柳井正是一個很「冷酷的人」。但是，經常與他共事的人對柳井正的評價卻是：「柳井正社長是一個害羞、認真、穩重、和藹的人。與他一起工作，就像在自己家裡一樣自在舒適。」

在UNIQLO公司裡，不少職員都是柳井正的「粉絲」，對柳井正的印象都相當好。柳井正說：「我們都樂於這樣工作，待在自己想待的地方，才是最好的工作環境。我認為，不論在日本還是在世界其他的地方，只有高效率的新型企業才能生存下去，現在就是這樣一個時代。」

在柳井正看來，公司的會議不應該採取一種十分嚴肅的形式進行，它只是借用一個地方讓大家針對某些問題暢所欲言而已。因此，在柳井正主持召開的公司會議上，大家都會踴躍發言，根本不用擔心因說錯話而受到嘲笑或懲罰。各種想法一旦被激發出來，就很容易形成不可遏制的態勢。這就是被稱之為「腦力激盪（brainstorming）」的創意激發方式。在很多大型的廣告公司和國際大企業中，腦力激盪也是最常見、最能達到直接效果的會議方式之一。

柳井正召開會議的方式很隨意，任何地點都可以成為其解決問題的場所。所以，企業出現的問題總能隨時隨地得到及時有效的解決。這種隨機應變的方式，也深深影響著公司內部的每一個人，並逐漸滲入到UNIQLO的企業文化當中。柳井正要求各個店鋪的經理都完全要有自己的主張，所以他不喜歡那種字斟句酌的開會方式，他認為只要領略會議的主旨就可以了，沒必要逐字逐句地去記錄會議的內容。

在很多時候，柳井正在會議上都是根據自己的想法開始闡述，因為沒有學過太多的方法論，而且他本身又是從最基層一步步走過來的，所以在闡述一些想法時也會出現用詞不準確或不夠專業的情況。幸虧有身邊的左膀右臂幫忙，才讓更多的人從柳井正的發言中提煉出有益於企業發展和個人進步的金玉良言。

領導者是廣泛聽取意見後的決策者，他的主要職責是決策。然而，領導者不是完人，由於經驗、身份、專業知識、行為習慣等多種限制，一個人做出決定會有很大的風險，也可能產生偏差。而團隊就能彌補這種不足。當某個人在某些方面能力有限時，就需要外界的力量一起完成某一特定的任務。它的最大特點就是「一加一大於二」，並且還需要執行時相互合作。因而，當每個人都把自己和公司的命運緊緊地聯繫起來後，就如同原本輕輕即可折斷的一根根筷子，最後變成了牢不可破的整體。這時，即便遇到再大的困難，也可以借助團隊的力量和智慧安然過關。「兼聽則明，偏信則暗」，這對制定全面且明智的決策是極為必要的。

由於公司需要不斷注入新鮮的血液，因此公司也不斷招聘新人。柳井正在招聘新人時發現一個問題，每年都有大量的大學畢業生，但在就業意願統計裡，卻很少有人願意選擇零售業。原因很簡單，零售業聽起來好像任何人都可以做，因而對大學生也就不具備吸引力和挑戰力了。然而柳井正卻豪邁地說：「難道年輕時就不能從事店鋪的經營管理嗎？」話雖簡單，但卻涵蓋了許多世界知名企業的氣魄。

敢這樣說，柳井正自然也有其獨特的主張和打算。他為UNIQLO創造了一個大的環境，在這個環境中，年輕人可以盡量發揮自己的才幹，只要你有潛力和亮點，就會在UNIQLO得到合理的發掘和利用。

UNIQLO的銷售方式雖然傳統，但對於人才的歷練卻可能是任何企業都不能及的。通常當你在銷售員的職位上感到疲倦時，正好已具備了作為一名管理者的經驗和能力，而且這個過程並不需要太久。與其他行業相比，零售業其實更需要眼力和膽識。只有親力親為之後，才會明白其中的艱辛。柳井正的話也分明透露出這樣的資訊：只要你踏上了我們的台階，就一定能通往更為廣闊的空間。這既是他對UNIQLO實力的絕對信任，也是他向畢業後還沒有找到合適工作的大學生們敞開的一扇大門，更是作為一位企業經營者所承擔起的社會責任。

所謂人才，只有匯聚在被需要的地方才能發光發熱。而對於公司來說，也只有明確了公司的方向，才能明確公司需要哪些人才，也才能尋找到真正適合自己所用的人才。隨著資訊網絡持續不斷的發展，企業也可以透過多種方式讓員工瞭解公司的發展方向和目標。UNIQLO的成功就證明，零售業的革新是必行的，日本傳統的經營模式已經沒有了更好的出路。只有打破傳統的觀念，把自己的公司變成大家的公司，讓每個員工都有發言的權利，將公司的發展與員工的個人幸福相結合，才能最終促進公司的發展。這也證明了柳井正當初的思路和方向是正確的。

5-4 打破日本傳統思維

傳統的日本經營觀念認為，企業——尤其是大型企業，是會永遠存在的實體，只要能擠進企業，安穩地工作，就可以跟著企業一起成長。但柳井正卻不這麼想，他認為企業是無常的，很有可能一夕倒閉，無法永續經營。因為先要有了商業機會、創造出暢銷產品、並順利集資生產，才有了企業存在的必要；一旦這些條件消失，企業就可能在瞬間土崩瓦解。

因此，當日本眾多企業還在講究排資論輩、重男輕女時，柳井正已經在人事管理上採取了完全的實力主義，並宣揚男女平等，UNIQLO的員工也的確年輕而有活力，平均年齡僅30歲。由於柳井正奉行鐵腕政策，加上經營戰略思考上的對立，使得數十年來很多資深管理者陸續離開了迅銷公司，取而代之的則是一批年輕的骨幹，從東京大學畢業的經濟學博士、留美歸來的芝加哥大學碩士，到曾在著名顧問公司麥肯錫（McKinsey & Company）工作過的智囊都有；這一股中堅力量不斷在UNIQLO改革創新，把老店變成了一個生機勃勃的新型企業。「不會游泳的人，就讓他們沉下去好了！」這是迅銷公司總部外牆上的企業口號。

如此強烈的字眼，也滲透著企業的管理和經營風格。

2002年時，柳井正將CEO一職交給玉塚元一，準備逐步淡出；但沒過幾年，他看見公司的營運狀況未能達到他設定的目標。為了再次創造三倍式跳躍大增長，柳井正毅然重返第一線，並毫不避諱地直言：「我要找的不是有受薪階級心態的經營者，而是有創業性格的領導者。」

之所以會有這樣的感慨，全源自於日本傳統的企業體制。在過去，企業會與員工簽訂終身雇傭制的合約——這是日本企業的一項美德，更是領導者和經營者的基本社會責任。在這樣的制度下，員工對企業有強烈的歸屬感和責任感。當企業遭遇經營困難時，大家都能團結合作、共度難關。這不僅有利於協調勞資關係和人際關係，有利於企業員工隊伍的穩定，也有利於社會的穩定與和諧。與非終身雇傭制相比，終身雇傭制具有較強的秩序性和平衡性，可以給員工營造一種穩定和諧的工作環境，從而有利於提高工作效率，也有利於企業的發展和社會的穩定。

然而，當柳井正與一些新型、高科技的企業領導人交流時，逐漸接觸到年輕世代的新鮮想法，「各行各業的優秀人才都來到UNIQLO，誰知道自己什麼時候會被淘汰呢？同事與同事之間的競爭充滿了火藥味，如果大家都懷著一成不變的想法去做事，又怎麼能超越對手呢？」一家軟體發展行業的領導者對柳井正說。這也讓柳井正看到了日本傳統文化的變革。

另一方面，由於新興行業有其特殊性，一些企業不可能與員工簽訂長期雇傭合約。隨著科技日新月異的發展，今天積極投入的產業明天可能就失去競爭力。當企業在為自己的未來發愁時，又如何能夠保證員工一輩子的生活呢？

於是，柳井正也試著在UNIQLO推行非終身雇傭制的模式。當時，有很多員工對此表示不解，畢竟，在特定的歷史條件下，終身雇傭制的確能夠在企業管理方面發揮積極作用，促進企業的發展；但隨著社會的發展，經濟形勢的改變，它的弊端也逐漸突顯出來。在柳井正看來，打破了終身雇傭制，使得UNIQLO與很多大企業比起來，人員流動速率變得更快了。終身雇傭制把勞動力固定在一定的範圍內，與社會的勞動力市場相脫節，固然起到了穩定企業、穩定社會的作用，但對其他更適合自己的企業來說，就失去了自我選擇的自由。而且，這種方式也容易造成知名企業聚集大批優秀勞動力，從而出現人才浪費；而一些中小企業又很難雇到優秀的人才，導致企業發展受阻。相反地，非終身雇傭制這種形式，不論對企業還是對員工來說，都有了更多的選擇機會。想要離開的人，不會再受到長期綁約的限制；而真正優秀的人才，企業也會盡最大努力滿足員工各方面的需求。

在這種非終身雇傭制的雙向選擇中，任何一方都不能把自己的意願強加給對方，這在終身雇傭制的條件下是很難做到的。柳井正常常想，讓企業和員工之間保持一定的緊張感，或許對企業和員工來說都是最好的。因為，只有競爭才是唯一不變的真理。

一個好的公司應該是什麼樣的呢？在柳井正看來，好公司應該是做好充分準備並具備完善體制的公司，這一點在全世界都是共通的。雖然人們常常以日本或美國的經營方式來評價一個公司，但一個好的公司在世界任何地方都是一樣的。柳井正說，「我希望按照經濟學原理和原則來經營公司。雖然有公司理念，但我不相信經營者個人獨自的想法。」如果沒有一個人人都可以接受的普遍原則，公司就無法順利地運營下去。

UNIQLO的成功，曾經歷了三個重要的轉捩點。第一個轉捩點是1984年，柳井正在廣島開設了第一間「Unique Clothing Warehouse」休閒服專賣店；第二個轉捩點是1994年，UNIQLO在廣島證交所上市；第三個轉振點則是1998年原宿店開業，Fleece刷毛外套大暢銷獲得成功。UNIQLO一步步開創了「休閒服直接面向消費者」的時代，也就是全面修正企業策劃、生產、流通和販賣等商業流程，努力建立一個最適合消費者的商業模式，其中關鍵之處就是按照消費者的需求進行量產。

2003年的時候，有部份門市由於經營不善而不得不關閉，有的則是因為經營者無心經營而最終退出了人們的視野。這些失敗的案例，都讓柳井正清醒地認識到單靠生產和銷售品質好的產品並不足以維持一個企業，還需要一個更為完善的管理機制。只有在設計和創意都非常優秀的基礎上，才能讓商品獲得更多消費者的青睞，從而產生更多的利潤。

UNIQLO的成功，在一定程度上是因為改變了陳舊的經營方式，但更重要的是消費者的認識產生了變化。柳井正認為，當我們決心把自己的產品辦成名牌時，就會努力向人們傳遞一個資訊：「這是所有人都能穿的新型休閒品牌」。如果這一點被消費者認可，服裝就會有銷路。今天，UNIQLO已經走在服裝業的前列，這表明，消費者已經認識到了UNIQLO就是這樣的商家。

在柳井正看來，UNIQLO應是個不斷推陳出新的團隊，是個以速度和品質取勝，並能夠在價格上佔絕對優勢的零售場所。所以，創新也就成了UNIQLO經營過程中永不捨棄的目標之一。

面對UNIQLO的員工，柳井正總是反覆強調，市場環境是瞬息萬變的，隨時都可能發生翻天覆地的變化，模仿他人的想法或做法，或複製他人的經營手段，是絕對不可能一直都成功的。在這個世界上，根本就不存在什麼成功的秘訣或方程式，倘若總是迷失在成功的假象或過去的小成就中，就不能達到真正的成功。這些觀念的灌輸，也讓UNIQLO的每位員工都更加真正瞭解了UNIQLO的經營理念和未來企業的發展方向，同時也真正理解了柳井正為什麼要反覆強調變革、突破、創新等關鍵字眼。

舉SPA模式的引進過程為例。在企業的生產經營過程中，怎樣確保商品暢銷是首要問題，從傳統的產銷模式來看，生產商和經銷商之間是一種「代銷」的關係，即經銷商賣不出去的商品可以選擇退給生產商，這對於經銷商來說，風險是降低了。可是，有得就有失，為了避免積壓存貨的風險，經銷商就要以較高的價位來購買生產商的貨物。如此一來，風險是小了，但所剩下的利潤空間也就被擠壓得更小了。如果靠著提升商品的價格，從消費者身上去獲取更多的利潤，又恰恰與UNIQLO的經營理念相背離。這是柳井正無法接受的方向。

另一個讓柳井正無法接受的問題，就是生產商大多要間接地控制零售商產品的定價，這也將使得UNIQLO本身的低價和親民風格變得蕩然無存。因此，柳井正提出了一個大膽的設想，那就是從定製品（就是所有服裝的款式都由UNIQLO自己的人員設計，而生產商只負責生產。）下手，自己控制商品的價格。

然而，這只是他個人的一廂情願。一方面，海外的生產商為了提高效率，接受的訂單必須達到一定數量；另一方面，要是定製品過多，即容易滯銷，增加庫存率。而生產商往往只負責加工，對於賣不出去的產品，零售商無法退貨。這樣一來，所有風險都要由UNIQLO自行承擔。

柳井正決定不向任何一方妥協，首度在日本國內引入SPA模式，只將設計中心留在日本，生產線則全部移到中國；為了確保品質，柳井正將日本的技術導入中國當地工廠；同時，為了便於達到統一的品質標準，他將一度膨脹到140家的代工工廠縮減到約40家。從企劃、生產到行銷都由UNIQLO總部全程參與，這樣一來，不僅提升效率，也能讓每一個環節變得更加靈活，當一件產品熱賣時，就能立即追加生產；即使銷售量不如預期，也能夠隨時停產，大幅減少了與各代工廠商一來一往造成的時間和金錢損失。這套做法獲得日本著名趨勢大師大前研一的肯定，還號召日本企業都應該向柳井正學習。

柳井正是個喜歡求新求變的人，他前進的動力不是自我感覺良好，而是不斷地進行自我否定，經常讓自己保持一種危機感和緊迫感。他認為，企業若保持現狀不思變革，正是一種危機。為了避免被個別的成功經驗衝昏頭，柳井正從沒停止過求新求變的腳步。

剛建立起來的UNIQLO門市，採用的都是自己的電腦銷售資訊管理系統。直到1988年7月引入了POS系統後，UNIQLO才不再委託電腦服務商的資料中心幫助處理公司的內部資料。在這個時期，柳井正開始意識到資訊流機制的重要性。透過引入資訊流機制，各個店鋪的銷售情況就能及時準確地傳回公司總部，柳井正也可以憑著這些資訊及時地掌握銷售排行前列的各種商品的情況，從而根據現有的資料對未來的經營計畫做出新的規劃和調整。

一般來說，企業的規模越大，企業商品的投放、各個分店之間的商品與帳目的互通，以及各種商品價格的調整等，都會成為在競爭中影響成敗的關鍵點。想要使這些問題迎刃而解，就必須依靠迅速發展的電腦資訊技術。所以從那時起，柳井正就開始主動為公司建立數位管理資訊系統，以便可以更準確地把握市場訊息。當然，不僅柳井正本人，UNIQLO上上下下的所有員工都可以透過電腦同時共用到最前沿的商業資訊，並可以利用現有的各種資源去規劃UNIQLO的未來。

更重要的一點是，在各個電腦的終端機的背後，所有人都可以站在同一個平台上研討問題，這也應該是電腦科技為UNIQLO帶來的最大改變了。當然，偶爾也會有些店鋪經理對總公司的決議提出反對，但這些也都會透過即時通信及時地展現在柳井正面前。藉由這種方式，UNIQLO達到了凝聚企業內部的作用，使公司的員工產生一種與企業共存亡的憂患意識，每個人都想有所發展，誰也不想成為第一個被公司淘汰的人。正是在這種氛圍中，才使得企業真正產生了向心力。

資金、人才、資訊系統都準備完畢後，剩下的問題就是怎樣吸引企業的投資者與商品的買家了。倘若一個企業所經營的商品不能吸引人們前來購買或投資，也就不可能贏得利潤，更不可能吸引人們前來入股。因此，怎樣針對商品的品質和產量及各種銷售計畫進行改革，也被提上了議事日程。

在經過一些失敗的案例後，柳井正也逐漸悟出了自己的經營門道：不論哪家連鎖店，都必須提供相同價格的產品與服務，並要把這種形式用體制的方式固定下來。想要賣出讓消費者喜歡的商品，首先就要生產出這些商品，因此，生產、銷售和企劃就會被放到同一條奮戰的路線上。只要商品被成功地賣出去了，生產和銷售就可以完全被鏈結在一起。

這也是柳井正在經過無數次的嘗試和失敗後想要建立起來的經營體制。當然，這時還沒有人預料到，多年以後柳井正又提出了更為自由的「ABC」經營體制，完全打破了自己原先歸納出的連鎖制度。可以說，在不斷創新的道路上，柳井正一直都在求新求變，從不停歇。

5-5 效率至上的經營團隊

柳井正非常相信企業是可變的，前人描繪遠景，後人就要追趕這一目標。也因此，他不斷地開店和關店。今年也許開出110家分店，卻也關閉了30家；明年也許再開出120家、關閉40家。擴充的同時，關閉計畫也一樣公開，柳井正從不隱瞞。這其中含有另一種意義，對於UNIQLO來說，關閉分店並不是禁忌，也不是不吉利、碰不得的事。一家分店如果經常處於防守狀態，那麼離關門就不遠了。這是柳井正首創的經營模式，在UNIQLO，「什麼事都不做是最保險的」這種觀念是絕不允許存在的。

柳井正認為，日本中產階級獨特的集團主義傾向，總覺得「快速擴張不好」、「穩定成長才是正途」，尤其在景氣變差時，更是顯得惶恐謹慎，深怕自己犯下大錯。但柳井正卻覺得：「安定才是最大的危險」、「不進步就跟死了沒什麼兩樣」。

一般的企業往往會遵循這樣一條經營規則：企業屬於一個相對較大的團隊，所以也有自己明確的目標。一旦組織或團隊以企業的形式出現了，那麼所有員工就應該勤奮努力地去維持整個企業的正常運轉。

但是柳井正反對這種觀點。他認為，新組織的變革是為了進攻，而原有的模式只是為了防守。外界的環境一直在改變，只有及時地對組織形式進行調整，才能讓企業的經營目標更進取，以及時刻適應時代的新發展。所以，UNIQLO的企業組織應該不斷進行改變。也曾有人向柳井正建議維持UNIQLO的現狀，停止快速變動組織形式的腳步。但柳井正始終覺得，UNIQLO的組織形式應該是流動性的，而且每天都應該有所改變，以適應不斷變化的市場需求。

對於UNIQLO來說，由自上而下的中央集權管理形式過渡到以店長為中心的扁平化經營模式後，原本各個部門之間的職責也要相應地發生轉變或分解。雖然這是每個人都不想看到的情形，但為了UNIQLO有更好的發展，柳井正還是忍痛作了這樣的決定。

柳井正曾繪製一張組織結構圖。在這張圖表上，左邊寫的是公司職能；後面是暫存的老部門和創設的新部門，以及這些部門現有的職能；再後面，寫的是該部門應追求和實現的目標，以及主要的負責人；最後是部門的名稱。在UNIQLO不斷發展壯大的過程中，圖表上的部門和人名都經過十數次變動。柳井正認為，不及時對圖表進行修改，公司就很可能面臨跟不上時代變革的危險。當然，在變革中有一點是要特別注意的，雖然公司的變革要緊跟時代潮流，但也不能太過分，否則就會趨於形式，反而忽視了變革公司組織的真正目的，這就可能導致公司趨向於失敗的邊緣。

其實對於零售業來說，公司該採取何種組織形式，完全取決於銷售額的變化。所以，UNIQLO不斷地進行組織變革是十分必要的！因為如果不這樣做，就會在發展過程中發現現有的機能遠遠無法滿足新的需求，日益擴大的缺口也終究會導致全盤失敗。也正因為如此，在UNIQLO，公司的組織其實非常簡單，只有領導幹部、店長和職員三層職級，一直都沒有出現因人員工作調動而令公司運行失靈的意外情況。

同時，在UNIQLO發展過程中，柳井正也盡量避免人員調動的僵硬化，讓各種政策都保持一定的彈性。UNIQLO人員的調動，有時是因工作需要，有時是因為員工自認為更適合某一項工作而主動申請調動。另外，公司也公開招聘新職員。當某一職位出現空缺時，公司就會透過內部系統用郵件方式告知公司所有員工，然後選定一個時間，讓提交申請的人進行公開競聘。

在UNIQLO工作，人員的組織和調動都具有很好的靈活性，從而使組織的效率不斷提高。而這一點，也是UNIQLO從剛剛創建一直走到現在，在經歷多次失敗後又總能重新站起來的關鍵因素之一。因為柳井正和UNIQLO的成員時刻都在跟隨時代的潮流，不斷變革著自己的經營方式，從而令UNIQLO永遠都不會被時代所遺落。

在企業運營中，塑造高績效的團隊是許多企業管理者的主要任務之一，也是對企業管理者管理能力的一種特殊挑戰。要想實現這一目標，首先就要確立清晰明確的願景與目標。共同的奮鬥目標，是團隊存在的基礎。心理學家馬斯洛（Abraham Maslow）曾說：「傑出團隊的顯著特徵便是具有共同的願望與目的。由於人的需求不同、動機不同、價值觀不同、地位和看問題的角度不同，所以對企業的目標和期望值也有很大的區別。」因此，要使團隊高效運轉，就必須有一個共同的目標和願景，就是要讓大家知道「我們要完成什麼」、「我們能得到什麼」。這一目標也是成員共同願望在客觀環境中的具體化，是團隊的靈魂和核心。它能夠為團隊成員指明方向，是團隊運行的核心動力。

在這個團隊「遊戲」中，柳井正憑著分析UNIQLO多年的發展與自己的成長經驗，列出了以下幾點需要注意的地方：

首先，職位只有不同的區分，永遠沒有輕重的概念。就像一場棒球比賽一樣，投手和捕手、內野和外野的隊員都是在向著最後的勝利而共同努力。在一場足球比賽之中，你不能說不需跑動的守門員不及前鋒重要。團隊也一樣，它是一個整體，就像一輛攻無不克的戰車一樣，缺少哪個零組件，都不可能再具備強大的戰鬥力。

其次，要熟知「遊戲」規則。我們知道，在體育比賽中，能取勝的最大前提就是遵守規則。商場上也是如此，不論是同事之間還是對手之間，都需要遵守既有的規則。只有這樣，才能產生彼此相互促進的雙贏（win win）局面。

通常來說，剛成立的公司人數都比較少，這時就像柳井正剛剛創辦UNIQLO的最初階段一樣。雖然大家都很清楚公司的規則，但沒必要把這些規則整天掛在嘴邊。作為領導者，這時就需要用自己的切身行動去感染身邊的每個人。然而當公司逐漸壯大起來後，就有必要把各種規則用明文標示出來了。比如，團隊的基本方針、行動指南、戰略目標等等，都需要向公司的員工宣示。領導者在這個時候更需要走在團隊的最前端，以確保整個團隊的正常運轉。同時，他應該鼓勵良性合作，而非惡性競爭。只有建立一種互信的領導模式，成功的領導者才能透過合作來消除分歧、達成共識，帶領團隊走向成功。

柳井正十分注重員工和公司之間的雙向滿意度。如果大家都對彼此滿意，工作就會是個愉快的合作過程；但若人與人之間互相不滿，兩方的僵持不下將會為彼此帶來很大的傷害。

作為團隊的一分子，需要與整個團隊建立基本共識。只有當不和諧的聲音消失，團隊的協作才最具效率。當一個人的目標和團隊目標一致時，團隊協同效應的凝聚力就能更深刻地體現出來。

柳井正是非常講求效率的人。據曾經造訪日本UNIQLO總部的媒體透露，他工作的那間30多平方尺大的辦公室裡，除了辦公桌和會議桌之外，連張沙發和茶几都沒有。這種做法明確表示：主人不歡迎閒聊。

不僅如此，柳井正讓秘書為自己安排行程或工作計畫時，總是以15分鐘為一個單位，而且準時開始準時結束。包括接受採訪，他也是分秒必爭的，開始不少一分鐘，結尾不多一分鐘。

UNIQLO的母公司叫「迅銷（Fast Retailing）」，柳井正賣的是「快速時尚（Fast Fashion）」，連他名下的兩匹賽馬都取名為「Rapid Girl」和「Rapid Boy」。由此可知，「快速至上」是柳井正的座右銘，也是UNIQLO的品牌精神。自創業以來，柳井正開店和關店的速度無人能及，最高的紀錄曾在一年內開了150家分店，但同年也關閉了90家，

30年來，他在全球豎立起1,370間門市。

凡事求快，雷厲風行，這是柳井正的經商風格。他曾說：「或許有些時候需要放緩腳步，但我向來認為生命是短暫的，人也就只能活這麼一次。」這種對「生命無常」的危機感一直都在影響著他。當生命有限、隨時有可能在下一刻死去的情況，有什麼理由不好好把握有限的時間追求夢想呢？

在創業過程中，柳井正遵循的第一條準則就是「工作勤勉，一天二十四小時都應將精力投入到工作中」。與UNIQLO有合作關係的企業大多都有一樣的感觸，那就是UNIQLO「對交貨的期限、商品的品質及價格絕對嚴格要求，不能讓的絕不妥協」。

柳井正說，「當我經營事業時，我沒有多餘的時間來浪費或緩下腳步。當你真正經營起企業，時間和速度就是一切的關鍵，因為我是在和競爭者、客戶、市場以及持續變動的環境爭高下，所以我沒有多餘的時間。而且當我在創業時，就已經立下決心要盡我所能地把事業做好做大。要辦到這一點，就沒有時間放慢腳步或退縮。」

當1997年UNIQLO正式上市之前，柳井正曾面臨一個難題，也就是人才不足。當連鎖規模不斷擴大，公司總部的人數也需要越來越多時，這就如同一個國家的綜合國力發展起來後，就必定需要一些人來組成政府管理整個國家一樣。管理部門的重要性毋庸置疑，它與運營部門就像一輛戰車的兩個輪子一樣，只有雙方達到平衡，才能更佳促進公司的發展。

UNIQLO從來就不缺乏維持公司正常運作的人員，但由於公司是第一次進行募股IPO，現有的人員都缺乏經驗，所以能在資本運營起到至關重要作用的人才非常緊缺。對此，柳井正不得不根據實際形勢來公開招聘和調整公司職員的權責所在。幸運的是，大家不論在哪個職務上工作，都能兢兢業業地想要把工作做好。如此一來，公司更多員工也都變得積極主動起來，都樂於為公司的發展和壯大而共同努力。

作為一名表率，柳井正本人從來都沒有拖泥帶水的毛病。不論是走路還是開車，只要他有了新的想法和目標，都會立刻用最簡單的會議不拘形式地和公司的主要決策人員進行商討，並在得出結論之後馬上執行。有時為了準備新店鋪的開張，柳井正寧願主動犧牲自己的週末時間。在他看來，速度就是生命，不能隨便拖延。正是因為具備了這種精神，柳井正才能實現一年新開150家店的商業奇蹟。

柳井正說，「在上市之前，公司步伐緩慢；現在看起來則是快、快、快，不停地在擴張。不過，追求事業的成就，每天做自己喜歡的事並積極拓展事業，並不算是一種壓力，所以也沒有必要放緩腳步。」這些細微末節就如同一面鏡子，照射出這位日本首富的行事風格——廢話少說，分秒必爭！

第三篇

服を変え、常識を変え、世界を変えていく

世界三大時尚品牌

Tadashi Yanai

Chapter 1 異軍突起的南歐服飾王國

1-1 鐵路工人的兒子

2013年3月，《富比士》雜誌公佈了當年度的全球富豪排行榜，曾為世界首富的「股神」華倫．巴菲特（Warren Buffett）13年來首度掉出前三名，取而代之的是來自西班牙、身價570億美元的阿曼西奧．歐特嘉（Amancio Ortega Goana），他是時尚品牌ZARA的創辦人，也是史上首位躋身全球富豪前三名的服飾大亨。

在西班牙，大部分的富豪都倚靠殷實的家境作為後盾，規模龐大的家族企業在這個國度比比皆是，類似「教父」式的美國夢的白手起家故事並不多見。不過，歐特嘉顯然是個特例，他既沒有設計天賦，更不是富二代，只不過是個來自漁村的窮小子；但也正是這個「來自漁村的窮小子」，竟成了「西班牙首富」，更一躍登上全球第三大富豪。歐特嘉向世人呈現了一齣奇妙的「小人物成功記」。

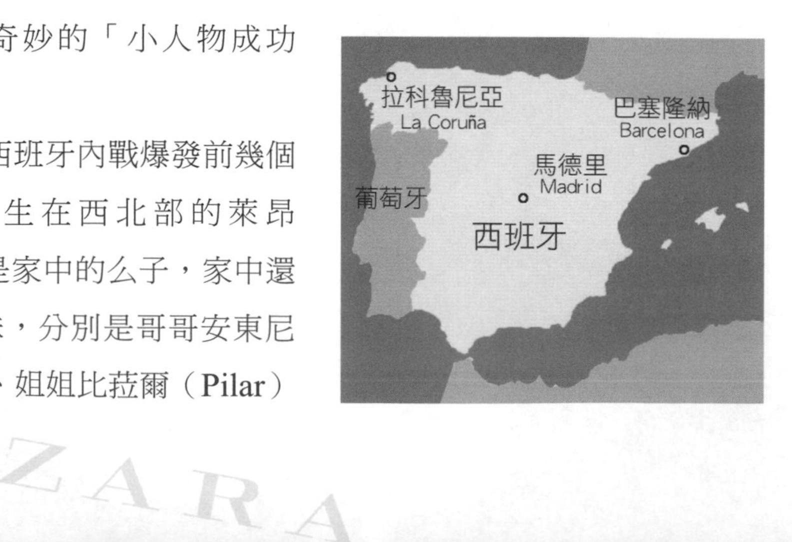

1936年，西班牙內戰爆發前幾個月，歐特嘉出生在西北部的萊昂（León），他是家中的么子，家中還有三名兄弟姐妹，分別是哥哥安東尼奧（Antonio）、姐姐比菈爾（Pilar）

與荷賽法（Josefa）。他的父親是西班牙國鐵公司的一名鐵路維修工人，一個月的薪水只有三百比塔（pta，西班牙過去的貨幣），供一家五口吃飯都有困難，母親不得不靠著幫傭賺些外快，歐特嘉從小就是在貧窮中度過的。

ZARA創辦人阿曼西奧．歐特嘉。鮮少在媒體上露面的他，在2001年ZARA上市時，發佈了這唯一一張的官方照片。

八歲時，因父親工作調動，歐特嘉一家遷往西部加利西亞自治區（Galicia）的拉科魯尼亞省（La Coruña）。拉科魯尼亞恰好是西班牙獨裁者佛朗哥（Francisco Franco）的故鄉。佛朗哥自1939年開始，統治西班牙將近40年，在他執政的1950年至1975年之間，西班牙創造了令各國驚訝的「經濟奇蹟」，然而，佛朗哥的家鄉加利西亞卻沒有沾上多少光。

加利西亞是西班牙最貧窮的地區之一，人口僅有28萬，從古至今一直被稱為「世界的盡頭」，過去曾是個走私販、海盜猖獗的港口，也是御用裁縫輩出的紡織名城。由於貧瘠，導致大批農民外出打工，加利西亞在西班牙是最大的「農民工輸出地」，在西班牙經濟起飛的二十世紀，就有數十萬的加利西亞人離鄉背井，甚至遠赴南美洲謀生；經濟條件稍好的居民也大多搬到了其他省份，或是移民海外。

也因為這樣，在地方選舉的時候，常可以看到一個滑稽的怪象：該地區的候選人會跑到阿根廷或是墨西哥造勢拉票，因為這些地區經常集中了大量加利西亞的選民，有些城市的海外選民甚至佔了當地選民總數的30%左右，此地的落後與偏遠可見一斑。而留下來的剩餘居民，男人依靠出海捕魚，女人在家操持家務，生活單調而悠閒，誰也想不到，就在這被世人遺忘的彈丸之地，竟成為歐特嘉龐大的ZARA帝國起步與騰飛的源頭。

十二歲那一年，歐特嘉跟著母親到商店買食物，店內的櫃台很高，小歐特嘉看不到老闆的臉，但仍然聽得到老闆跟母親說的話：「歐特嘉太太，我很抱歉，不能再讓你賒帳了。」

老闆的一句話讓年幼的歐特嘉畢生難忘，貧窮的屈辱和印記，就像刺青一般跟著歐特嘉一輩子，未曾從他的腦海中抹去過。小時候的歐特嘉敏感而害羞，但又有著一股傲氣，很怕被人瞧不起。聽見自己的母親受到這種對待，比自己受辱更難受。「因此，我要去賺錢，這種事情再也不能發生在我媽媽身上。」當時，家中的經濟狀況更加拮据，幾乎只能負擔得起一個小孩的學費，於是到了十四歲那一年，歐特嘉毅然決定丟下書本，輟學外出工作，讓姐姐荷賽法進入商業學校就讀。

當時，拉科魯尼亞已是伊比利半島的紡織業中心，此地居民很容易就近學習時裝從設計、加工到批發、零售的全套經營流程，歐特嘉也決定利用這項優勢，從服飾業開始起步。儘管鐵路工人的兒子往往都繼承父職，但歐特嘉卻另有自己的夢想。他進入了一間當地知名的服飾店「Gala」當學徒，之所以這麼順利，是因為有人向Gala的老闆推薦歐特嘉，說他是個「肯打拚、努力工作及稱職的好幫手。」而老闆雇用小歐特嘉的這個決定，不僅改變了他的一生，也造就了一位時尚巨人。

時至今日，這間Gala服飾店仍然存在，它的第二代老闆與歐特嘉同齡，賣著相同的商品，仍在同一個地址；唯一不同的是，歐特嘉已經不是過去跟著店老闆一起摺衣服的那個孩子了。「每一位客人，走進這間店裡幾乎都不是要買東西，大家都是來問阿曼西奧·歐特嘉的故事！」他說道。

Gala是一間專門為富人製作襯衫的高檔裁縫鋪，歐特嘉起初的工作十分枯燥，幾乎都是在城裡跑跑腿，把新做好的襯衫送到客人家裡。後來，他逐漸成為店內裁縫的助手，開始接觸到服裝設計的核心領域；在這些過程中，歐特嘉發現到：在一件衣服從設計到製作，再到擺上商店的貨架的過程中，竟隱藏著他意想不到的龐大利潤。他開始夢想自己有朝一日也能開一間服飾店，並想著該如何跳過中間商，將產品直接賣給消費者，賺取直接的利潤。

自從有了創業的夢想之後，歐特嘉變得非常好學，只要有機會，他就親自參與服裝的設計和製作，這為他日後在時裝界大展身手打下了基礎。當時的他經常喜歡在拉科魯尼亞一間名為「Sarrión」的酒吧，與好朋友哈維爾（Javier Cañás Caramelo）大談創業經。「當時阿曼西奧總愛在我舅舅面前嚷著：『我一定得做些什麼！我一定得搞出些名堂！』」哈維爾回憶道，數十年後，他創立了時裝品牌CARAMELO，同時也見證了歐特嘉ZARA帝國的崛起過程。

十七歲的時候，歐特嘉跳槽到另一間高級服飾店「La Maja」，因為哥哥安東尼奧及姐姐荷賽法都在那裡工作。儘管換了一間店，窮困仍如影隨形地跟著他，彷彿像是一個恥辱的印記。

來到La Maja後不久，他曾和一名客戶的女兒談起戀愛。這位女孩出生在一個富裕的家庭，一天，她的母親來到店內，問老闆：「你的兒子呢？出來讓我見見。」當她得知歐特嘉竟然只是一個普通的店員，甚至還是個鐵道工人的兒子之後，果斷地禁止女兒再與他來往。

回憶起這些往事時，歐特嘉的聲音高昂了起來，眼神掩飾不往激動，「那時候的有錢人，個個都很在乎他們的錢財，其實也不是什麼大錢，卻讓他們自認為高人一等。」這樣的成長經驗，讓歐特嘉必須藉由毫不懈怠的工作來證明自己，「有一種力量一直推動著我，激勵著我，不是為了錢，而是為了證明自己。」在高級服飾店工作，讓他看盡了富人的臉色，目送貴婦們趾高氣揚的提著華服離去，這時候開始，他決心創造出一種「每個人都穿得起的時尚」。

之後，歐特嘉憑著聰明機敏與努力上進，逐漸被擢升為部門經理。幾年後，他與第一任妻子羅莎莉亞．梅拉（Rosalía Mera）結婚。事業愛情兩得意的情況下，歐特嘉開始計畫將創業夢付諸實現，1963 年，他終於以5,000比塔創立了一間服飾工廠。

早在工廠成立幾年前，La Maja的老闆曾要歐特嘉負責銷售一款漂亮精緻的女士夾棉睡衣。他注意到，這種睡袍廣受女性消費者的青睞，但價格對於絕大多數消費者來說卻過於昂貴，只有少數富有的客戶前來問津。同時他又發現，想賺到錢的方法，就是給顧客他們想要的東西，而且要快速，絕不是買進一大堆自以為能暢銷的存貨就好了。於是，當他成立了自己的服裝工廠後，便專門生產價廉物美的睡袍，並送到當地商店售賣，果然大受歡迎。

為了增加獲利，歐特嘉意識到，他必須掌握供應鏈——這也成了之後ZARA一貫的經營哲學。他開始自行從巴塞隆納批發廉價布料，在簡陋的紙板模型上剪裁縫製，自己生產類似的睡袍款式，價格卻少了一半。至於勞動力，歐特嘉發現，拉科魯尼亞的很多男人都外出當水手了，他們的妻子留在家裡，都想做點事情貼補家用，而這些婦女又很會縫紉。於是，他開始組織上千名婦女到縫紉工廠，作為最方便也最廉價的勞力。另外，他找了哥哥安東尼奧負責行銷，姐姐荷賽法負責記帳，他則是公司的「創意總監」。這一年，歐特嘉才27歲。

十年不到，他的事業就由三、四人的家庭小作坊，迅速膨脹為500多人的大型服裝廠，還擁有了自己的設計團隊；而生產的商品也從原先的睡衣、嬰兒服，轉型到了時尚、大眾的女裝。1972年，歐特嘉進一步成立了Confecciones Goa公司，如今他唯一缺少的，只剩下零售的管道了。

1-2 創立 ZARA與INDITEX

1975年，西班牙即將面臨嚴峻變遷。

佛朗哥在這一年去世，這名獨裁者的死不僅預示了政治與社會的撥雲見日，也象徵西班牙的經濟即將邁入一個新的紀元。擁有企業家敏感嗅覺的歐特嘉，就選在這一年成立了ZARA品牌。

說起ZARA的誕生，不得不說是一段誤打誤撞的過程。七〇年代時，全球爆發石油危機，使得企業破產潮席捲了全歐洲。1975年，一間德國企業臨時向歐特嘉的工廠取消一大筆訂單，然而，這批衣服早已生產完成，收不到貨款的情況下，資金將無法回流，Confecciones Goa會不可避免地陷入倒閉。為了自救，歐特嘉急中生智，決定在市內成立一間店鋪，做為這批衣飾銷售的管道。

這也就是ZARA的第一間店面，就開在拉科魯尼亞最繁華富裕的中央大街，正對Gala服飾店。起初，歐特嘉從他喜歡的一部電影「希臘人佐巴（Zorba the Greek）」中獲得靈感，把店名定為「Zorba」，但這個店名早已經被同街的一家酒吧搶先一步使用，而且做好了招牌。歐特嘉只好

ZARA

ZARA最初的企業標誌，於2010年改成了較纖細的字體。

另打主意，將字母重新排列，成為了「ZARA」——這也就是ZARA品牌的命名由來。

店內主要販售女裝，歐特嘉將品牌精神定位為「具有即買即穿的流行設計」，並訂出遠大的銷售策略，即以欲售出的量來定價，而不是採用市場上普遍以單件衣服的成本來定價。當時西班牙的中價位市場主要由英國宮（El Corte Inglés）和Cortefiel兩家百貨公司主導，但這兩家公司都不具備年輕人需要的時尚感；因此，ZARA很快就憑著其時尚的設計和平易近人的價格獲得了城裡青少年消費者的追捧，分店一再開設，並在十年內迅速遍及了西班牙全國。一場破產危機竟成就了ZARA的不敗神話。

隨著生意越來越興隆，歐特嘉意識到，要想長久在服飾業立於不敗之地，必須適應變化快的時尚潮流。傳統的服飾業生產週期長，從設計到生產，再送到零售店銷售，整個過程往往長達半年之久。這種模式限制了工廠和店家每年只能生產和銷售兩、三波的服裝；而提前預測顧客的喜好和品位又有一定的困難，因此生產商和銷售商一直都有庫存太多賣不掉的風險。

為了突破這一瓶頸，歐特嘉想出了一種新型的設計和銷售模式，也就是「快速時尚」。這樣的設想隨著1984年卡斯提亞諾（José María Castellano）加入ZARA後得到了實現。卡斯提亞諾是一位電腦專家，他在ZARA引進了電腦化系統，並成立資訊技術小組，藉此有效提升生產和倉儲程序。透過這套管理模式，ZARA產品從設計到銷售的過程縮短至10至15天，庫存量也大為降低，減少了風險與資金浪費。從此，歐特嘉的「快速時尚」在全球服飾業掀起了革命，厥功至偉的卡斯提亞諾則在數年後被任命為集團CEO。

1985年，歐特嘉成立印蒂（INDITEX）集團，作為ZARA的行銷管道。在往後的三十年間，印蒂集團和ZARA始終堅守在拉科魯尼亞這個西北小城，距離首都馬德里480多公里，巴塞隆納900公里，離歐洲乃至世界的時尚之都巴黎、倫敦、米蘭更是遙遠；這與許多品牌在成名或擴張後就遷往商業中心或是時尚前沿的做法截然不同，可說是開了一個先例。

1988年，ZARA在西班牙國內的分店已將近70家，歐特嘉決定踏出國境，在鄰國葡萄牙的第二大城波多（Porto）開設第一間國外分店，除方便更新模特兒，也宣示ZARA成為國際品牌。隔年更橫越大西洋，進駐世界的時尚與商業中心——紐約曼哈頓第五街道。雖然ZARA在西班牙已有將近百家分店，但一口氣攻進紐約，仍然讓眾人覺得太過冒險；不過歐特嘉認為：「既然要走出國門，就要到競爭最激烈、消費者時尚需求最高的市場去，才能得到最好的磨練與學習。」

1990年，ZARA來到「時尚之都」巴黎，並挑選了位於巴黎歌劇院正對面的店面。這是巴黎最昂貴的地段之一，在這裡，ZARA和香奈兒（CHANEL）、迪奧（Dior）等高級時尚名店遙遙相對。開幕當天，歐特嘉忐忑不安地站在對街，遠遠望著到ZARA購物的顧客排到了馬路上；當他走近店門口，發現自己竟然無法穿越店內川流不息的人潮。這讓54歲的歐特嘉顧不得大老闆的身份，當場像個孩子般激動地痛哭流涕。ZARA被最嚴格的巴黎人接受了！

之後數年，ZARA取得了令人匪夷所思的成功，甚至連廣告宣傳都完全失去了意義，因為光憑口碑就足以讓每一間門店裡都擠滿客人。年輕女孩們都知道每週二和週四是ZARA推出新產品的日子，她們甚至不惜成群結隊蹺班曠課去購買新款服裝。

1998年，ZARA登陸英國，在攝政街（Regent St.）的Burberry對面開了分店；同年，又登陸東京，將觸角伸至亞洲市場，膨脹的速度空前快速。

當ZARA陸續在各大國際城市取得成功的同時，歐特嘉也沒有忘了流行時裝以外的市場。1991年開始，印蒂集團決定實施「多品牌策略」，拓展其他產品線。「你無法靠著同一間店吸引所有的消費者。試想，全家人一起逛ZARA，總是有些人買不到想要的衣服，我們很難一網打盡滿足各種年齡層的客戶群；因此，單靠一家連鎖店，能達到的營業額也有限。」印蒂集團的發言人兼傳訊長海蘇斯（Jesús Echevarría）說道。

儘管ZARA也有童裝系列，但印蒂集團仍然在這一年特別推出了專為滿足0到16歲孩子時尚需求的「Skhuaban」品牌（後整合至ZARA與ZARA kids中），店裡不僅販售衣服，還販售專為兒童設計的「化妝品」。同一年，還針對年輕人市場，自創了專門販售運動休閒風服飾的「Pull & Bear」品牌，以及併購了巴塞隆納講求高級質料、設計充滿都會風格的「Massimo Dutti」。1998年，印蒂集團又創立了主打比Pull & Bear更年輕、走前衛街頭風的「Bershka」。1999年再併購巴塞隆納的少女服飾品牌「Stradivarius」。

2001年，印蒂集團試圖回歸原點，將成衣技術轉移到女性內睡衣市場，打出「Oysho」品牌。到了2003年時，決定跳脫服裝市場，跨進居家生活領域，成立「ZARA HOME」，專門販賣家飾、織品布料與生活用品，把即時流行的概念，一舉帶進顧客的居家生活中；不過事實上，ZARA HOME也脫離不了紡織工業，因為店裡有六成以上的產品，例如桌巾、棉被等家飾都是紡織製品。

在成衣同業眼中，印蒂集團從單純的成衣業者，逐漸成為包山包海、無所不賣、通吃各種年齡層市場的商業巨獸！「我們看到了更多的機會，所以走向分眾市場。進入分眾市場，我們可以利用ZARA已經掌握的市場經驗，讓其他品牌更容易被瞭解並進入特定市場，形成集團的綜效。」海蘇斯解釋，印蒂集團希望以ZARA的國際化經驗為基礎，將每一個品牌都發展為全球性的品牌。

隨著多元品牌大幅增加的經濟規模，整個集團在運作上一方面更為複雜，一方面卻能共用資源。後勤中心主管羅瑞娜（Lorena Alba）提到，儘管主品牌ZARA的送貨次數最為頻繁，但集團其他品牌的產品仍可以搭ZARA的順風車或「搭便機」，送到各國市場。印蒂集團的多品牌策略，不僅區隔了市場，更展現了組織平台與知識管理整合的綜效。

而在ZARA的起源地拉科魯尼亞，這裡儼然成為印蒂集團八大品牌的最佳銷售實驗場，小小的城內就開了約30家旗下品牌分店，包括ZARA女裝店5家、男裝店3家，Massimo Dutti女裝店4家、Massimo Dutti男裝店2家，加上數家Pull & Bear、Bershka、Stradivarius、Oysho、ZARA HOME，甚至還有「ZARA HOME for kids」！街上的行人手上往往拎著ZARA的深紫色購物袋，每隔三、五步就能發現一間ZARA門市，就如同台灣的7-Eleven一般隨處可見，「ZARA」這四個字母簡直就要成了拉科魯尼亞的市徽。

儘管品牌早已名聞全球，但歐特嘉卻一直是媒體口中的「沒有臉孔的人」，他始終保持低調作風，既不印名片，也極少接受媒體採訪，終身信奉石油大王洛克菲勒（Rockefeller）的遺訓：「在報紙上最好的曝光形式就是刊載你的出生、結婚以及死亡的小小啟事。」因此，他的照片也從未出現在報紙上，使得各種有關於他的傳聞繪聲繪影，甚至流傳著「阿曼西奧．歐特嘉這個人根本就不存在」這樣的謠言。

2001年5月23日，在全球30個國家擁有分店的印蒂集團在西班牙證交所上市。為了履行必要的手續，歐特嘉不得已拍了一張照片，這也是他唯一的一張正式官方肖像。或許也正是這張小小的照片，為公司員工或股票投資人注入了一劑強心針，股票上市沒多久，投資人就大舉搶進了26.09%的印蒂集團股份，其中投資散戶佔了48%。這一天的上午11點15分，歐特嘉走出辦公室，進了一間有電視機的房間，15分鐘後，電視上開始報導他的公司發行股票的消息。當他在11點45分走出房間時，他手中握有的印蒂集團60%股份的價值已經膨脹到60億美元了，歐特嘉也在一夕之間成為西班牙最富有的人，並登上當年的《富比士》全球富豪排行榜第33位。

從這一天開始，歐特嘉的人生改變了，為了躲避媒體的追逐，他花更多的時間在辦公室與工廠，也拒絕所有記者的採訪；另一方面，他的那張照片卻在全球廣為流傳，包括哈佛大學在內的多所名校，都紛紛開始研究起這個發福、微禿、不繫領帶的老先生。

在媒體前大搞神祕的歐特嘉，在他的家鄉拉科魯尼亞卻像一位親切的老鄰居。走在路上隨便問一個市民，都可能會告訴你：「喔！歐特嘉先生嗎？他的生活跟一般人沒兩樣，你在菜市場、路邊咖啡廳、在海邊散步都可能碰到他，也可能開車跟他擦身而過。」不知是真是假，把外地人唬得一愣一愣。

印蒂集團上市後的五年，股價在平穩中攀升，逐漸成為西班牙市值第七高的上市公司，僅次於幾個大型的電力、銀行、石油公司。

即使身為成功企業家，歐特嘉仍不改簡樸的作風。一位認識歐特嘉很久的朋友提到，「每次見到歐特嘉，他總是穿著一件海軍藍的毛衣內搭白色或藍色的牛津布衫，然後外面再套一件夾克。」很難想像，一位高居時尚頂端的教父級人物居然對自己的穿著打扮這麼滿不在乎，幾乎就像是每天穿著制服一般。

歐特嘉對工作的熱忱和堅持與眾不同，他總是最早到公司的第一批人之一。一位在總部任職的員工說道：「我早上9點進公司時，他已經到了。而當我晚上7點準備下班時，他還在女裝部忙進忙出的！」

老朋友哈維爾曾戲稱歐特嘉，不僅是個「沒有名片的總裁」，還是個「沒有辦公室的總裁」，整天在設計室、製造部門、倉庫及工廠之間來回奔波，一下挑剔這件衣服的鈕扣位置太高，一下又建議這件衣服換個顏色比較適合，或是某個衣架不該掛在這邊等等；或是坐在女裝部門的一個小角落，邊看布料邊看筆記。即使是小細節仍舊事必躬親，不肯馬虎。

他很少召開會議，除非真的有必要，他會用最近的一張會議桌，快速解決問題，一點也沒有「總裁」的架勢；在印蒂集團的總部裡，雖然有一間總裁專屬的大辦公室，但歐特嘉很少待在那裡，因為他在女裝部另有一張辦公桌。不過，他絕大部份的時間還是在公司內跑來跑去，穿梭在各個部門之間，關注服裝的製作流程，和平均年齡不到三十歲的設計師聊流行趨勢。

只要歐特嘉當天沒有出國的行程，你就永遠能在印蒂集團總部找到他的蹤影。即使是某天，當員工知道老闆早上要去倫敦出差，想說好不容易可以放鬆一下時，卻發現他下午又趕回辦公室上班。歐特嘉很少讓自己喘口氣，幾乎一刻也不鬆懈；有一天，他向員工宣稱要休15天的假，所有員工都在好奇老闆這次可以「撐多久」，結果才到了第3天，他就自動銷假上班。

總部所在的阿泰索市（Arteixo）市長曼紐爾（Manuel Pose Minones）也說歐特嘉是個忙碌的人；雖然他每個月都會來找他談公事，

但總是花不到五分鐘就說完，然後匆匆離開，並不喜歡交際應酬，也不會去打政商關係。他尤其討厭與正經八百、穿著筆挺西裝的人共事。當印蒂集團在籌劃上市的時候，他就面臨天天被投資銀行家騷擾的處境。「這對他來說一定很要命。」當時的一位銀行家說道。

最令人驚訝的是歐特嘉的飲食習慣，每天中午，員工都會看見老闆走進員工餐廳，在第一排隨便挑一張桌子，然後在菜單上點一份煎蛋香腸配薯條，簡單少量，從不浪費。比起宴請政商名流共進午餐，他寧可與下屬們一起吃飯。有一天，一位自亞洲遠道而來的生意夥伴也在這裡用餐，餐廳就只是為這位客人鋪上桌巾而已，但歐特嘉的桌上從來沒有鋪過桌巾。儘管他身為一位億萬富翁，唯一享有的特權卻只不過是有人替他端菜上桌罷了。

當歐特嘉陪著第二任妻子芙羅拉（Flora Pérez Marcote）上理髮廳時，總會順便到附近的ZARA門市巡視。當看到店裡忙得不可開交時，歐特嘉還會主動幫忙摺衣服，使得他的隨扈驚訝不已。對店內的員工來說，這更是一種不可思議的經驗，因為公司的大老闆就在你旁邊，跟你一起摺衣服！他的親和與樸實，由此可見一斑。「對我來說，他成功的秘訣其實相當簡單，就是紮實的基本功。有好的基礎及概念，企業體自然就會成長茁壯，再引入現代的行銷精神，成功指日可待。所以根本沒有什麼ZARA奇蹟，有的只是最普世的基本功。」哈維爾表示。

有人說，無論你身處哪個城市，只要看到ZARA的店面，就代表你一定正站在這個城市的中心商業區。雖然歐特嘉性格低調，從不打商業廣告，但他的ZARA王國卻光鮮亮麗地攻佔全球各大都市，見證著快速時尚的時代早已來臨。

1-3 超越股神的財富

2003年是印蒂集團的一個轉捩點。這一年，ZARA獲得了「西班牙最佳品牌」的頭銜，服飾銷量在全國排名第一，在全球排名第三，市值超過了80億美元，僅次於第一名的美國品牌GAP、以及第二名的瑞典H&M。其中GAP當時已是江河日下，2001年虧損了800萬美元，2002年市值更一口氣倒退32億美元，這給了印蒂集團趁勢崛起的大好機會。

ZARA在1988年才跨出西班牙，開拓海外市場，到了2000年時，被它征服的國家總數就已高達33個。印蒂集團在開設分店上絕不手軟，而且總是選在各大城市最昂貴的地段上；2005年，印蒂就為旗下八個品牌砸了8億歐元，新設448家門市，其中有七成在西班牙以外，2006年，又斥資9.5億增設490家新據點。

2005年，印蒂集團在全球的銷售額達到67.41億歐元，銷售數達4.29億件，淨利8.03億歐元，其中ZARA一個品牌就擁有44億銷售額，與7.12億歐元的利潤；到了2006年底，印蒂集團已在全球64個國家和地區開設了3,010家專賣店，共有62,268名員工；其中ZARA佔了917家（直營店佔90%，其餘為合資或特許專賣店），雖然不到整個集團的三分之一，但銷售額卻佔了總銷售額的將近70%。

ZARA的品牌精神可以說在時尚業界獨領風騷，它在傳統的頂級服飾品牌和「五分埔」級的廉價服飾中間另闢蹊徑，開創了「快速時尚」模式，並逐漸成為服飾業界的一大主流，倍受推崇。當時有人稱ZARA為「時尚產業中的戴爾電腦（Dell）」，或是「時尚行業的斯沃琪手錶（Swatch）」。在2005年，ZARA在Interbrand「全球100個最有價值品牌」中位列77名，把亞曼尼（Armani）等時尚大牌遠遠甩開，哈佛商學院把ZARA評為「歐洲最具研究價值的品牌」，賓州大學華頓商學院將ZARA視為未來製造業的典範——意即ZARA引領著未來的趨勢，儼然成為了時尚服飾業界的指標。隔年，它的排名又超過了知名運動品牌愛迪達（Adidas）。

ZARA公認與眾不同的企業經驗在於顧客導向、垂直整合一體化、高效的組織管理、強調生產的速度和靈活性、不做廣告不打折的獨特行銷價格策略……等等，作為「快速時尚」的領導品牌，ZARA驚人的崛起給了世人一大啟發，即一個品牌的崛起往往取決於它的品牌精神與消費者的需求能否高度契合，無疑的，ZARA的銷售模式正是對此最好的詮釋。

2006年2月，ZARA首次進軍中國，在中國的時尚中心上海開了第一間分店。儘管當時印蒂集團在中國已經佔有產品生產份額12%的外包業務，但ZARA這個名字對於許多中國消費者來說，仍是一個陌生的名字。這一間分店選在上海最繁華的南京西路，就在恆隆廣場對面；為了租下這個黃金店面，ZARA耐心等待了一年的時間，而這間店也果真不負期望，在開幕首日就創造了日銷售額80萬人民幣的紀錄，足以抵得上80個中國本土品牌。

就在這年3月，印蒂集團終於稱霸歐陸，超越瑞典的H&M成為歐洲最大的服裝零售商，歐特嘉的總資產更上升至148億美元，在全球富豪的排名達到第23位，不過，他並沒有以此滿足，決心將ZARA的旗子插遍歐洲以外的國度。

進入中國後，印蒂集團在當地保持著每月增加5家分店的速度，2007年時印蒂旗下品牌在中國還只有12家分店，2008增為23家，2009年增為44 家，2010年71家，2011年101家；到了2012年初時，已膨脹至132家，其中有30家是ZARA，其餘大多為Oysho和ZARA HOME等旗下品牌；在當地，每間店一日的平均營業額約21,000人民幣，是其他品牌的4倍，而光是中國市場在當年就為印蒂帶來了16.5億歐元的利潤，不過，對比這6年來ZARA在其他地區的擴張速度，中國的業績其實只能算得上「還好」而已。

摩根史丹利（Morgan Stanley）公司在一份研究報告中，預測了至2014年為止各大品牌的每股收益成長率。在這份報告中，ZARA的成長率是10.9%，大幅領先Burberry等五大精品品牌的7.7%。也由於ZARA的營運與財務表現良好，發展態勢強勁，歐特嘉的財富也隨著股票市值的上揚而節節攀升，2007年總資產竟暴增至240億美元，高居當年富比士富豪排行榜中第8名，躍升了15名。

三十年來，ZARA從歐洲，再到美洲、中東，最後來到亞洲，一年共可賣出4億件衣裳，平均一天就有1.5家分店開幕，擴張的腳步一天也未停過。「我們已經去那麼多國家了，但是每天還是接到很多世界各地的人來電詢問：為什麼還不來我的國家開店？」ZARA的公關經理拉烏（Raúl Estradera）說道。過去十年來，ZARA就像一部逐漸加溫的機器，持續累積能量，它的年營業額幾乎都以20至30%的速度加快成長著。

2008年是印蒂集團的另一個轉捩點，當年度它在全球的分店數達到5,221家，遍及78個國家；而在第一季的財報中，印蒂集團的總銷售額上升了9%，達到22億歐元，主要競爭對手之一的GAP（當時已衰退至全球第二，落後於H&M）則下降了10%，變成21.7億歐元。這是來自西班牙的ZARA首次打敗西方強權GAP，雖然銷售額只領先了一點點，卻成為了兩家公司歷史性的一刻。外界都認為這場服飾產業的劇變象徵著ZARA主打的「少量多款」策略終於打敗了GAP引以為傲的「少款多量」。

GAP成立於1969年，自九〇年代以來一直是全球最大的服飾品牌，擁有舉世矚目的地位，更引導了幾乎兩代美國人休閒服裝潮流；但到了2000年左右，GAP發展達到了巔峰，逐漸被過度擴張的店面和冰冷的赤字所困擾，業績一路下滑，即使在2002年更換了CEO，也未能力挽狂瀾。反觀印蒂集團，成立於1985年，比GAP足足晚了16年，卻後來居上，2008年時印蒂在世界70個國家開設了3,900家門店，比GAP多出了800家。這無疑是一件神奇的事情。

而H&M的成立時間甚至比GAP更早，可以追溯至1947年。它的經營策略與「快速時尚」的ZARA相似，也是主打「少量多款」的服裝樣式；不過H&M又追求不同要素之間的平衡，自2004年起更接連與卡爾．拉格斐（Karl Lagerfeld）等一線品牌設計師合作，在全球掀起話題。在各界眼中，ZARA和H&M無疑是時裝行業中最大的勁敵。

然而，印蒂集團以迅雷不及掩耳的速度在全球擴張，開店的速度大約是H&M的兩倍，服裝的推陳出新更是比對手快了將近十天，這樣的效率在業界無人能敵。到了2011年7月，H&M終於在獲利上出現下滑，但印蒂集團卻絲毫不顯疲態，市值繼續攀升至554億美元，首度超越H&M的549億美元，正式從歐洲第一成為全球第一。

就在ZARA的事業達到巔峰的前夕，75歲的歐特嘉宣佈了自己將自印蒂集團退休的消息，離開他一手創建並堅持工作近50年的公司。「親愛的朋友們，現在是時候了！」沒有媒體拍照，也沒有送別派對，他向ZARA在全球的98,000名員工發佈了一條簡短聲明，將總裁的位置交給了時任副總裁兼CEO的帕布羅．艾斯拉（Pablo Isla）。不過，無論當家的是誰，印蒂集團始終秉持著一個基本的作風：低調。艾斯拉與歐特嘉一樣，鮮少在媒體前召開記者會。

「歐特嘉退休後不會去打高爾夫。」他的好友、也是巴塞隆納IESE

商學院行銷學教授的喬斯．雷諾打趣道，「他從骨子裡喜歡這個事業，我覺得他到死也不會放棄自己的工作。」

現任印蒂集團CEO與董事長帕布羅．艾斯拉。

退休後的歐特嘉仍然與過去一樣，不時穿梭於公司各部門或工廠廠房之間，關注ZARA的商品設計與製作，並和一群年齡跟他兒女差不多大的設計師們聊天、討論；幾十年來，這已融為他生活的一部份，即使是退休了，依然無法改變。當他坐著黑頭車在市內行駛，看見窗外的摩托車騎士穿著一件款式新潮的外套時，就會立刻拿起手機拍照，並立刻傳給公司裡的秘書，要他們立刻設計一個改良款出來。

有時候，他也會過著隱居般的生活，持著一根木杖，踏上有名的朝聖之路「聖雅各之路（El Camino de Santiago）」，忍受夏日40℃的高溫，徒步越過四座高山，追尋生命的意義。

即使歐特嘉不在了，印蒂集團仍然遵循這名偉大創業者的經驗，將旗下的品牌一步步伸進世界的各個角落。從2007年到2012年，印蒂集團的業績被外界形容為不斷「瘋長」，年銷售額從2007年的94億歐元成長至2013年的170億，年利潤高達24億歐元，全球員工人數也從8萬人增加到11萬人。每年光顧ZARA的顧客多不勝數，而ZARA每年為消費者生產12,000種不同設計的服裝（含庫存高達30萬種），總件數超過5億件，全球每天都有ZARA的新門店開張。

儘管2012年的西班牙身陷歐債風暴，失業率高達24%，政府財政吃緊，但印蒂集團的股價卻連年攀升，從2009年3月的23.65歐元，上漲到

2012年的68.12歐元。根據印蒂集團在當年度的財報資料顯示，在2012年2月至10月底之間，該公司的淨利潤為16.6億歐元，比去年同期成長了3.6億元，淨利潤同比成長27%，銷售額同比成長17%。到了2012年12月，ZARA更在倫敦的牛津街開了新的分店——這也正是印蒂集團的第6,000間店面，其中美國共有46家店，中國347家，西班牙有1,938家。在歐洲經濟持續低迷的大環境下，取得這樣的成績簡直可說是奇蹟！

到了2013年初，印蒂集團旗下的品牌佔了全球中端市場35%的市佔率，在全球的總店數達到6,009家，其中ZARA佔了1,751家，分佈在82個國家，而印蒂的股價更增值到103.85歐元，總市值高達664.47億歐元（相當於870億美元），遠遠超過H&M的547億美元和GAP的170億美元。由於印蒂集團已發行股本約為6.23億，而歐特嘉又持有其中的60%，按照《富比士》雜誌計算會計年度最後一天的財富市值，也就是2013年2月14日的股價，歐特嘉持有的股票市值高達509.96億美元，比去年的375億美元多出了大約135億。

除了服裝銷售之外，歐特嘉還進行了不動產投資，在佛羅里達、馬德里、倫敦和里斯本都有他的房地產，而馬術場、足球俱樂部、天然氣公司、旅遊業等行業他也涉入了不少。因此，當2013年最新全球富豪排行榜出爐後，歐特嘉的個人總資產高達570億美元，首度進入了前三名，前二名分別是墨西哥電信大亨卡洛斯（Carlos Slim Helu）的742億美元，以及微軟創辦人比爾．蓋茲（Bill Gates）的630億美元。鼎鼎大名的股神華倫．巴菲特以535億美元身價，13年來首度被擠出全球前三，成為ZARA崛起傳奇下的另類苦主。

平價服飾在全球創造了一系列的傳奇，西班牙、瑞典、日本三個國家的首富，全都出身服飾業。有別於比爾．蓋茲和巴菲特，他們不憑藉金融資本運營與高新科技產業，而是靠著一件件服裝的高毛利和高獲利率，就躋身首富殿堂。這不僅證明了成衣業的無限可能性，也打破了世人對於如何創造財富的刻板印象。

2011年，H&M的董事長史蒂芬．波森（Stefan Persson）總資產達到245億美元，位列全球第13名，也首次擊敗宜家傢俱（IKEA）的創辦人英瓦爾．坎普拉（Ingvar Kamprad），登上瑞典首富寶座。

而在日本，平價國民服飾UNIQLO的創辦人、也是迅銷集團的董事長柳井正在2009年、2010年連續兩年蟬聯日本首富，雖然在2011年一度被軟體銀行總裁孫正義超越，但2013年又以總資產133億美元重奪大位。

除了以上三位之外，奢侈品帝國LV（Louis Vuitton）掌門人伯納德（Bernard Arnault）、以簡潔、冷靜風格著稱的Prada公司設計師繆西婭．普拉達（Miuccia Prada）、設計了風靡的芭蕾平底鞋及學院風格女裝品牌的托莉．伯希（Tory Burch）、牛仔服Diesel品牌創辦人蘭佐．羅素（Renzo Rosso）以及愛瑪仕（HERMÈS）的最大股東尼可拉斯．皮埃什（Nicolas Puech）……等，都是億萬富豪榜單上有名的時尚界名人，他們的財富都是由一件件時尚或考究的時裝、西服、包包鋪就的。

知名財經學家大前研一曾預言，中產階級將逐漸自社會中消失，而M型化的階級分布將日益明顯。在這樣的社會趨勢中，ZARA的消費者代表的就是M型曲線左端的族群，ZARA的服飾極具時尚與品質感，價格卻不到一線名牌的五分之一，「每個人一天只吃三頓飯，但女性的衣櫥，永遠都少一件衣服，無論景氣好壞，服裝永遠是女性的核心消費。」ING全球品牌基金經理人莊凱倫分析道。從歐洲、北美、日本、到新興市場，全球M型消費趨勢興起，為服飾業帶來一番全新的氣象，而ZARA則是在這股趨勢之中，成功掌握了女性消費心理，終於獲得成功。

1-4 時尚的第一個追隨者

身為全球第一的服裝品牌，ZARA最引以為傲的就是「快」——近乎神速的產品翻新週期，以及「多」——族繁不及備載的商品樣式。也許有人會感到奇怪，這兩點對於一間服飾店來說不是一種基本要求嗎？然而，ZARA就是有辦法做到讓同業們都望塵莫及。

為了與一線奢侈品牌正面交鋒，「快」是ZARA的殺手鐧。能說明ZARA的「快」的最著名例子，莫過於2006年的時候。當年，美國流行天后瑪丹娜在西班牙開巡迴演唱會，當她唱到最後一場時，台下已經有許多歌迷穿上她在第一場演唱會中所穿的服裝——那正是在ZARA買的。而早在2003年，當西班牙王子公開宣佈訂婚消息時，准王妃萊緹希亞（Letizia Ortiz Rocasolano）所穿的白色褲裝，幾週之後也紛紛出現在歐洲街頭——當然，還是在ZARA買的。偶像、名人、模特兒，只要身上的衣服夠時尚，相似的仿製品很快就會出現在ZARA的衣架上。

之所以能達到這種奇蹟似的速度，全歸功於ZARA獨一無二的供應鏈。它擁有自己的設計團隊，多達400餘人，其中沒有一位是國際級大牌設計師，全都是沒沒無名的年輕菜鳥，很多才剛從設計學校畢業，因此願意放下身段聆聽消費者的聲音；除此之外，他們還都是典型的「空中飛人」，他們經常坐飛機來往米蘭、東京、紐約、巴黎等時尚名城，穿梭在各大服裝秀之間，擷取設計理念與最新潮流趨勢，推出高時尚感單品，每當一些頂級品牌的最新設計剛擺上櫃台，沒隔多久，ZARA就會迅速發佈和這些設計非常相似的時裝，這樣的設計機制能保證ZARA永遠緊跟時尚潮流。是的，ZARA不做時尚的「創造者」，而是做「跟隨者」，而且是「第一個跟隨者」。

在傳統的服飾品牌中，通常會由知名的專屬設計師創造或預測時尚趨勢，例如Dior的約翰．加利亞諾（John Galliano）、GUCCI的史黛拉．麥卡尼（Stella McCartney）、LV的馬克．雅各布斯（Marc Jacobs）、Lanvin的亞伯．艾爾巴（Alber Elbaz）等等；這些設計師絞盡腦汁，為下一季甚或下一年度設計新款式，決定新的流行元素，在超過3～5個月的時間裡，他們將自己的創意構思變成實物樣品，然後基於某些款式上一季的銷售情況來制定銷售預算和量產計畫。在這個過程中，伴隨著不斷的會議決策，決定哪些款式應該被接受、哪些應被拒絕、以及哪些地方應該修改、相關成本及售價決策、以及估計最終會有多少訂單。為了使更多的因素被考慮到，企業還會召開多個有經銷商、設計師，技術專家、資訊專家和其他相關人士參與的會議。為了使這些都進展順利，許多日程和行程安排都必須步調一致。然後再基於一系列的考量因素，最後向全球的一個或多個國家的代工供應商下訂單。因此，從設計理念到商品實際製造出來，整個過程往往要花上4到12個月。

相反地，ZARA既沒有專屬設計師，也不想等這麼久，更不想胡亂猜測快速易變的時尚趨勢。走訪一趟ZARA總部的設計中心，經常可以發現牆角擺著大行李箱，這代表又有哪位設計師準備出國了。它旗下的400多名設計師全年無休地分佈在全球各大城市，組成了一套完備的情報系統，他們不企圖創造流行，而是掌握流行。這些設計師經常旅行世界各地，現身各大展覽會場，或是看東京、巴黎、紐約街頭流行些什麼，觀察明星的穿著打扮，參加名牌時裝發表會，只要任何一個品牌發表了最新的時尚款式，他們就會立刻把別人的元素抄下來，迅速傳回位於拉科魯尼亞的設計總部，然後在4到5週內推出成品到全球各地的門市。等到ZARA的競爭對手推出相同的款式時，它們卻早已經下架，準備販售下一波的產品了！ZARA的店內有一半的服裝是當季做出來的，設計團隊能快速順應市場的變化，立即發表最時尚的服裝。

不過這樣的設計方針也屢次讓ZARA身陷抄襲風波。在歐洲，ZARA每年都必須向一些高級品牌支付數千萬歐元的侵權罰款，只是ZARA從未因此放棄模仿的策略，因為從中賺取的利潤要比被罰款的數額高得多。在2013秋冬時裝週，知名設計師湯姆·福特（Tom Ford）對於自己的作品始終神秘兮兮，並禁止記者拍照，據稱就是因為「不想在自己的服裝還沒有上架的時候，就已經出現了ZARA版」。不過，此舉只為他贏來了「傲慢」的評價。沒有人奈何得了ZARA。

正因為ZARA不創造時尚，完全模仿其他品牌，確保了它能在最短的時間內推出新產品，形成「快速時尚」的品牌特色。與其他競爭對手相比，一件服裝從設計到上架販售之間的過程，GAP需要花費3個月以上，H&M只需要21天，ZARA卻比這些同業更為優秀，最短可以壓縮到12天。

同時，ZARA店內的服裝款式數量更是高居同業之冠。一個追求流行時裝的品牌一年推出的新產品款式頂多在2,000到4,000款之間，而對於像GAP和UNIQLO這種注重「基本款」的品牌來說，款式數量可能更少。ZARA擁有400多名設計師，每個人都受過敏銳觀察力的訓練，不斷地在世界各地蒐集流行要素，並且每年畫出多達4萬餘張的設計圖，再由總部專業的時裝團隊篩選出其中大約四分之一，並依造類別、款式及風格進行改版設計，成為ZARA自己全新的產品主題系列。由於參與篩選的設計圖夠多，據統計，ZARA的新貨失敗率為1%，僅有業界平均的十分之一。它一年平均推出的新衣設計高達12,000款，每週都會有兩次的新貨上架，平均一天就有450件新款衣服出現在店面裡。因此，當許多客戶詢問ZARA是否有產品型錄時，店員也只能回答「並沒有這種東西」，可想而知，要將一萬多件商品印製成精美型錄，厚度肯定會遠遠超過一本電話簿，而且，這本「型錄」馬上又會需要「更新」了！

當然，沒有一間單店能容納這麼多的款式，ZARA會根據店面所在地的流行趨勢、風俗國情調整商品的種類和比重，例如在中南美洲，顏色鮮豔、合身性感的服飾賣得特別好；而在中國、日本等相對拘謹的國家，顧客偏愛色系沉穩、剪裁俐落的風格。也就是說，你在不同的日子裡走進ZARA，都能夠見到不一樣的衣服，而即使是在同一天之中，你也能在不同的ZARA分店發現全然不同的商品。

其他的子品牌也都承襲了ZARA快速流行的原則，不論是賣內衣的還是賣家飾品的，都堅持每週至少送上新貨兩次。「像是Pull & Bear這個流行性極高的青少年服飾品牌，甚至每週送上新貨五、六次也不足為奇！」海蘇斯自豪地說道，包含ZARA在內，印蒂八大品牌每年推出的產品數高達2萬種，總件數高達8.4億件。

ZARA與H&M主打「少量多款」的生產策略，由於一年必須推出12,000種新款式，因此每一件衣服都不會大量生產。通常來說，一件款式在一家專賣店中只會出現兩件左右，賣完了也不補貨，即使是暢銷的款式也一樣。另一方面，相較於動輒長達半年不更新的高級一線品牌，ZARA打破了以往時尚產業以「季」為更替週期的慣例，每一件衣服在店內停留都不會超過4週，最短甚至只有11天，顧客只要猶豫一下就有可能向隅。透過這樣「製造短缺」的方式，ZARA成功地吊足了消費者的胃口，讓他們產生一種「今天不買就沒機會了」的購買強迫症，進而培養了一大批死忠而積極的追隨者。

「我們不會因為某一件衣服暢銷，就生產100萬件，而是每次都修改再修改，讓他們基本上都是顧客喜歡的流行，但是每件又都不一樣。」公關經理拉烏指出，ZARA的產品具有稀有性，讓顧客覺得現在非買不可，而不是等它打折；加上ZARA走的是平價風，低價、高流行的產品，自然讓顧客難以抗拒。

「他們營造了一種興奮感，讓顧客覺得在新品消失之前，必須趕快下手。」貝恩顧問公司（Bain & Company）的一名零售業分析師接受美國商業週刊訪問時說道。倫敦時尚雜誌編輯高索爾基（Masoud Golsorkhi）也說，ZARA改變了消費者的習慣，「不像GUCCI或LV，現在不買下個月還能看到相同的衣服掛在架上。ZARA一件產品的生命週期只有10天左右，要嘛就不買，要嘛就永遠買不到（Buy it NOW or NEVER）！」

來到ZARA，你總是能在架上找到新品，而且是限量供應的。這種暫時斷貨的策略在許多人眼中十分大膽，也鮮少有同業敢於模仿。不過，印上「限量」兩個字在商品上總是特別迷人，現代人需要的不再是產品本身的高貴與否，而是「與眾不同」或「獨一無二」。ZARA的銷售策略正好滿足了人們的這種心理，ZARA這種顛覆傳統的做法更使它成為了「獨一無二」的代名詞。在這裡，你能夠拿到最新、最時尚的服裝，而且永遠不會跟別人撞衫——這可是只有明星才能享受到的特權！這一切足以讓信徒們永遠對ZARA的衣服愛不釋手，儘管它們可能皺巴巴又奇形怪狀。

1-5 給顧客他們想要的

「顧客要什麼衣服，ZARA就設計給他們。」這是海蘇斯在訪談中提到的一句話，也總結了ZARA成功的秘訣。

美國《連線》雜誌（WIRED）主編安德森（Chris Anderson）在2004年提出了「長尾理論（The Long Tail）」，也就是那些小眾、不熱門商品的市場價值總和，完全不遜於那些暢銷的熱門商品，這個理論打破了傳統的「二八法則」。這意味著商業文化與經濟重心正在加速轉移，從長尾需求曲線左側的少數主流市場，轉向曲線右側的小眾市場。舉例來說，Google就是一個典型的「長尾」公司，透過瞄準數百萬的中小網站、個人網站，將他們和與之對應的廣告客戶聯繫起來，建立一個由眾多合作網站構成的廣告體系，最終形成巨大的廣告價值。

同理，ZARA與H&M可說是服裝界的Google，它鎖定的不是名媛貴婦，而是那些追求時尚又不想花太多錢的年輕人與普通人。它把無數個有著同樣需求的顧客集合起來，按照他們的需求生產和販賣產品，成功實現了「長尾」效應。在ZARA的店內，走在流行前沿的服裝如同走馬燈似地更換，但價錢卻又唾手可得、引人注目，這種誘惑足以使每一個嚮往時尚的年輕人上鉤。

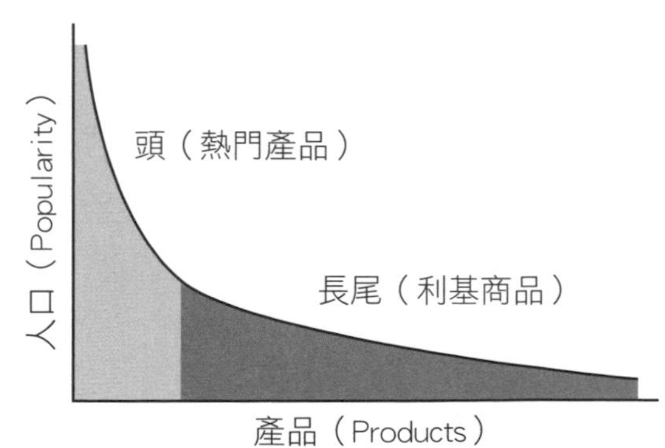

長尾理論模式圖，圖中深色區域即為長尾（Long Tail）。

有人說過，ZARA的成功在於它「盡可能在極短的時間裡跟上顧客的所想所需」。在激烈的市場競爭中，依邏輯解決問題的規則不再適用，企業需要更有創意，把精力聚焦在開闢全新的市場上。ZARA很早就看出了這點，它與大多數企業「由上而下」——由設計師創造時尚，並教育顧客接受時尚——的方向相反，而是「由下至上」——由顧客創造時尚、製造出他們的時尚。ZARA讓群眾自己決定什麼是時尚，並且讓任何人都能在店內找到專屬於他的時尚。這種精神締造出「少量、多款、模仿、低價」的品牌特色，並讓ZARA成為「快速時尚」品牌中的權威。

照理說，企業最好能瞭解客戶的真實情況、所處的環境、行為模式以及他們的期望和價值取向。但ZARA認為，最瞭解顧客的莫過於顧客自己，即使商家預測得再準確，也不可能完全精準地反映顧客的需求。因此，ZARA所做的事情就是真正地從顧客出發，將顧客的想法和需求轉化成他們所期望「流行」的服裝，它快速而全面地生產消費者可能想要的款式，每種款式提供的數量都不多，而且不斷推陳出新，其產品強調的是客戶廣泛且快速的改變、時尚且有流行內涵、非頂級但不算差的材質，以確保比其他時尚品牌低價。正是這種對時尚快速反應的理念，才使得ZARA可以將它強大的設計和開發能力轉化成每年12,000種以上的新款服飾，達到其他品牌無法實現的多樣性。與其說它是透過強大的供應鏈快速地推出新產品，倒不如說是客戶的需求，導致了ZARA的供應鏈以快速的反應來因應。

為了貫徹這樣的戰略，ZARA斥資3,000萬美元打造了企業專屬的資訊系統，以有效管理整條供應鏈。在資訊科技上的卓越表現，正是ZARA擁有驚人速度背後的秘密，西班牙人的設計才情與科技水平在這裡得到了完美的結合。

海蘇斯在接受採訪時，提出一個十分有趣的觀點：「一切都發生在店內（Everything is happening in stores）。」也就是上門的每一名顧客都是設計師的靈感來源。對ZARA總部來說，除了設計師之外，它分佈在全球90個國家的店面就代表著一個個流行情報偵測員。每銷售一件商品，店員就會將消費者的身份、商品的特徵輸入連線電腦。位於拉科魯尼亞的總部收到資訊後，就會立刻進行分析，並決定如何設計下一批款式、採購哪些紡織品原料、多少數量，以及每家店不同的送貨種類。也就是說，ZARA供應鏈的各個環節與資訊科技是密不可分的，透過資訊的共享，各個分店與各部門優勢互補，將ZARA服裝的設計、生產加工、物流配送以及門店銷售四個環節融為一體，共同更好地支撐品牌「平價的快速時尚」之特性。

每位ZARA的分店經理都擁有一部特別訂製的PDA，這些PDA連接的不是倉庫後台，而是位於西班牙的ZARA總部，這就是銷售點情報系統（POS）。店經理必須隨身攜帶PDA，即時向總部彙報各種數據，不僅包括訂單和銷售走勢，還包括反映顧客的意見和流行指標等資訊，這些資訊都必須細化到風格、顏色、材質以及可能的價格等等。當客人向店員反映「這個衣領的圖案很漂亮」，或是「我不喜歡這條拉鍊的位置」之類的枝微末節時，店員就會向分店經理回報，經理再透過PDA連接ZARA的全球資訊網，每天至少兩次傳遞資訊給總部設計人員，再由總部作出決策後立刻傳送到生產線，改變產品樣式，或是決定產品的停產與否。由於店經理的薪資有很大一部分取決於他們對商品銷售預測的準確度，而要是出現貨品積壓，也會由店經理為這些庫存買單；所以傳回總公司的訂貨單與市場情報，都是每一名店經理對市場走向的精密觀察。

在公司已經15年的亞洲地區經理伊凡．巴貝拉（Iván Barberá）說，當年進入ZARA任職時，ZARA還只是個小規模的企業，現在已分佈在80幾國，他一路見證店面與總部的聯絡系統，從傳真、電話、到目前連接全球的PDA。「店經理用PDA訂貨，他們可以從PDA上看到設計中心衣服的款式與顏色。」每年有三分之一的時間在歐洲各地觀察調研市場的他說，速度一直是最大的考驗，「我一直覺得我們的衣服像番茄，就怕過了一定時間後就失去鮮度了。」印蒂集團前任CEO卡斯提亞諾（2005年卸任）也說：「在時裝界，庫存就像是食品，會很快變質，我們所做的一切就是來減少反應時間。」幸好，ZARA在管理體系上一直緊追著它的成長速度。《哈佛商業評論》稱，「ZARA建立了一個不同於傳統行業的通信供應鏈，正是這個供應鏈幫助ZARA完成了它的12天神話。」

除了PDA之外，ZARA還率先引進RFID（Radio Frequency Identification，無線射頻辨視）系統，分店經理透過對貨品條碼的掃描，可即時收集店內各商品的銷售、進貨、庫存等資料；每一家店還配備有一部電子筆記本，可以立即為客人檢查貨品，以提高服務品質，又能即時將顧客的品位資訊傳回總部。每晚打烊後，再由銷售人員結帳、盤點每天貨品上下架的情況，並對客人購買與退貨率做出統計，結合櫃台現金資料，交易系統做出一份當日成交分析報告，分析當日產品熱銷排名，這些數據會及時直達ZARA的倉儲系統。

在資訊收集之後的整合、利用與產品開發過程中，ZARA有效解決了資訊「標準化」的問題，所有的時尚資訊都被界定清晰地分門別類，儲存於總部數據庫的各個模組當中，而這些時尚資訊的數據庫又與其原料倉儲數據庫相連接。

為了因應這樣的全球資訊網，ZARA在拉科魯尼亞郊外的阿泰索市（Arteixo）建立了一個獨一無二的設計中心，這個中心有超過500名員工，但平常只會出現50幾個人，其餘的都在世界各地出差。在這裡，設計團隊跟商務團隊有著極為密切的合作。有別於一般精品品牌以設計師為主導的架構，ZARA總部分成女裝、男裝和童裝三大區域。每個區域最中央的座位是「區域經理部門」。這個由20名精通多國語言的人員組成的部門身負產品銷售的重責大任，所有人都聚精會神地緊盯著連結到上海、紐約、東京等地的電腦螢幕上複雜的數據和資訊，同時還必須接聽來自各國的訂單電話，當中包含反應惡劣、必須立刻下架的品項。透過他們，時尚資訊源源不絕地自地球各個角落進入了總部辦公室的數據庫。

位於拉科魯尼亞阿泰索市的INDITEX集團總部。

「這裡就是ZARA的心臟，」ZARA總部的公關伊莎貝爾（Isabel Catoria）說道，「每個員工掌管一部電腦，一部電腦就是代表一個區域的市場，所以這裡就是聯合國。每天各門市都要回報銷售資料，這些市場經理就要分析哪些好賣、哪些不賣，決定哪些增產、哪些下架。」

藉由這些電話和電腦數據，經理部門會分析出相似的「區域流行」，好判斷出符合各個市場的顏色和版式，並將各種銷售數據及店鋪資訊彙整成報告後，立刻傳遞給座落於一旁的「設計部門」參考。在這裡，每張桌上都堆滿了形形色色的布料和設計稿，設計師根據最新的顧客喜好調整設計風格，畫出草圖，最後交由背後的「商業部門」評估成本、訂出合理價格，便可以立即做出樣衣。

有時候，當北美區的經理提出「紐約的顧客想知道最新上架的緊身褲有沒有紅色」，而中國區、日本區的經理也提出相似的意見時，就能夠先交由商業部門評估，決定立即增產紅色後，再將意見傳遞給一旁的設計部門，著手設計與打版。靈活而迅速的反映機制，能縮短掌握潮流所需的時間，確保顧客需要的產品能在最短時間內出現在商品架上，並且大大降低存貨率。

辦公室的另一角，則圍了一群人正在試裝。一有新樣衣完成，他們便找來模特兒試穿，店面經理和設計師則圍在一旁發表意見，包括穿起來的效果、顏色是否符合流行、款式的普遍接受度、適合哪些國家和店舖等等，最後再篩選出可以生產的品項，交由距離總部不遠處的工廠製造。

透過這種設計師與銷售專家一體化的系統， ZARA的設計團隊可以輕易地掌握數以萬計的布料、各種規格的商品由數據化的資訊快速歸納出時尚風向，快速、準確地進行產品改版，並設置明確的裁剪生產指令；另一方面，還可以參考原材料庫存量的數據庫，盡量設計現有原材料可以完成的服裝款式，為公司降低成本。也正因為ZARA以消費者的需求來主導設計，因此不需聘請一線大牌設計師。

在ZARA，一件襯衫從它在拉科魯尼亞的設計部門，到在卡達、巴黎或是東京的專賣店上架，只需要兩個星期的時間，比它的競爭對手起碼快上12倍；大部份情況下，從設計到生產到成品上架被控制在4到5個星期內，要是已上架的產品需要改進的話，只需要兩個星期就能完成。當新款產品的產量達到預定的二至三成時就會先送至部份門市，如果上架後的第一個星期表現不佳，就會立刻被撤下，並且不再追加生產；反之，如果賣得還不錯，那就會在接下來的幾週把預定的產量完成——當然，只是完成預定數量，絕不增產。

通過數據的標準化，使得ZARA的設計師們可以相對輕鬆地，在掌握數以千計的布料、各種規格的裝飾品、設計清單和庫存商品資訊的同時，完成任意一款服裝的設計。可見，這種標準化的資訊系統，是保證ZARA設計團隊工作迅速、有效地進行，每年推出大量不同的時尚設計款式的有力支撐。

「其實下個月要生產什麼，我們此刻都還不知道，一切都要依據市場情報。」伊莎貝爾進一步說明道，「不過，一旦決定要生產什麼，設計師做出設計，馬上連線到工廠，兩個禮拜後就會出現在各地的門市裡。」平均而言，ZARA只有15%到25%的產品，是在新的一季開始前就已經製造完成，50%到60%的產品，是在進入新的一季才開始製作，其他產品則是伺機生產。這種現象無疑是數據標準化的最佳運用。

1-6 無所不能的ZARA總部

講到ZARA的「快」，除了設計團隊之外，還不能不提它的供應鏈系統。這是至關重要的環節之一，大大提高了ZARA新品的前導時間，即一件衣服從設計到上架出售花費的時間，只需要12天，最短時更只需要7天。這是個具有決定性的數字，ZARA的靈敏供應鏈展現出來的效率，讓其他的國際服裝品牌巨頭儘管明知它的厲害，卻無論如何也模仿不來。

典型的服裝生產流程是，供應商會用幾個星期到2個月的時間來採購布料，並取得零售商的合約，接著是生產一些樣品，等到這些都獲得各部門批准了，然後再按部就班地進行這些款式的生產。因此，對於一個典型的服裝零售商來講，從一個服裝概念出現到實際商品上架，整個過程無論如何都要花到4個月以上。但ZARA卻不這樣拖泥帶水，它將生產者、經營者和設計師聚在一起，共同探討將來流行的服裝款式是什麼樣子、用什麼樣的布料、大致成本和售價等問題，並盡快形成共識。之後，設計師們快速繪出服裝的樣式，給出詳細的尺寸和技術要求，由於布料和衣服上的小飾品早已在倉庫備妥，因此製成樣品只需要很短的時間；同時，因為整個團隊都在同一個地方辦公，討論、審核、批准也是同樣迅速。一旦款式得到確認，生產指令就會隨之而生，並在ZARA高度自動化的剪裁設備上完成，運送到相應的合作廠商組成的製作網絡中進行縫合。最後，縫合好的服裝送到ZARA的成衣和包裝部門，其高效的分銷系統會確保各種款式的服裝都不會在總部停留太久，服裝在分銷中心被快速地篩選、分類，及時送往各個直營店中。

為了壓低服飾的價格，在原料及勞動力成本上動腦筋也是必要的。在原料採購上，為了講求快速，ZARA只跟西班牙、義大利與法國三國採購布料，不找其他國家。各式各樣的布料會在一年前提早採購好，擺在設計中心附近的倉庫裡，當設計師一需要某種布料，馬上可以調出來。與它合作的260家布料供貨商亦會隨時待命。有如此眾多的合作廠商，除了可以削弱其各自的議價能力外，更保障了原料的穩定、快速和低價供應。除此之外，印蒂集團在巴塞隆納也有自己的布料公司Comditel，這間公司生產的89%布料都是供應給ZARA的。透過保持對染色和加工領域的控制，ZARA具備了「按需生產（POD）」的能力，根據銷售季節的需要來加工與染色，從而以最快的速度生產出顧客最想要的款式。

在生產線方面，全球平價品牌普遍採取將成衣的設計和創意部門留在本地（所謂控制產業鏈的頂端），把設計稿或樣品發往勞動力便宜的新興國家，例如中國、印度、東南亞諸國，再把成品運回西方銷售。GAP、UNIQLO都將九成以上的生產線移至中國大陸等勞力廉價的國家，H&M甚至沒有一間自己的工廠，但ZARA卻打破了這個迷思。它仍然將生產重心放在歐洲，主要在西班牙和葡萄牙。有50%的衣服是在西班牙總部附近的22間工廠生產的，18家位於拉科魯尼亞一帶，大多數為印蒂集團直營；20%的衣服委託葡萄牙、摩洛哥、土耳其等鄰近國家生產；只有一些基本款式例如T恤、內衣等，外包給中國、印度、越南、巴西等勞力更低廉的地區，以降低成本，但佔的比率還不到三成，而且任何地方代工的產品最後一定都會先回到總部，再配送至各地的門市。

ZARA在歐洲共有400家代工廠，當它與工廠洽談代工事宜時，總是以「產能」為基礎，而不是單純談定要生產哪一種款式。下單時也總是以少量多款為原則，不會專注於大量生產某特定款式，以使下一波的生產更具彈性、更節省時間，不必往返奔波於供應商作修改或更動設計，更促使之後的改變與嘗試次數降至最低；另外，除了特別訂製的衣服之外，所有的服裝基本上維持「大、中、小」三種尺寸。

眾所周知，歐洲的勞力成本遠遠高於亞洲與非洲地區，為什麼ZARA敢顛覆成衣界普遍的「Outsourcing」低成本外包模式，反而採取「Near-Sourcing」這種成本較高、但離西班牙總部較近的代工模式呢？

「我們思考的不是成本有多貴，而是利潤有多高。『快速反應』就是我們的利潤來源，這時候成本就不是第一考量了。」海蘇斯說，雖然西班牙工資比中國大陸高了一大截，「但快最重要！」地理位置的便利，省去了跨國船運、溝通、配送的時間，讓所有工廠能快速對ZARA的訂單做出反應，尤其是最新潮、時尚的款式。

距離拉科魯尼亞市區約15分鐘車程的阿泰索工業區，設有印蒂集團的總部。之所以選在這個人口不到3萬的小鎮，是看上了它便利的交通，阿泰索市是鐵路和公路樞紐，離國際機場也很近。對於ZARA來說，距離不是用公里數來計算，而是用時間來計算的。總部是一個猶如機場般的開放空間，加上倉庫，面積超過28萬平方公尺，足足有90個足球場大。在總部周圍，有無數座大大小小的代工廠圍繞，其中就有11家是屬於ZARA的，除此之外，還有20個高度自動化的染色、剪裁中心。

印蒂集團在這個工業區共有3,000個員工，來自27個國籍，外籍員工人數約超過20%，而即使是西班牙人也來自全國各地。走進ZARA總部，映入眼簾的是摩登的玻璃帷幕大樓、豪華氣派的迎賓大廳、迎面走來男女員工個個打扮時髦，完全呈現出一家國際企業朝氣蓬勃的氣象。30年來，這裡一直是ZARA乃至印蒂集團的心臟。

在這塊土地的下方也有玄機。由於印蒂集團在工業區方圓200英里內就擁有20家布料剪裁和印染中心以及數百家的代工廠，因此它索性將這200英里的土地的地面下全部挖空，架設了地下傳送帶網路——這是全世界最長的服裝地下軌道，也是ZARA為了克服物流體系效率而想出來的、舉世唯一的創舉。

ZARA的設計部門與工廠之間設有虛擬與實體網路，當設計部門決定採用哪些布料，設計款式、花樣、繡花等之後，首先會將設計圖寄至第一線工廠。這些直營工廠只負責裁切，和最後的燙整、品管、包裝。工作人員一收到這些原型裁片後，會運用電腦進行一番精密計算，排版出最不浪費布料成本的組合方式，然後將排列好的圖送到一旁的機器裁切，只見工作人員一層又一層地把布料堆疊平整之後，一個按鈕，一個起落，幾百、幾千張衣服的裁片便完成了；接著，再按照服飾各部位的布片分袋包裝，送往自己的工廠或委外代工。這時候，這條地下軌道就派得上用場了。根據當天的最新訂單，原料商會將最時興的布料藉由傳輸帶「滑」出，準時送達代工廠；當代工廠縫製、定型完畢後，再透過這些密密麻麻、綿延十幾公里長的地下軌道，將一批批成衣送回ZARA工廠，由工作人員負責整燙、品檢，無誤後貼上標籤與標價，最後交由機器包裝。包裝好之後，服飾會再透過輸送軌道自動分門別類，一一送到物流中心裡代表各國市場的衣架上，再依據包裝上的條碼，由輸送帶分類到各門市的盛裝盤中，將上架的前導時間減至最低。

在ZARA的物流中心裡，天花板同樣佈滿了紅的、藍的、銀的、彎彎曲曲的軌道，整個輸送帶高達5層樓，每件掛在上頭的衣服就像是要去世界各地旅行般，浩浩蕩蕩地往目的地出發。除了衣服之外，裝載衣服的紙箱也是利用軌道運送；迎面滑來的衣服會在該去的店鋪軌道上聰明地自動轉彎，經過工作人員條碼掃描之後（為了加快效率，甚至在這裡就為服裝加上了防盜磁片），順著軌道被推入在終點等候的紙箱。最後，工作人員在紙箱上貼上各店鋪的條碼，將它們推往物流中心一樓的178個出口。在那裡，一輛輛大貨車早已久候多時，等著把這些熱騰騰的新鮮貨送往歐洲各大城市或機場。就這樣，最時尚的衣服們展開了各自的旅程。

平均來說，物流中心一個小時可以處理60,000件的衣服，一週的出貨數高達260萬件，出錯率不到0.1%，但ZARA仍然要求更好、更快。在1999年，它就將全世界簡單劃分成兩個時區：一個白天、一個黑夜，規定旗下的工廠自接到訂單開始，10個小時內就要生產出成品；物流中心全天候運作，只有禮拜天休息；對於歐洲、中東、美國的貨物，它必須在24小時內送達，對於亞洲和拉丁美洲等較遠地區，則必須在48小時內完成，一切講求「快、狠、準」，確保顧客們迅速在店鋪上找到這些最新的行頭。

進ZARA服務十多年的物流部門主管羅瑞娜（Lorena Alba），一路見證公司從全球500多家展店到6,000多家，物流中心一路引進最先進的設備來加快速度，「不能讓全世界任何一家店，對ZARA的效率有疑問。」她說。

不論運到世界的任何地方去，ZARA的新衣最慢48小時內一定抵達門市。有四分之三的貨品是以卡車運送至歐洲地區的連鎖店，兩天內保證送達；但只要離開歐陸市場，例如美國、亞洲，為了趕上推出時間，商品一律坐飛機——「要不然等貨坐船到了亞洲，衣服已經退流行了。」海蘇斯開玩笑說道。捨棄了廉價的船運，改用昂貴、快速的空運，ZARA讓價值幾百元台幣的衣服就像數萬元台幣的3C產品一樣尊貴，這種「速度至上、成本第二」的信條，確實為業界的一大壯舉！

在阿泰索的總部中，ZARA將設計師、採購專家、生產專家、市場專家集合成一個「商務團隊」，而在它自己的生產基地中，就擁有一系列染色、設計、裁剪和服裝加工的最新設備，同時又與各代工廠、原料商及物流中心作緊密連結，從設計、製造、配銷到上架完全一體化，只需要其他品牌十分之一的時間不到，每一個生產環節都完美地整合在一起，形成全球最有彈性、最有效率的供應鏈。建立這樣一個生產基地，需要投資數十億歐元，也因此，儘管許多品牌服裝都想模仿ZARA，也都知道ZARA的秘密，卻沒有這樣的財力與整合力。

1-7 店面就是最佳廣告

從市井小民到英國凱特王妃，幾乎每一個人都樂於擁有一件ZARA的衣服。時至今日，雖然ZARA已是國際第一大品牌，令人驚訝的是，40年來它幾乎不打廣告。每一年，ZARA的廣告經費只佔了總銷售額的0.3%，遠遠低於其他同業3至4%。之所以採用如此保守的宣傳策略，因為ZARA擁有全然不同的思維，對它來說，分佈在全球各地的門市店面，就是最好的廣告。

每登陸一個新的市場，ZARA都會先在大城市中心區域的最繁華路段開店，然後再把觸角伸向較小的市鎮，在不做任何廣告的情況下讓品牌影響力輻射全國。就如同將油滴在衣物表面慢慢滲透的過程。在印蒂集團，人們把這種策略稱為「油汙模式」。

「我們把廣告預算都轉移到租下最好的地段與裝潢店面上去了，」海蘇斯說道，「便宜的價格、一週更新兩次新貨、一切依據消費者的需求、開店一定要開在最精華的街道上……這些是從第一間店就訂下的策略。」ZARA從不在媒體上做廣告，而是專門鎖定熱門商圈，並砸下鉅額資金在鋪面位置、店門設計、店內裝潢等方面打造高級形象。不管是巴黎的香榭麗舍大道、紐約曼哈頓的第五街道、東京的銀座或六本木，還是上海的恆隆廣場，都能夠看到偌大的「ZARA」字母招牌。在全球最繁華的商業地段，裝修透出典雅、時尚的門面，並且吸引絡繹不絕的人流，這就是ZARA所追求的實體廣告效果。

「ZARA的競爭者最想得到的情報，就是我們開一間店平均要花多少錢。不過，這個絕對不能透露！」海蘇斯自豪地說道，「ZARA不只出現在每一個都市最繁華的商店街，也有由老戲院改裝的、隱藏在古蹟裡的，這些投資都是很昂貴的。」

不僅如此，ZARA總是與LV、Dior、GUCCI等名牌毗鄰而居。中國人有句成語「成行成市」，這種精神被來自西班牙的ZARA發揮到了極致。一般來說，商業區的地段按照品牌價值來劃分，例如亞曼尼的隔壁往往能找到凡賽斯（VERSACE）專賣店，GUCCI的隔壁通常都會開上一間Prada，而香奈兒、愛瑪仕與卡地亞（Cartier）總是近在咫尺；這些高檔品牌為了突顯自己的身價，很忌諱與平價服飾品牌開在一起，但ZARA卻老是喜歡跑來當它們的鄰居，除了吸引目光之外，也能抬高自己的地位。「ZARA的衣服時尚、便宜，最重要的是容易讓人誤以為它很高貴。」一位ZARA的愛好者說道。

每一間分店的設址都是經過總部反覆討論後決定的，只有當一個地方的市場規模足以支持分店的租金時，才會考慮設點。而根據所在地區的不同，也直接影響了分店的形象設計。即使ZARA分店都設在租金昂貴的地段，但仍然不惜在店內打造出寬敞的空間，好為顧客營造一種寬鬆愉快的購物環境。在全球的1,900多家ZARA分店中，每家的規模都可以稱為「小型商場」，裝修豪華寬闊，擁有上萬平方公尺的面積、上萬種不同款式的服裝，使消費者輕易達成「一站式」購物。

在ZARA的經營哲學裡，「店面就是最好的廣告」，除了店址以外，櫥窗、燈光、擺飾都是突顯品牌特色的重要元素，所有要跟消費者溝通的訊息，都會呈現在其中，由此營造出ZARA的品牌形象。而為了統一形象，每間分店的陳設、傢俱、櫥窗皆由位於西班牙的總部直接設計，並且經常改裝。在總部的地下一樓，開了一間「試驗店」，裡頭不賣東西，而是設了25個櫥窗，讓設計部門中40位「店面設計人員」在這裡隨時實驗最新的裝潢擺設創意。

儘管擴展迅速，但ZARA在經營上始終步步為營，「我們非常謹慎。各地文化不同，一開始進入新市場，我們就會做市場研究，調查顧客行為。人資部門會找到合適的當地員工，讓他們熟悉集團文化，也能協助我們瞭解當地顧客，以助於在該地繼續拓展。」海蘇斯說，ZARA對旗下分店一律直營，除非當市場實在太小，或是當地文化很難融入、當地的合作夥伴真的很棒時，才會同意代理，而代理的比例尚不到10%。

這種「入境隨俗」的本土化策略在ZARA進入中國時可見一斑。2006年，ZARA在上海的南京西路開了中國第一家旗艦店，這是它首度進軍東亞市場，因此開幕當天，店員就發現店內很多服裝的尺寸都偏大，適合亞洲人身材的S號往往在進貨當天就被一掃而空。但就在一個月後，這種情況迅速得到了改善，大部分的款式都提供了充足的S號，甚至增加了XS號。這個案例足以讓人見識到ZARA總部的效率，即使市場遠在中國仍然做出了迅速的反應。

為了達成這一點，ZARA十分重視對銷售人員的培訓和雇員的職位提升。所有員工都必須瞭解第一線店面的重要性，無論將來會在哪個部門或是哪個職位工作，任何新進人員都要先到店面裡去實習，少則一個星期、多則一至數月，在那裡接貨車、摺衣服、觀察客戶反應、學習如何從門市向總部回報資訊。就連創辦人歐特嘉的女兒瑪爾塔（Marta Ortega）在進入ZARA經營團隊之前，也曾隱姓埋名在店裡實習了好一陣子。職員的收入分為工資和獎金兩部分，工資往往不多，而獎金的多少則取決於整間店的銷售業績，藉此鼓勵員工們加強內部合作。

走進全球的任何一間ZARA，不管任何時刻，永遠門庭若市，店員熱絡地與客人討論衣服、客人來來回回地試穿。櫥窗擺設就像是第一流的知名品牌，模特兒身上的衣服看起來就跟當下名牌的流行極為接近。仔細翻閱每一個衣架上的商品標籤，上衣、褲子的價格通常在500到2,000元台幣不等，冬天的大衣從2,000元到4,000元不等，最貴的衣服很少超過5,000元。跟動輒數萬的高價名牌相比，的確便宜得令消費者動心。最重要的是，你能用接近同樣的價格在全世界的ZARA分店買到相同的商品，無論是在40年前成立的拉科魯尼亞門市，還是開幕不到3年的台北101分店。

ZARA嚴格遵守著「零存貨」的原則。它的產品上市快、下架也快，商品種類多，每種的數量卻很少，小量製造讓ZARA更能即時反應市場需求，熱賣品可以隨時追加製造，冷門產品也可以隨時停止生產，減少貨品囤積。在每個季節開始之初，ZARA的工廠會先投入一部份量產，然後在季中快速地應對訂單和新出現的流行趨勢。在業界，其他品牌大多會在季節開始之前先將預計銷售量的45%至60%投入供應鏈，作為「預先儲備」，而ZARA卻只預先生產15%到20%。等到季節真正開始之後，才根據市場的最新變化追加產量，這些同步追加的產量之比例佔了總生產量的40%到50%，而其他服裝企業大部分是0%，即使有少部分品牌能做到「同步追加」，也不會超過20%。

因此，當別的服飾品牌紛紛推出「年終特賣」、「換季促銷」的時候，ZARA卻幾乎從不打折。根據統計，ZARA的商品中只有少於18%的服裝不符合消費者的口味，最後必須降價求售，是業界平均水準35%的一半。而且在一年之中，ZARA只有在兩個明確的時段內進行有限的降價銷售，與業界普遍採用的連續性大降價完全不同，因此它折扣促銷的成本大大降低；同時，門市每週根據銷售情況下兩次訂單，讓每一種商品被送到最適合它的地區販售，進一步減少了需要打折處理存貨的機率。

ZARA的商品多樣化、更新週期短，使它的產品具有獨特性，能在流行時尚街道上的眾多商店中獨樹一格，其他品牌的店內可能會連續好幾個月賣同一款裙子，但ZARA賣的東西幾乎天天都不同，而且價格低廉，增加消費者經常上門的欲望，當他們看到商品時也能快速決定是否買下，不必擔心衣服撞衫的困擾。《商業策略評論期刊》（Business Strategy Review）指出，「ZARA的目標不是要顧客一次買很多，而是要他們常常上門來買，而且每次上門時都會看到新產品。」一般來說，ZARA的消費者平均一年會光顧17次，而其他同業僅3到4次。店內源源不絕的人流，更成了ZARA最棒的免費廣告。

ZARA的成功故事也在一線奢侈品牌之間掀起了一股波瀾，《紐約時報》評論：「ZARA不僅是快速時尚的先驅，也從此改變了時尚界的遊戲規則。」原本高高在上的高檔時尚圈，竟被ZARA的平價潮流攻城掠地、反客為主，扭轉了由貴族品牌壟斷的局面。就連LV集團的時尚總監丹尼爾‧皮耶特（Daniel Piette）也指出，「全世界最創新、最具破壞性的零售商，非ZARA莫屬。」

儘管各大高檔奢侈品牌都一致批評ZARA是「抄襲的時尚」，然而，ZARA的風格雖走在流行尾端，銷售卻排在世界尖端。它希望做到「Fashion for everybody」，因此每一件服飾的價格平均只有LV的四分之一還不到。但要是打開兩家公司的財務報表，會發現ZARA的稅前毛利率竟超過了LV，高達23.6%！這意味著即使ZARA不打廣告、沒有大明星，價格走平價路線，但每件單品的獲利能力卻絲毫不輸世界頂尖精品。

大前研一在《M型社會》一書中指出，在日本的ZARA門市，其他高級品牌5、6萬日圓一件的夾克，在這裡卻只要1萬日圓；其他名牌店一套10萬日圓的男士西服，在ZARA只要3萬日圓。他並描述了在東京六本木的情景：住在這一區的人都屬於中上階級，世界上最知名品牌都集中於此，但最讓年輕女性趨之若鶩的地方，卻是ZARA。

這種現象讓許多一線大品牌都震驚不已，反而開始探討ZARA的經營模式。GUCCI集團的總裁羅伯特‧波雷（Robert Polet）就要求旗下的高階主管，「必須密切觀察、並且學習ZARA，因為消費者正深深地受到ZARA教育，正期待快速即時的時尚。」他指出，ZARA模式正在創造新時代的消費頻率，這不只將影響服飾時尚業，事實上也將改變所有市場的生態，若是不能掌握住這股新趨勢，就會遭到市場淘汰。

「現在的Prada、LV等精品，每年會推出四到六個系列，以往每年只有兩個系列而已。之所以增加，無疑是因為ZARA。」時尚雜誌編輯高索爾基說道，在過去，服裝的更替以「季」為週期，例如世上最具代表性的巴黎、倫敦、米蘭等時裝週（Fashion Week），都會標上春夏季、秋冬季的概念，但在這個換手機比換衣服快的年代，消費者卻還想要更新潮、更快速。

如今，越來越多流行觀察家紛紛將ZARA當成引領未來大趨勢的先驅。不過別忘了，ZARA「只跟隨時尚，不創造時尚」，它是最時尚的推廣者，而不是領導者。法國馬賽商學院主任柯賽茲（Michel Gutsats）分析，一線奢侈品牌的地位是工藝品質、時間與歷史沉澱、創意以及特定的品牌管理能力凝聚在一起的結果，這些要素使得它們在現代仍能屹立不搖。

也因此，像亞曼尼、GUCCI、CHANEL等國際大品牌儘管調整了經營策略，卻依舊固守設計師路線，按部就班的將一件精品從無到有創造出來，儘管花的時間很長，仍當之無愧為時尚的引領者。畢竟，要是大家都像ZARA一樣跟隨他人，而不去創造新的流行，那麼，「跟隨誰」不就成了新的問題了嗎？

Chapter 2 引領潮流的瑞典時尚之王

2-1 平價中看出商機

H&M是來自瑞典的平價服飾品牌，規模是現今全球第二大，僅次於ZARA。自創立以來，它始終標榜「以最好的價格，提供流行優質服飾」，並且追求「快速時尚」，以極快的速度不斷推出符合流行尖端的產品，強調個人風格且流行性強，因此儘管價格低廉，仍能在時尚界佔有一席之地，支持者遍及全球各地。打開80%歐洲人的衣櫥，你一定能找到H&M的紅字商標；走在巴黎或紐約最繁華的商業街，你也一定能看到H&M門市裡瘋狂搶購的人群，這一點兒也不奇怪。

H&M創辦人厄林・波森。

H&M的創立人厄林・波森（Erling Persson）年輕時是一位推銷員。有一次他到美國旅行，偶然在途中逛了幾間當地的服裝店，發現這些店內的商品價格平均都很低，也吸引了大量的顧客，從而累積相當可觀的營業額。這讓波森意識到「薄利多銷」的確是一個不錯的做法，他決定回國後便如法炮製，開起服裝店。

1947年，波森回到瑞典後，在韋斯特羅斯（Vasterås）這個曾是中世紀文化、貿易中心的城市開了一間名為「Hennes」的服裝店。「Hennes」在瑞典語中是女性的「她的」的意思——顧名思義，這是一間專門販售女性服裝的商店。當時瑞典並沒有這種店面，人們要買衣服只能去百貨公司購買昂貴的高檔品牌，或是去傳統西服店量身訂做。因此走平價、多元路線的「Hennes」開張後立刻開出紅盤。店外每天大排長龍，規模也不斷地擴大。到了六〇年代時，「Hennes」的分店已經遍及瑞典各地，總部也移至首都斯德哥爾摩。1964年跨足臨國挪威，1967年進駐丹麥，成為了北歐知名的連鎖品牌。

1968年，波森希望能拓展更多的業務，並積極搶攻男性市場。於是，他一舉併購了一間名為「Mauritz Widforss」的商店，這間商店的主要業務是為顧客提供槍械與打獵用品，同時還提供各種男用服裝。波森買下這間店後，取了店名的「Mauritz」與自己原本的服飾店「Hennes」作結合，就成了新的店名「Hennes & Mauritz」，即今日人們常見的「H&M」。新的店內開始賣起男性用品與服裝，成為品項多元的綜合服飾店，業績也更加蒸蒸日上。

Hennes在韋斯特羅斯的第一間店鋪。

1974年，H&M在斯德哥爾摩證券交易所掛牌上市，從這時開始，H&M也開始販售化妝品、青少年服、嬰兒服等各類新商品，並決定進一步向北歐以外的歐洲國家發展。1976 年，H&M大舉進軍海外，瞄準的第一個目標是英國。當時，厄林．波森的兒子史蒂芬．波森（Stefan Persson）剛進入H&M的經營團隊，為了讓公司的拓展計畫順利進行，甚至不惜拿著知名的瑞典樂隊「ABBA」的唱片站在倫敦街頭，向來往的路人推銷H&M這個同樣來自瑞典的品牌。計畫進行得比想像中還要順利，H&M很快就在英國打響名號，幾年後又將業務擴張到歐洲大陸，先後在瑞士、德國開設分店，並且逐漸在歐洲的服飾市場站穩腳步。

1982年，年僅35歲的史蒂芬．波森接掌了父親的職位，成為H&M的CEO。這位曾就讀斯德哥爾摩大學、隆德（Lund）大學的年輕經理人希望進一步提升H&M的經營理念，將「流行」與「高質感」加入品牌形象中，儘管許多人認為，這些特色與「平價」是無法相容的，但波森卻堅信H&M能夠做到，也就是在這時，他提出了「以最好的價格，同時提供流行與高品質」。在這樣的理念下，H&M成立了專屬的設計團隊，招攬瑞典知名大學設計相關系所學生加入，這也帶動日後瑞典設計產業的快速發展。在他的大力改革下，H&M的商品逐漸變得潮流、時尚，也更受到青少年族群喜愛，尤其是在15至30歲之間的客層。「潮」成了「H&M」的代名詞！

九〇年代後，在荷蘭、比利時、盧森堡、奧地利等國家的街頭都可以看見紅字的H&M招牌，1998年更進軍時尚之都，在巴黎開了第一家分店。隔年，H&M又宣佈進入西班牙市場，這意味著與和自己定位相似的西班牙品牌ZARA正式宣戰。2000年，H&M已經發展成為歐洲最大的服裝零售商，擁有840多間分店，分佈在14個國家。當年3月，H&M終於走出歐洲大陸，踏上了這個企業本身的創業靈感來源——美國，在紐約曼哈頓區最繁華的第五街道開設了旗艦店。這個舉動也等於向世人宣示了

H&M第二任總裁史蒂芬・波森。他在2000年自CEO職位卸任，但仍擔任H&M的董事長迄今。

H&M自我突破的決心。

就在同時期，史蒂芬・波森指名深諳其經營精髓的羅夫・艾利克森（Rolf Eriksen），接任自己擔任H&M的全球CEO一職。早在1987年時，H&M就曾邀請艾利克森管理其在丹麥的分公司，當時這位在哥本哈根一家百貨商店工作了近20年的職業經理人猶豫了一個禮拜的時間。因為那時的H&M還只是個沒沒無名的企業，就連在百貨零售業內深耕已久的艾利克森，都對這家誕生於韋斯特羅斯、才在丹麥開了一家分店、擁有40年歷史的家族企業瞭解甚少。但他最後還是接受了聘請。理由很簡單：他非常認同史蒂芬・波森的經營理念，而且也看出了H&M巨大的成長空間。

一切就如同艾利克森所預料，H&M在他加入之後的數年內快速擴張，成為了北歐第一大品牌，並進一步跨出海外，成為全歐洲最大的服裝零售商。當艾利克森接任CEO後，也仍然按照波森規劃好的路線，實行「盡可能削減進貨成本、優化分銷管道、快速擴充產品線、不斷開設專賣店，持續向海外擴展」的方針，一步步打響H&M在全球服飾界的名號。

對於H&M來說，美國市場是一個巨大的誘惑，也是一個巨大的考驗。美國在服裝產業、尤其是低價休閒服的領域發展已臻成熟，消費者樂於購買價格便宜且款式新穎的服裝。成熟的消費群是H&M進軍美國的最大誘因，但也為H&M這個外來者的加入提高了門檻。在H&M進駐前，美國已擁有全球最大的服裝品牌GAP稱霸國內。從店面來看，GAP的規模是H&M的3倍，從銷售額來看也有2倍，相較之下，H&M的優勢，就只在於它擁有更長的歷史以及北歐的異國風情。

在全球的休閒服市場中，GAP與H&M原本可以分庭抗禮，各自佔據著美國及歐洲的主要陣地；但出於各自都有對全球市場的野心，它們都不約而同地向對方的市場滲透。H&M向美國市場大膽挺進，直接在紐約第五街道開起了分店，不免讓人為之擔憂不已。然而，H&M似乎受到幸運之神的眷顧，2000年正是GAP的休閒服熱潮消退之際，公司的業績開始陷入低迷不振，完全無暇顧及H&M這個來自海外的不速之客。而H&M的北歐形象也成功製造出一大話題，在第五街道的第一間旗艦店開幕當天，就迎來了大量熱情的紐約客。開店還不到15分鐘，店內已被擠得水泄不通，使得H&M不得不以暫時關門來阻擋過多的人群。

開幕時的盛況令波森欣喜若狂，決定趁勝追擊。在往後半年多的時間裡，H&M就在美國東北部開設了十多家分店，並且在當年度被美國零售業聯盟評為世界最佳零售商，可謂空前的成功。然而，在曼哈頓區初嘗成功滋味，讓波森以至旗下的經營團隊似乎被沖昏了頭，他們沒有對GAP的前車之鑑引以為戒，反而開起了一間又一間規模更大的店鋪。紐約的首間旗艦店共有三個樓層，共35,000平方英尺，而半年後在曼哈頓的第二間店開張時，店面面積達到了40,000平方英尺。其實，網際網路泡沫破滅後的美國經濟已大不如前，人們的購買潛力大幅下滑，再加上奢華的店面投資，使得H&M在美國的業績連續好幾年沒有起色。直到2004年6月，H&M才終於在美國獲得盈利。並且在2006年首次擊敗美國最大品牌GAP，分店數增長到1,345家，遍及歐、美、亞三洲。

艾利克森曾坦言道：「在曼哈頓區的首次開業是如此成功，以至於我們認為在美國開的店都可以比在歐洲的店更大，因此我們最先開設的七、八家分店的規模都很宏大。但我們顯然是估計錯了。」在認識到奢華店面並沒有帶給公司預想的營收時，H&M便及時地調整了戰略，使公司在後期開設的分店規模趨向於合理，並牢牢地在北美站穩了腳跟。

當史蒂芬·波森從父親手中接下公司時，H&M只有100多家分店，而且大部分都在瑞典國內，但漸漸地，它的野心已經從北歐擴張到歐陸，再伸入美洲，光是2003年，H&M在全球新開的分店數就達到90家，且它的勢力平均每2年就會擴展到一個新的國家。美國的零售業分析師凱斯·威爾斯（Keith Wills）當時說道：「沒有任何一間歐洲零售商能像H&M一樣，這麼迅速和成功地在國外擴張。」

數年後，史蒂芬·波森接受《商業週刊》訪問，他說自己的父親曾經質疑公司的擴張政策是否操之過急，畢竟，厄林也是在H&M成立後29年才在倫敦開起了第一家海外分店；有一次，厄文問兒子：「你為什麼要這麼急呢？」史蒂分·波森給父親的答案很簡單，那就是：「當你正炙手可熱時，你絕不能停下來讓熱度變冷。」

2-2 又快又便宜的秘密

H&M最引以為豪的就是它的「平價」，也因此，儘管H&M企業財大氣粗，經營方式卻是錙銖必較，艾利克森更是如同一位作風樸素的財務專家。雖然H&M在聘請明星、設計大師代言，或舉辦令人眼花繚亂的時尚派對時不惜重金，但在一些的細節上卻十分「摳門」，例如九〇年代時，波森就規定公司幹部嚴禁在上班時間內使用手機，即使是到了今日，也只有少數高階主管可以享有這個「特權」；而除非有緊急狀況，否則搭乘商務艙或計程車當然也是禁止的。

在快速消費的時代，人們對於「效率」與「個性」的需求也越來越迫切，速食文化一樣的風氣也慢慢影響了服裝業和時尚界，英國《衛報》為這種風氣創造了一個詞「麥時尚（McFashion）」，意即麥當勞式流行、連鎖、低價的快速文化。H&M與許多快速零售品牌也正是在這樣的文化下崛起的，由於平價、時尚，在一般民眾心中的影響力甚至超過了那些頂級的高貴名牌。

顧客一向是一個企業的中心，美國行銷大師菲力浦・科特勒（Philip Kotler）曾說過「以邏輯解決問題的方法在競爭激烈的市場上已經不再適用」，因此，如何循著顧客的創造性思考來改良品牌本身，顯得至關重要。一個原創性的另類理念和產品開發往往比普通的創新更能激發出新的市場和利潤成長點，而H&M就是一直朝著「創造性思考」努力著。

史蒂芬・波森成為CEO後，對市場作了一番深入的觀察。他發現，事實上，幾乎沒有一個消費者不愛設計時髦、形象奢華的名牌服飾，但出於經濟因素，絕大多數的人硬是得等到「最後一刻」清倉特賣時才捨得出手。因此，為什麼不能同時滿足顧客對時尚設計和便宜平價的需求呢？

在當時，一件衣服的平均價格逐年下跌，但一位女性購買的衣服的件數卻逐年上升。這表明了消費者更關注時尚的款式，購買的衣服更多，但穿著的次數卻越來越少。同時，消費者市場也逐漸呈現出向「奢華」與「廉價」兩個極端移動的狀態。在「奢華」那一端，消費者不惜高價購買名牌和表現個人特色、滿足情感需求的產品和服務；而在「廉價」那一端，消費者則盡可能地尋找低價但高品質的商品。這種矛盾的需求暗示了消費者對於「平價時尚」的渴望。而H&M就希望能平衡消費者的這種矛盾需求。

許多人認為，一項「時尚」的商品除了本身高額的研發及生產成本外，還附加了更多的品牌價值在其中，因此，也必然會是「高價值」的商品。但H&M的概念卻有所不同，他們的想法是：「無論是多麼好的產品，如果賣不出去，也只不過是佔用倉庫、滯留資金的一堆廢品罷了。與其待價而沽，倒不如趕緊回收資金，促進二次生產。」在H&M店裡，由於商品的價格普遍低廉，消費者們往往一看某一款衣服後，就會毫不猶豫地買下。雖然每件服裝的單價不高，但每位顧客消費一趟下來仍然可以累積極可觀的金額——重點是他們心中還會覺得「賺到了」。

為了提供顧客最經濟實惠的價格，H&M必須盡可能將生產成本壓低。他們很早便放棄了自行生產的經營模式，把整套生產線外包給了全球大約700家服裝生產商，公司內部則沒有任何一家工廠。這700家工廠分佈在全球21個地區，60%位於亞洲，將近40%位於歐洲，餘下的則散佈在其他地區。為了拿到最好的價格，公司精挑細選外包物件，一般而言，常規款式的時裝和童裝是在亞洲、非洲生產，量小但最時尚的服裝，通常給歐洲的供應商生產。

H&M推出新商品的速度很快，全有賴這兩套獨立的系統來保證供貨來源。管控亞洲、非洲生產的高效供應鏈，下單較早，生產期略長，但成本夠低；另一套是主要管控歐洲生產的快速反應供應鏈，以最快的速度推出當季新品。同一個款式可能在中國和印度都同時生產，為了保證一線城市的貨品迅速上架，會先從國內進貨，然後再從印度或中國調入更廉價的一批貨。這也是一種平衡成本和速度的辦法。H&M的衣服大多是棉、麻等比較簡單、廉價的材料，擁有自己的面料儲備，不需要在設計完成後還要耗時去尋找特殊質料然後才能開始製作。

事實上，這樣的安排是有目的的，一般來說，服飾潮流可以分為三個層次，最底層是「顧客需求量最大的商品」，中層代表著「當季正在流行的服裝」，而位於上層的商品則反映了「最新的流行時尚趨勢」。將各種屬性的商品清楚劃分之後，H&M就可以分頭出力，量小且流行性強的服裝主要發包給歐洲工廠，以使最新潮的款式能快速抵達主要歐洲市場。經典的基本款時裝和童裝則在亞洲生產，這些服裝流行性不強，可以經由成本最低的海運送至各地。

為了更有效管理生產，H&M在全球設立了22個生產部門，這個數字與工廠的分佈數量成正比，22個生產部門中，有11個在亞洲，9個在歐洲，其餘2個分別在非洲和中美洲，以協調不同地區的生產廠商。2002年時，與H&M有合約的廠商共有900家，生產部門有22個；2003年時合約廠商數銳減至750家，生產部門數目仍維持在21個；到了2004年，合約生產商進一步減至700家左右，而生產部門卻反而增加到22個。儘管H&M有意減少生產代工廠商的總數量，卻增加了生產部門的數目，可見它重視的是分工精細，而不僅是大量生產，生產部門比例的逐年升高正是為了更有效地與廠商溝通、協商，減少生產流程的時間，保證商品的品質管控和快速的大量出貨能力。

「我們在歐洲有許多供應商，它們的成本有點高，但交貨時間短，這樣衣服的價值才不容易打折。」CEO艾利克森說道。

時間來到二十一世紀，企業的競爭已經從商品本身的較量，轉向了供應鏈與品牌的比拚。一個成功的企業必須在各環節的協調運作上都做到優異，H&M顯然達到了這一層要求，它十分重視資訊系統的整合，並建立了資訊溝通技術系統（Information and Communication Technologies，簡稱ICT）。所謂的ICT，就是指應用各種通訊軟體和裝備來提供各類應用及服務，例如遠端學習、遠端作業、視訊會議、執行資訊系統及存貨控制等。它能貫穿整條供應鏈，以達到壓縮各個環節需要的時間，能讓整條鏈子的銜接更為順暢。

憑著ICT，H&M 取得了兩項優勢。首先是資訊方面，H&M的各部門之間可以及時分享各店每款衣服的銷售記錄，設計部可以據此獲悉顧客的喜好，物流部可以根據存貨資訊儘快補充熱賣產品，採購部可以根據銷售記錄及早計畫增產受顧客歡迎的服裝款式。這些優勢可以使決策作得更快、更準確，特別是對於服裝款式的增產來說，如果不能及時獲得資訊做出增產決定，就很可能延誤其他環節的流程，即使增產出來，這個款式的熱潮也可能早就消退了。

接著，由於ICT系統緊緊相扣了供應鏈的每一個環節，也讓溝通更加順暢。H&M的供應鏈是一條龍的設計，包括了設計部、採購部、生產部、代工生產商、中央貨倉、地方分流中心及分店，其中涉及的程式包括設計、下單、運送、地區分流、品質抽驗、貨物分流等。資訊傳送先由各分店開始，分店的銷售點情報系統會把收集到的銷售記錄經ICT終端機即時傳回總部的ICT平台，供各部門分享。設計部透過顧客喜好資訊進行產品開發，再將新研發的時裝設計傳至採購部，採購部又將設計和生產數量傳達給生產部，並根據各分店的銷售記錄下達其他增產訂單。由於生產部及工廠分屬不同地區，各地區的生產部可以藉ICT進行溝通，同時，生產部將相關資訊快速告知代工廠，這樣代工廠就能立刻得知生產的服裝款式，並預先準備有關布料。

工廠的完成品會透過物流中心進行分類，對於物流中心來說，ICT的輔助讓它的工作更有效率。根據2004年的統計，H&M平均每天處理的貨物件數達到164萬件，即使每天工作24小時，平均每小時也要處理將近

7萬件貨物的分類和運送。此外，由於分店全部都是自營，ICT也有效提升了店與店、店與總部及各部門的資料分享速率，令H&M的供應鏈系統得到充分的整合與優化。公司每天都以國家及店面為單位，分別分析每件衣服的銷售成績，掌握哪些產品熱賣，需要立刻增加生產，也讓貨品供應更順暢。H&M標榜店內每天都會進貨，以補足消費者目前最需要的產品。當紐約旗艦店開幕時，由於人潮過於擁擠，公司甚至能夠配合需求，改為每個小時進貨一次。

也正因如此，H&M才能夠源源不斷地在店內販售多元、時尚又廉價的產品。一件H&M的服飾平均售價只有18美元左右，女性上衣售價在9.95至24.95美元之間；男性T恤、polo衫售價分別為5.95元和24.95美元。H&M始終相信，只有平價才能吸引消費者在每一年、甚至每一季都去店中購買新推出的產品，這種策略也最能吸引15到30歲的客人——那些希望隨時都能追上流行的年輕消費者。

由於成本控制得當，公司的產品售價雖低，毛利仍然能夠維持在53%左右。美國《商業週刊》曾評論，H&M「重新定義了平價時尚」，印證了公司認為價格、流行、品質能夠同時存在的可能性。

H&M的經營理念為公司的成功打下基礎，他們將各種不同的品牌特性集於自己的店中，緊跟著時尚的腳步變化，不僅打造最高的「C/P值（性價比）」，也吸引了大量的顧客。每一個人來到H&M，都能找到突顯自己個性的最佳搭配，完全不必為了找到滿意的衣服而東奔西走，也更能毫不手軟的盡情選購。在這裡，「經典」與「時尚」得到了近乎完美的融合。

2-3 小花費，大時尚

「以最好的價格提供流行與高品質。」這是史蒂芬・波森加入公司後確立的品牌精神，為了達成這個目標，H&M希望在固有的「低價」路線之外，再加入「時尚」的元素與「精良」的品質。對於許多高貴的時尚品牌來說，這一點真是無法理解！如何將大眾平價與奢華多變的時尚結合起來，又不會在人們眼中看來像是「高貴的墮落」呢？

身為「快速時尚」的代表性品牌，H&M 最大的特點之一，就是從服裝設計到上架販售之間的時間極短，這也使得消費者能夠更迅速接觸到最前沿的時尚商品。一般來說，這個流程在H&M之中只需要21天，但它的主要競爭對手ZARA更短，只需要12天，不過H&M將商品定位在比ZARA更加低廉的價位。而商品「款式多、每款數量卻不多」的銷售理念則同樣善用了「長尾效應」的原理。

除了前述的價格策略外，H&M還打出流行牌。公司把流行看成就像是容易腐壞的水果一樣，必須隨時保持它的新鮮度，因此力求將存貨降到最低，而且讓新貨源源不絕。設計師的每一個新點子都會迅速被轉化為量產服飾，讓消費者能夠快速買到上架的新款衣服，以便上街展示最尖端最時尚的漂亮衣服。

H&M設計師工作的地方叫「白宮」，位於斯德哥爾摩市中心一棟低調的大樓，幾乎所有瑞典最成熟的老設計師與嶄露頭角的設計新銳都集中在這裡。H&M的設計總監瑪格麗塔（Margareta van den Bosch）也經常在瑞典白宮裡坐陣，指揮著H&M的100多位設計師，為顧客們編織著平價時尚夢。

瑪格麗塔是個穿著一身黑衣、梳著短髮、戴著有框眼鏡的女人。她早年曾是一位獨立設計師，自從有了孩子之後就不再從事這種不穩定的工作，索性在家鄉最大的服裝公司——也就是H&M謀了一份職務，一做就是幾十年。

一件件H&M的最新時裝就在這裡誕生了，並在21天內成為實品，出現在全球將近3,000家的店鋪中。這些飛速呈現的H&M時裝有著極為模糊的邊界——它們看上去就跟當季知名品牌發佈的流行趨勢如出一轍。這就是時下「快速時尚」品牌的精神，H&M設計師們的靈感較少來自於原創，對於白宮裡的設計研發團隊來說，他們必須在極短的時間內捕捉到潮流趨勢，在這個前提下，最直接的方式當然就是模仿其他大品牌了。

H&M的設計師們一年四季都會奔赴米蘭、巴黎等各大時裝週，以收集各種時尚訊息，他們會把五花八門的款式都抄下來，也不需要分析到底哪種款式和顏色將會流行，反正H&M全部都推出就是了，總會有某幾款賣得好的。雖然現在這些時尚發佈會對於參加人員的審核越來越嚴苛，讓H&M的設計師時常不得其門而入，但他們卻總能從時尚編輯們的手上買到大量圖片，甚至是直接去和那些名牌的合作工廠購買情報。

在這樣的策略下，H&M的設計團隊總是像停不下來的螞蟻一樣，在街頭、音樂會、電視劇等一切可能的地方尋找靈感。不過，瑪格麗塔一向嚴厲禁止抄襲，只能「參考」而已，除此之外，H&M還有一些其他的禁忌，例如，產品絕不能出現有性暗示的字眼，也絕不過分前衛。「只有被大部分的人接受，才是真正的時尚。」她說。

H&M將品牌定位為「做時尚的跟隨者，而不是創造者」，它有超過100多位的設計師遍佈在全球，關注流行趨勢和特徵，吸收流行元素；同時亦透過個別門市的網路系統，快速反應消費者的採購特徵，以組織新品的生產。在一套嚴密且富有傳奇性質的系統措施下，H&M保障了從流行預測，到設計、生產、貨品回饋、銷售階段的快速反應和低成本。它的成功證明了「快速反應和個性化也可以實現規模化所追求的最終效益」。

在H&M的店鋪中，消費者可以用不到一半甚至十分之一的價格，買到與亞曼尼等國際大牌類似款式的服裝，雖然知道這些衣服並非貨真價實的名牌貨，但服裝本身的時尚感幾可亂真。也因為這樣， H&M經常受到各大知名品牌指控抄襲，並索取鉅額賠償金。每一年，H&M花在官司和解上的費用相當可觀，這幾乎已成為它的固定支出。同屬「快速時尚」品牌的ZARA也有類似的問題。

為了避免經常遭遇的版權問題和抄襲糾紛，ZARA聘請了強大的法律團隊，以降低索賠風險，而H&M 則另闢蹊徑，想出另一條行銷策略，也就是與奢侈品牌或知名設計師合作設計服裝，以規避侵權的風險。2004年底，瑪格麗塔策劃了和卡爾．拉格斐（Karl Lagerfeld）的第一個合作系列，在全世界造成了前所未有的轟動。卡爾．拉格斐在歐洲被稱為「時尚界的凱撒大帝」，曾擔任香奈兒（CHANEL）、芬迪（Fendi）、克洛耶（Chloé）等奢侈品牌的設計總監，在時尚界具有無可撼動的地位。而主打「平價」策略的H&M，與這樣一位高高在上的大師級人物，無論如何也難以令人將兩者聯想在一起。然而，H&M卻做到了。

在「Karl Lagerfeld for H&M」系列推出之前，H&M買下了各大媒體版面，鋪天蓋地地宣傳這件事，成功在時尚界製造了話題。當時，在歐洲各大地鐵站都可以看到H&M的大型廣告，上頭標示著一件世界級大師設計的雪紡洋裝只要79.9瑞典克朗（約台幣3,500元），令人眼睛一亮。電視上也同步播放著長達兩分鐘的黑白廣告，廣告中，兩名歐洲上流社會男子在一間高級餐廳裡議論卡爾．拉格斐的「背叛」，中間穿插多名服飾華美的名媛貴婦聽到消息以後暴跳如雷、歇斯底里，或把衣服丟進河裡，或發狂似地鞭打僕人的表現；最後，其中一名胖男人轉過頭去，焦急地質問坐在一旁的拉格斐：「卡爾！這是真的嗎？」戴著招牌墨鏡的拉格斐則輕描淡寫地回答：「當然是真的。」男人聽了，以哀痛不已的口氣說道：「可是，這很廉價啊！（But, it's cheap!）」這時候，拉格斐很酷地回答道：「這是個令人絕望的世界，一切全取決於品味，如果你的品味低俗（cheap），那就什麼也幫不了你了。」

對於H&M來說，能請到卡爾．拉格斐為他們設計商品，不僅大幅提升了自身的品牌形象，也是時裝界的一大創舉。而對卡爾．拉格斐來說，無疑也希望藉由這次合作，打破「名牌＝天價」的迷思。11月，女裝系列首先登場，接下來又陸續推出男裝系列和飾品系列等三十多件秋冬商品，在每一件商品上，只要質地允許，幾乎都會印上「Karl Lagerfeld for H&M」的字樣，並打出「Design is not a matter of price（設計無分價格）」的口號。

卡爾．拉格斐，知名德裔設計師，華人界慣稱為「老佛爺」。招牌特徵為墨鏡、西裝，與梳得一絲不苟的馬尾。曾任香奈兒領銜設計師，並自創同名時裝品牌與Fendl品牌。

開賣當天，果然吸引大批慕名而來的客人，卡爾．拉格斐的系列商品在數十分鐘內就被「洗劫」一空，知名拍賣網站eBay上更出現炒作至50倍高價的H&M衣服，媒體為此創造了「massclusive（群眾時尚）」這個字形容這次的轟動。雖然這一系列的服裝比起H&M一般商品的價位要高出一大截，但對於顧客們來說，以這樣的價錢能購買到香奈兒級別的大師級作品，仍然物超所值。「我愛卡爾．拉格斐，我愛他設計的衣服，但我買不起它們。感謝H&M圓了我的夢！」卡爾的粉絲在媒體前說道。

H&M請來了知名設計師合作，不僅帶動了短期的店內銷售額，也創造了長期的品牌形象。直到三年後，一件印有「Karl Lagerfeld for H&M」字樣的衣服依然是收藏家心目中的珍品，高貴程度不亞於真正的香奈兒。畢竟，「卡爾．拉格斐 for 香奈兒」年年都會推出新款，但「卡爾．拉格斐 for H&M」卻是絕版品。

這一次合作讓H&M的全球營業額在一個月內上升了24%。在美國，19家店鋪在一天內共賣出20萬件「Karl Lagerfeld for H&M」，銷售額高達1,200多萬美元。可惜的是，卡爾本人卻宣稱未來不再和H&M合作。「我很高興能讓更多的人穿上我設計的衣服，但H&M未能生產夠多的『Karl Lagerfeld for H&M』來供應市場需求。這令人很失望。」卡爾在接受德國雜誌《Stern》採訪時說道。當然令大師不滿的還有另一個原因，也就是卡爾堅持自己的設計是給那些纖細、苗條的人們穿的，而H&M卻在未經他同意的情況下擅自放大了尺碼生產的範圍。

在H&M，即使一個款式再熱門，也不會因此大量生產。一方面，這是一種名為「飢餓行銷」的基本策略，在時尚界，一件衣服只要印上「限量」或是「絕版」，即使它造型再平凡，一樣會炙手可熱，因為只要過了一個檔期，就買不到同樣的衣服了。這是商人慣用的手法。正因如此，當人們到H&M店內購物時，常會發現上個月看中的某一款衣服，這個月早已沒有貨了。

對於一個「快速時尚」品牌來說，這個策略又包含了一種「平價限量」的概念，藉由小量生產，能夠規避高庫存的狀況——這在服飾業已是一個普遍的問題。H&M沒有專門的折扣店，因此在生產時就對銷售的數量進行了嚴格控制，即使是同一款服裝，生產量甚至無法在每一間店都鋪到。即使是熱門款式，H&M也不會生產更多，因為提高產量的同時，必須付出風險成本，與之相比，它寧願用豐富的款式彌補數量少的缺陷，即使押錯了熱門款，也不致損失太大的代價。另一個好處是，無論消費者多久上門一次，都能夠看到不一樣的新衣服，得到不一樣的購物樂趣。

一試成名後，H&M決定再如法炮製一次，由於卡爾已經表態不再合作。H&M找上了知名的前GUCCI設計師史黛拉．麥卡尼（Stella McCartney），為其設計2005年的系列秋裝，並找義大利名模瑪莉亞．卡拉（Maria Carla）為這一系列代言。與卡爾．拉格斐相比，史黛拉．麥卡尼的優勢同樣不少，她的父親是全球知名的歌手保羅．麥卡尼（Paul McCartney），這足以吸引一部分新顧客；而她本人剛成立個人品牌四年，並且在不久前才與運動品牌愛迪達（Adidas）合作推出聯名系列，她的才華早已征服了時尚界。果然，這個企劃再度受到消費大眾的熱烈追捧，「Stella McCartney for H&M」系列商品在短時間內又被一掃而空。

有了這些成功的先例，H&M索性宣佈，將這種與大師合作的行銷模式提升為企業傳統，在未來的每一年都會找一位知名設計師推出新品。2006年11月，H&M與時裝界天才雙人組Viktor & Rolf合作推出新的系列，這一系列結合了晚會服和休閒裝，包括男式燕尾服、女士晚禮服和毛衣、牛仔褲等便裝，一如既往地在網路拍賣上被炒作到高價。2007年則請來了義大利設計師羅伯特．卡瓦利（Roberto Cavalli），卡瓦利的作品向來以大量的動物皮草圖案和性感剪裁著稱，瑪丹娜、莎朗．史東、碧昂絲等名人都是卡瓦利的愛用者；「Roberto Cavalli for H&M」系列再度造成轟動，商品被狂熱的粉絲搶購一空，有人一買就是一整排衣架。eBay上的一條珠片裙喊價到了500到900美元，連牛仔褲也炒到了定價的三倍之多。

此時很多知名的大牌也希望透過與H&M合作，在消費能力相對較低的人群中開拓市場，而定位平民化的H&M則能借助大牌的聲望提高品牌影響力，讓消費者對自家品牌產生一種「高級」、「限量」的感覺。「雖然有一些品牌仍不願意與我們合作，覺得會因此掉了身價，但那些合作的品牌大多會比H&M獲得更多直接的經濟利益。」H&M設計總監瑪格麗塔說道。當然，為了讓這些大牌同意簽下合約，H&M公司也砸下不少重金，不過這筆買賣對於H&M來說始終是划算的，它不是為了盈利，而是為了打造品牌。

2-4 追逐流行永不停止

除了與世界級的時尚品牌設計大師合作外，H&M也想出了其他的花招。當「卡爾·拉格斐 for H&M」系列推出後，《女裝日報（Women's Wear Daily）》的記者採訪了一些業內人士，希望預測H&M的下一步舉動。著名時尚評論芙羅蘭（Floriane de Saint Pierre）提到，要是H&M想將客座設計師合作系列進行下去，必須要有更大的噱頭，因此他們可能會找一位名氣更大的知名人物合作。

果然，在2007年3月，H&M公佈了當年度的品牌代言人，正是著名美國歌手瑪丹娜（Madonna），這也是H&M首次找來藝人代言。當時瑪丹娜正在進行「娜·語·錄（Confessions On a Dance Floor）」全球巡迴演唱會，H&M還慷慨贊助了瑪丹娜和演唱會工作人員的所有服裝，也趁機為新商品增加可見度。同一時間，瑪丹娜拍攝的一系列廣告則迅速地席捲全球，偌大的「H&M by Madonna」標語出現在各主要國家繁華街段的大型看板上，提醒每一位路人H&M的最新動態與攻勢。

同年，H&M又請澳大利亞歌手凱莉·米洛（Kylie Minogue）代言了一個泳裝系列「H&M Loves Kylie」，凱莉·米洛成為H&M最新泳裝系列的靈感女神和廣告模特兒。這系列的商品選在上海進行全球首發，配合中國首間旗艦店開幕進行宣傳，凱莉·米洛本人更特地抵達上海揭幕表演。當時，在中國北京時裝刊物編輯之間最流行的一句話就是：「去上海能不能幫我帶幾件H&M？」

2008年，H&M最新的客座設計師合作系列更令人大開眼界。這一次的合作人物是一向不按牌理出牌，被服裝界譽為「另類設計師」、「流行先鋒」的川久保玲，她融合了東西方的概念，開創了風格獨特的「Comme des Garcons（意即像個男孩）」品牌。當年9月號的《W》雜誌刊登過一篇文章，開頭就寫：「要是瑞典服裝連鎖店H&M是來自火星，那『Comme des Garcons』的川久保玲——這位將自己的香水命名為『焦油與垃圾（Tar and Gabage）』的特立獨行的時裝設計師，就是來自金星。」就在同一年，「Comme des Garcons」曾與一線代表品牌LV合作，推出帶有多個手柄、風格迥異的手提包。相較於LV這樣的高貴品牌，川久保玲竟又選擇與H&M這樣的大眾平價品牌合作，實在是出人意料。

「當然我們的品牌性質截然不同。但我相信H&M的成功不只在於賣出很多基本款的衣服，他們還一直在尋求突破的新方法。這就是我為什麼如此看重他們。」川久保玲在接受《W》的採訪時說道，「合作代表了一加一大於二的可能性。在那些從未賣過『Comme des Garcons』的商店販售我的作品，這是件很有趣的事。這並非一種妥協，我還是隨心所欲做我想做的，而我無法完成的部分則交給他們來完成。」

為了對川久保玲致敬，「Comme des Garcons for H&M」系列選擇了在川久保玲的故鄉日本率先推出。波點花紋的襯衫和短褲、中性香水、配飾等商品迅速銷售一空。H&M又一次取得了勝利。

客座設計師合作系列活動進展得越來越順利。H&M也推動著設計師們紛紛貢獻出自己的第一次。像是英國設計師馬修．威廉森（Matthew Williamson）在2009年為H&M設計的系列中，第一次嘗試了設計男裝，本人還親自擔任模特兒演繹男裝系列廣告，同年英國的配飾品牌「Jimmy Choo」也為H&M貢獻出自己在服裝方面的第一次設計。

雖然每次活動都吸引了大批排隊的消費者，不過事實上，也有許多人對於設計師本身並不瞭解，只是想湊個熱鬧罷了。對此，瑪格麗塔並不擔心。「大部分的人是不熟悉Viktor & Rolf、川久保玲這些設計師的，也不是每一個城市都能夠買到他們的品牌，因此我認為透過與它們的合作，H&M能教給人們不少關於『時尚』的知識。」不過，她其實想說的是：「同時也讓H&M躋身於『時尚』之列。」

不少昔日聲稱絕不會與H&M合作的大牌設計師們後來也紛紛加入了這個行列。浪凡（Lanvin）的創意總監亞伯．艾爾巴（Alber Elbaz）一向表示自己從沒考慮過與H&M合作，但還是在2010年與男裝設計師盧卡斯．歐森吉爾（Lucas Ossendrijver）為H&M設計了平價的女裝和男裝。「與其說Lanvin走向平價，不如說是H&M走向奢華。這點很吸引人。」

義大利知名品牌凡賽斯（VERSACE）的設計總監唐娜泰拉（Donatella Versace）早年在被問及是否會與H&M合作時，也回答道：

「不會，我希望能維持凡賽斯品牌的高貴形象。如果想要擴大市場，我會在副品牌『Versace Jeans Couture』上動腦筋。」這是近年來一線精品品牌喜歡採用的策略，它以價位比主要品牌更親民的副品牌吸引無力負擔昂貴價格的消費者，順便對這些消費者進行品牌教育，以便時機成熟時讓這些人成為主品牌的消費主力。儘管如此，比起H&M店裡衣服的價格，即使是副品牌也很難做到覆蓋普羅大眾。

2011年，凡賽斯終於點頭答應H&M的合作提議，推出了「VERSACE for H&M」系列。這次的合作依舊叫好叫座，不少人提前好幾個小時就來排隊。為了防止各種突發狀況，H&M開始向顧客們發了彩色手環和號碼牌，分批進入店內購物。而且每人購買的數量、尺寸也都有限制。即使是這樣，意外仍時有所聞，在香港的一家店外，就有一名女子因為插隊而被警衛請出隊伍，爆發了嚴重的肢體衝突。店鋪內也不遑多讓，人潮幾乎擠爆了每一條走道，每個顧客都是抓到什麼就買什麼，要找到一件合適的尺碼非常困難，更遑論去更衣室試穿了。

到了2012年秋季，H&M選擇了以街頭攝影聞名的時尚主編安娜．戴洛．羅素（Anna Dello Russo）為合作夥伴，羅素的風格一直秉承極繁主義，從人造鑽石鑲邊的太陽眼鏡到巴洛克風格的黃金覆蓋藍色手提箱，都受到各個種族、年齡、性別消費者的喜愛。新的合作系列上架數小時後，就在eBay上喊價到定價的八倍之多。在銷售此一系列的140間H&M分店中，尤以在中東的據點最受歡迎。《Drapers》雜誌的記者露絲．福克納（Ruth Faulkner）說：「H&M總是非常成功，因為他們知道消費者想要什麼。」

同年，H&M又找來有著「解構怪才」之稱的比利時設計師梅森．馬丁．馬吉拉（Maison Martin Margiela）合作。「MMM」是過去三十年中歐洲最重要也最具影響力的時尚品牌之一，因此這個消息一經宣佈，再度引起全球的H&M粉絲瘋狂。當年年底，歌手王菲身著一件「MMM for H&M」系列的筒形白色長羽絨服在北京機場亮相時，受到人們議論紛紛，有人稱這件衣服為「被子服」，更有人說：「不愧是王菲，連一條棉被也能穿成潮流單品！」成功製造了話題。

藉由這些宣傳手法，H&M獲得了更多、更新的顧客上門，儘管實際上這一部分銷售所佔的比例很小，但仍不失為一種很好的行銷手法。「即使H&M本季的產品不夠強大，但是它給市場一個它一直存在的信號，正是因為有很多反響圍繞著這些廣告。」知名品牌顧問塞維爾（Yasmin Sewell）說道。這樣的合作系列也讓H&M得到了其他競爭對手沒有的威望，露絲說：「它可以強化品牌的時尚地位，讓品牌在商業市場上有一點差異性。」

H&M的經驗也激發了不少同業。幾乎各個平價品牌都推出過幾次客座設計師的合作系列，例如Topshop與凱特．摩斯的「Kate Moss for Topshop」、UNIQLO與Jil Sander的「J+」、GAP與瓦倫蒂諾的「Valentino for GAP」等等，都是取自於H&M的創意，然而卻沒有一個品牌成功創造出如同H&M般的話題性。

反觀H&M選擇的合作品牌，大部分都是在時尚圈已有一定話語權的尖端品牌。比起GAP、Topshop等對手贊助新興設計師的合作系列，H&M的做法要更為保守。當然，H&M的每一次合作，都必須支付合作對象一大筆費用。例如，在最初兩次的合作系列中，H&M就付給了卡爾．拉格斐和史黛拉．麥卡尼各100萬美元，付給瑪丹娜的酬勞更多，大約有400萬美元，這個價碼逐年上升，如今已比2004年翻了一倍，尤其是在經濟不景氣期間，這種合作企劃推出得更加頻繁。由此不難推斷，有些名牌設計師很可能是為了在短期內取得經濟利益而選擇與H&M合作的。而對於H&M來說，廣告與宣傳成本從未轉嫁到消費者身上，因為它們在合作中賺取了曝光率和提升了品牌形象，這已經足夠了。至於出售合作服裝能獲得多少利潤？這或許就沒那麼重要了。

也有不少粉絲擔心，這種合作是否會影響其他高「貴」品牌長久以來建立的形象？對此H&M十分樂觀，畢竟，合作系列雖然標榜是大牌設計，但始終是平價的H&M，因此買合作系列的人和買高價設計師服裝的永遠是不同的兩種人，即使後者有一天看到自己曾經買過的衣服被重新設計成平價版，在大眾市場流通，他們也未必會氣急敗壞，覺得自己花了冤枉錢，相反地，這或許會讓他們更加珍惜現在身上的這一件，畢竟，它是第一手的，也是貨真價實的高貴原版品。

久而久之，H&M的客座設計師合作活動也越來越像是定期舉辦的時尚盛事一樣。2013年2月，在情人節將至之際，H&M推出了貝克漢（David Beckham）內衣系列，風格由以前的黑色、灰色和白色基礎增加了藍色、紅色和工作服款式。同時還拍攝了如同電影般高規格的電視廣告，由電影《福爾摩斯》的導演蓋・里奇操刀拍攝。這支廣告充滿了幽默元素，貝克漢在好萊塢比佛利山莊的大街小巷一路狂奔。「與蓋・里奇合作拍片是一個令人難忘的經歷。整個拍攝過程中我非常快樂，也希望這支廣告同樣能帶給大家快樂。」當這系列內衣上市時，H&M甚至在全球幾個主要城市樹立了半裸的貝克漢雕像，供來往遊人合影。

其實在2009年H&M與索妮亞・麗卡（Sonia Rykiel）合作設計的內衣發佈時，也曾在巴黎的大皇宮（Grand Palais）宣傳，不僅複製了一座二十多米高的艾菲爾鐵塔出來，就連馬車、旋轉木馬這樣的大型設施也都一一生出，噱頭十足。「VERSACE for H&M」系列在英國發表的現場，也請到了唐娜泰拉親自出席，並大方與搶到該系列的粉絲們合影留念；「Lanvin for H&M」系列上市前，H&M更舉辦了盛大的時裝秀，邀請俄國名模娜塔莎・波利（Natasha Poly）以及資深老編輯安娜・戴洛・羅素為其走秀。當羅素為H&M設計的配飾發表時，不僅推出了名為「Fashion Shower」的音樂錄影帶，在巴黎時裝週期間舉辦的慶祝派對也帶領著全城的時裝迷們徹夜狂歡。

每一次的發表會都是星光熠熠，喜愛H&M的明星們不停對著鏡頭大聊H&M的合作系列與真正的精品名牌的設計有多麼的相似。不僅僅是藝人，當代的時尚偶像——美國第一夫人蜜雪兒・歐巴馬（Michelle Obama）也頻頻穿著價值不到1,000元台幣的H&M服裝在鏡頭前露面。2012年初，英國《衛報》發表了一篇名為《H&M是怎樣統治了這十年的》的文章，裡頭指出，正是因為H&M與高檔時尚品牌聯合推出設計師系列的舉動，使它漸漸成為這個時代的潮流風向指標。

除了實際與大牌合作之外，H&M還會私底下放出一些假消息，例如它將與某位知名人物合作，等到這些消息在網路上傳得沸沸揚揚後，H&M再親自出面否認，並宣佈真正的合作者。前GUCCI總監湯姆・福特與知名華裔設計師王大仁（Alexander Wang）等人都曾無辜「中槍」過。例如2013年的聯名系列，一度傳出將與法國品牌紀梵希（Givenchy）合作；對此，瑪格麗塔始終沒有正面回應，一直等到6月份產品上市的那一天，謎底才總算揭曉：不是紀梵希，而是同樣來自法國的新生代設計師伊莎貝爾・瑪蘭（Isabel Marant）。

2-5 隱藏在銷售中的學問

和GAP、ZARA、UNIQLO一樣，H&M的成功不僅僅是靠著「平價」和「時尚」的策略，在現今的零售業界，這兩點幾乎已經是基本條件了。因此，除了服裝本身的價位與風格外，在店鋪的銷售與宣傳上也必須有一套創新的作法。

倫敦的零售業分析師卡克雷爾（Nathan Cockrell）曾指出：「H&M的經營方式是錙銖必較。」為了節省成本，董事長波森甚至禁止員工上班時打手機、出門坐計程車，但他對於廣告宣傳投入經費卻毫不手軟。每年度，H&M都會投入年營收的4%在行銷預算上，這些錢會用來聘請知名攝影師掌鏡，為H&M最新一季的商品拍攝廣告，或是買下公車、月台甚至地鐵的把手上的廣告版面，以及電視媒體上的黃金時段，展示巨幅的廣告。不過，H&M宣稱這些龐大的支出並未轉嫁到消費者頭上，它與跟知名設計師簽約的支出一樣，都是為了塑造H&M的品牌形象。

正因如此，儘管H&M服飾的價位與頂級奢侈品有著極大的差距，但它的廣告片拍得一點都不含糊。在上海播放的一系列廣告中，香奈兒的招牌名模達莉雅（Daria Werbowy）優雅地從龍之夢購物中心的弧形牆上走過，流露出一種自信與輕鬆感，這股精神與許多名牌標榜的極致高貴相悖離，但廣告的氣勢卻宛如一場時裝大片，擁有一種寧靜幽遠的美感，吸引每個女孩子迫不及待地想穿上H&M的衣服。另一方面，H&M又在廣告內容上極力突出低價策略，例如一件9.95美金的T恤、17.95美金的上衣等等。巨星的形象加上這些顯眼的標語，吊足了消費者的胃口。

另一方面，H&M也仿造愛瑪仕等高檔精品品牌推出了自己的雜誌，雖然它的排版稍顯淩亂，配色也稍顯花俏，但雜誌本身的品質對H&M品牌來說似乎並不重要。這些刊物通常會放在收銀台邊供顧客免費索取，裡頭不僅有最新的潮流動向，還有H&M的新品展示以及和時尚接軌的產品，消費者一般都會帶走一本，有的人只是隨手翻閱打發時間，有的人會看看裡頭最新的款式然後扔掉雜誌，或是注意到裡面某張好看的時裝照片，或者乾脆拿來搧風墊桌腳，但只要這位消費者拿著H&M的雜誌，就已經無形中成為H&M品牌的活廣告，藉由製作屬於自己的雜誌，H&M讓越來越多的人對H&M從認識，到迷戀，直到死心塌地。

在宣傳造勢上，H&M花錢也不手軟，並善用流行文化。當2007年上海第一間旗艦店在淮海路開幕時，H&M就請了凱莉・米洛親臨店內，為其代言品牌「獻聲」，並進行為期5天的品牌推廣，而包括趙薇、莫文蔚在內的30多位華裔明星也受邀捧場，這一舉動讓H&M迅速在中國引起了廣大關注，一舉開創出知名度。2013年，H&M更登陸了巴黎時裝週，在YSL、Dior 等一線品牌舉辦展示會的羅丹博物館（Rodin Museum）上演了自己的品牌秀。根據《富比士》雜誌的統計， 2009 年時一場普通的時裝秀開銷就要75,000美元，足以預見H&M在這次精心準備的走秀上砸下了多少經費。

不過，與廣告費用比起來，H&M在店面的租金上更是不惜重本，它的選址策略與UNIQLO和ZARA相同，始終堅信「地理位置越優越，商家的投資收益也越高」的道理。因此，無論是在大城市還是小城市，H&M每間專賣店的位址都處於黃金地段，而且店面很大，往往有2到3層，店鋪外牆還有巨幅的最新產品的宣傳廣告。這一模式已經成為H&M創立以來一直沿用的原則，例如，當H&M首次進軍美國時，就毫不手軟地直接選在紐約曼哈頓的第五街道。當它進軍亞洲後，也陸續將旗艦店設在香港的皇后大道、上海的淮海中路，以及東京的銀座等精華地段，這些都是當地最昂貴的黃金寶地，而且知名品牌雲集，足以為H&M賺來不少人氣。

儘管坐落在高檔商業區和繁華的交通樞紐必須付出高額的成本費用，但H&M深諳「群聚效應」的好處。首先，知名商圈往往有眾多知名品牌，這些品牌都具有良好的口碑，可以迅速提高H&M的品牌身價。而且，相關店鋪的聚集還有助於提高相同目標消費群的關注，在短期內迅速提升H&M的知名度。

無論在哪一個國家，在哪一個市中心的繁華商圈，H&M都能憑著它在全球的高知名度，在入駐商場時享有更優惠的政策。「這種情況下，H&M往往處於很強勢的地位，在與租賃方的談判中不僅可以取到一個較低的租金價位，有時對方還會免費為它們提供裝潢，並且遵照它要求的裝潢風格。」一位H&M的店長說道，「除此以外，它在與大型商場的進駐與聯營的具體合作細節上還能拿到更有利的折扣率。」

當然了，它的競爭對手ZARA也能享有一模一樣的待遇，不僅如此，這兩個死對頭還總是能成為鄰居。不過，H&M並不介意這一點，因為同屬「快速時尚」品牌，兩間開在一起反而能夠互相帶動人流，就如同肯德基和麥當勞、7-Eleven和全家也時常毗鄰而居一般。「何況，與ZARA相比起來，我們的價格更實惠。」一位店長說道。

當你來到一間H&M的門市，最先映入眼簾的就是它那醒目而鮮豔的紅色「H&M」商標，既醒目又簡潔明瞭，象徵了H&M的品牌精神。同時，紅色是最容易令人情緒亢奮的顏色，對於上門的消費者來說，購物的激情在紅色LOGO的刺激下，有著無法抗拒的誘惑。

走進店內後，你會先注意到店內的照明，各個區域的燈光都有不同的亮度，這種明暗更替讓你在視覺上感到舒服。在需要仔細看的時裝區域，或是隨便閒逛的休閒服區，或是走道區域，光線一明一暗的變化會讓你不易導致審美疲勞。

接著，你會聽到歡快節奏感很強的旋律，用一種大小適中的音量在你的聽覺末梢上縈繞，讓人有種想跳舞的衝動。而當跳舞的衝動漸漸轉換成購物的衝動時，銷售量就不言而喻了。重要的是，在這種歡快的消費氛圍中，每一位顧客都會是開心而熱情的，他們會不由自主地走遍H&M所有的角落，找到自己喜歡的東西，然後買下它，而且非買不可。

架上的衣服，從基本款到經典款，再到時尚前沿；從年輕人到少年，再到兒童和孕婦；所有人的衣服都包含在內。顏色也非常齊全，所有的基本款式都有不同的顏色可做挑選。一般來說，店內每週會更新款式兩次，並且每種款式上架不會小於3週，最及時、最準確地提供顧客們最想要的商品。商品的分類排放也有學問，一間典型的H&M店擁有女裝部、男裝部和童裝部，而不是按照上衣、褲子、皮包、配飾進行分類擺放；上衣也不會都和上衣擺在一起，或是褲子跟褲子擺一起，而是上衣、褲子、皮包、配飾會搭配好放在一起，讓顧客很容易在心動之下，一買就是一整套。

一間H&M的分店，與其稱它叫作「店鋪」，不如稱它為「小型商場」，以上海的H&M旗艦店為例，整間店一共四層，每層面積大約500平方公尺，整個旗艦店面積就有2,000平方公尺以上。在這樣龐大的空間中，上萬種不同款式的服裝，營造出了「一站式」的購物環境，消費者不用像逛街一樣花上好幾個小時或好幾十家店面，就可以購買到所需要的所有服裝、飾品和鞋，這不但刺激了顧客的消費欲望，還方便了顧客購物。多款少量的行銷方式，使得同一種款式、不同尺寸的時裝只有十餘件，銷售好的話最多補貨兩次，一方面減少同質化產品的產生，滿足市場時尚化、個性化的需求；另一方面，也促使顧客產生「限時限量」的感覺，想要立刻買下它，以免抱憾。

店員也是品牌形象的重要組成部分，他們都穿著H&M自家品牌的衣服，親自體驗H&M的魅力，也更全心全意地為H&M工作。在顧客眼裡，這些店員的穿著也拉近了和顧客的距離，讓他們覺得親切自在。不過，要在一間H&M的店裡遇到熱情的店員是很難的，曾經有人說：「H&M的店員是所有各大品牌服裝店裡被找到的機率最低的。」即使能找到他們，他們也不會像其他服裝店的店員那樣在你挑選時為你出謀劃策。不過，這並不是因為他們冷漠無情，而是因為推銷不是他們的職責。

在H&M，公司並未提供門市店員銷售紅利的獎勵機制。「傳統服裝店會按照店員賣出服裝的銷售量給予對應紅利，但對快速時尚的品牌來說，不管顧客買了幾件衣服都和店員沒有太大關係。因此店員也不會那麼主動地湊上去問你是否要試穿。」一位H&M的店員說道。

除此以外，這個現象也和快速時尚提倡的「自主購買，自主搭配」的消費理念有關係。在H&M，店員的主要職責是整理貨品，因為面積龐大的店中堆積了大量貨品，常常被客人翻亂，店面必須及時整理好這些被翻亂的衣服，讓整間店的擺設看來井然有序，工作量十分巨大。

來到試衣間，我們會發現各個試衣分隔區用厚重的深藍色絲絨作為簾幕，讓人覺得分外安全，不用擔心被偷窺。而裡面的鏡子能讓試穿者同時能看到自己的正面、側面與後面，盡可能滿足多角度要求。更有趣的是，主試衣間的入口和出口是分開的，以更快更有效的分流人群，減少人流進出造成的時間阻礙。

事實上，H&M也不希望顧客在店內試衣服。由於店內通常空間都很大，動輒就是兩到三層樓。「H&M提倡『一站式』的購物方式，希望顧客能在一個商業空間裡像在超市購物一樣買到各類服裝用品。」一位H&M店長說道，「但你會發現，無論是多大的門市，留給更衣室的面積總顯得不夠用。排隊試穿這件事似乎總是難以避免的。」而且，H&M也從不打算解決這個問題，它根本不希望你把時間花在試穿衣服上，因為它推出了30天無條件退貨的服務，鼓勵顧客買回家再試穿。與其浪費空間增設更衣室，H&M寧願設置更多台收銀機，好讓顧客快速選購。平均每家H&M店都有20台收銀機以上，就像一間超市一樣，不過通常它們很少會全部同時運轉。

在H&M的發票上，都會清楚的打上退貨的最後期限，以及「30天內憑發票和原始吊牌換貨」的字樣，而收銀員在結帳時也會口頭告知顧客。遇到像內衣或者襪子等這類不可退貨的商品，則會在發票上加蓋「不可退換貨」等字樣，淺顯易懂，又令人感到親切。

每年換季的時候，H&M都會舉辦一次促銷活動。而規模最大的一次促銷時機通常是在年末的聖誕節期間。年底是每家零售業者衝銷售量的時機，通常都會有大幅度的促銷活動。打折的持續時間特別長，折扣也很誘人，範圍幾乎覆蓋了所有店鋪。和所有服裝品牌一樣，H&M舉辦促銷主要也是為了清理庫存，不過在H&M的促銷期間，你不必擔心店內擺的全是陳年舊貨或有過時設計的問題，因為它不會銷售存放太久的過期衣服，這會傷害「快速時尚」的品牌形象，對H&M來說，它寧願銷毀舊庫存，也不希望它們流入市場引起輿論風波。

2-6 成功的品牌定位

「在合理的時刻，從時尚、品質、價格之間取得合理的平衡。（Right balance between fashion, quality and price at the right time.）」這是H&M企業的核心思想，它希望為大眾提供快速、划算、時尚的產品，而從中可以歸納出H&M的品牌戰略核心：時尚、品質、價格、時間。

H&M始終將自己定位成「頂級設計的追隨者」，與香奈兒、Dior這些「高端設計領先者」有所區隔。在時尚服裝業中，作為「設計領先者」的頂尖品牌在業界中佔有崇高的地位，在技術功能、色彩趨勢、結構創新、造型風格、材料選配等方面都對這個領域的其他企業起到領導作用。它們引領了潮流，是時尚的引導者，然而它們的價格也極高，只有一些極富有的人才消費得起。

而像H&M這樣的「快速時尚」品牌，雖然不足以引導潮流，但卻緊跟時尚，並且價格親民，這使它擁有比頂級高端品牌更多的消費者。像這種低成本策略就是一種很有效的「設計追隨者」採用的戰略。也因為H&M是「最佳價位和時尚品質兼備的品牌」，因此反而在市場具有更大的佔有率。

在大眾眼裡，快速時尚品牌擁有「一流的形象，二流的產品，三流的價格」這樣的特色；不過，對於這些業者來說，他們總是用「一流的設計、二流的材料、三流的做工」來總結自己的生產特點。「即使是打2折的衣服，對於H&M來說也是賺錢的，」一位H&M的職員說，「因為通常H&M的成本都會控制在銷售價格的10%以內，這遠遠低於普通服裝品牌30%的成本銷價比。」

為了提供最優惠的價格給消費者，H&M竭盡所能地降低成本。不僅不設置自己的成衣廠，將製造完全外包給世界各地低成本的私人工廠，採用廉價勞力，且服裝材質一般也選用較低廉的材質，降低生產成本。在全球各地建立大量倉庫，縮短運輸距離，盡量採便宜的水、陸路運輸，貨箱也一律採用可回收利用的複合塑膠箱，大幅省去物流成本。最後，由於它不需創造時尚，只是追隨時尚，所以在設計上也省了一大筆成本，但「設計」的本身絕不馬虎！

每當一些頂級時尚品牌的最新設計剛發佈，H&M就會迅速推出和這些設計相似度極高的時裝，任何消費者都能在它的門市內看到一些時尚大品牌服裝的影子。「一流的形象，二流的品質，三流的價格」就是H&M這種快速時尚品牌的宗旨。這種「追隨」，並不是在產品的款式、材質、色彩等方面上粗糙模仿設計領先者，而是在有其創新的基礎上做出「有距離」的追隨，並保持一定的差異。產品的開發設計，只是在追隨頂尖大品牌的時尚元素，再結合自身品牌的特色而設計出來的。它包含了時尚感和細緻感，且價格相當低，因此受到大眾的喜愛。

在創新方面，H&M也不時與卡爾·拉格斐、史黛拉·麥卡尼、川久保玲等頂級設計師聯手，不僅製造了話題，也提升了品牌本身的形象。這些系列讓H&M的產品在時尚領域中，具備了一定的創新性。

由於時尚是個活的東西，必須時時保持新鮮，因此設計師的新創意會在最短的時間內轉化為服裝後，讓消費者能及時買到最尖端的時尚服飾；而每個品項的商品都不會生產太多，貨量有限，但新商品也會不斷上架，這使得消費者能對品牌保有一定的新鮮感。也正為了實現這種快速，在產品上架的過程中，減少了經手的人數，過程簡潔，也就更減少了成本。

要保證低庫存率、高淘汰率和快速時尚力，就必須遵循「少量、多款」的產品策略。H&M要吸引顧客的眼球，保持顧客的注意力，就要緊緊抓住跟隨時尚趨勢、頻繁的更新和更多的選擇。從心理學來講，「少量」的策略會帶給消費一種心理上的「脅迫」，因為這種方式可以創造一種稀缺，從而在無形中誘發對顧客的購買吸引力——越是不容易得到的，就越想去擁有它。因此，H&M每一季的服裝生產量都不多，這代表消費者沒有在推出的一段時間內就購買的話，很可能以後再也買不到了，而且同一種款式的服裝在店內的庫存通常也只有幾件，你很可能因為一時猶豫，從此就錯失了擁有它的機會。這最初的懊惱，換來的將是顧客未來果斷的購買速度，進一步培養了一大批忠實的追隨者和偏好者。

在顧客的限時心理下，H&M的最新商品往往很快就會銷售一空，因此極少採用折扣策略，除非部分零碼產品，會在季末或歲末一併促銷，而H&M打起折來也不會手軟，往往下殺到3至5折，以促進資金儘快回籠，刺激下一波生產。

H&M推行產品多元化策略，可以讓顧客在店內找到屬於自己的個人風格。品牌本身分為女裝、男裝、童裝、睡衣、泳衣等種類，而光是女裝又分為「Divided」系列、「L.O.G.G」系列、普通女裝系列等等。這些豐富的商品系列大大地滿足了市場上廣大消費者不同的品味和款式需求。這些產品系列均由設計部集中創作和規劃，在瞭解顧客的需求後，做出合適的構思，然後創作出吸引顧客購買的新產品。

配飾商品是H&M一大亮點，大到手套，小到戒指，琳琅滿目。所有配飾都按照顏色區分陳列，如果你喜歡粉紅色，那麼就可以到「粉紅區」去，沉醉在夢幻般的粉色世界裡，如果你喜歡藍色，那麼就到「藍色區」去，在那裡尋找所有關於藍色的時尚夢。不同於C&A的怪異配飾，H&M配飾追逐潮流，金色風格、貝雷帽、小羊皮手套等等，每一樣都令人愛不釋手。

童裝也是不可小覷的領域，因為這裡的顧客將會是H&M未來的死忠粉絲。對服飾業來說，培養下一代的客層是品牌戰略最需要關注的一點，這關係到品牌今後的戰略發展——如果父母是H&M迷，他們自然也很容易在H&M為其孩子選購童裝，從而養成一批H&M潛在的客戶，這些小客戶打從在搖籃裡就培養出了H&M情結，就像從小吃麥當勞的孩子，長大後也會對M字包裝的薯條情有獨鍾一樣，這種兒時的情結，總會伴隨著甜美的回憶。時裝品牌行銷也不例外，從小抓住你的心，就等於提前抓住了衣食父母。

如今，H&M在大眾品牌中已經處於領先地位，許多原創品牌紛紛模仿H&M與ZARA的模式，慢慢朝向多款式設計轉變，在一些服裝款式上也追隨這種流行時尚，然而這些品牌的機制卻很難達到H&M的成熟程式，前導時間也較長。因此，雖然它們的種類也很多，但是很久才更新一次款式，導致消費者買完之後頻頻撞衫，還是無法與H&M進行競爭。

2007年，H&M在慶祝創立60週年的同時，也正式宣佈啟動多元品牌策略。它在英國的時尚之都倫敦推出新的子品牌概念店「COS」，取「Collection of Style」之意，將品牌風格定位為現代、都市、雅致，鎖定都會男女族群。準備積極複製過去的成功經驗，以多元品牌開創下一個黃金時代。

走進COS店裡，空間雖然不如H&M寬敞，卻更有高級感。衣服款式強調經典、剪裁俐落、用料高級，色系以黑白為主，偶爾搭配橘色、紅色。沿著白色牆面整齊掛上的衣架，在鵝黃色燈光照射下，更顯典雅大方。店中央鋪著地毯，置有茶几、沙發，或是原木低矮衣櫃，上頭放置配件、鮮花盆栽、折疊好的衣服，呈現一種悠閒愜意氛圍。

儘管風格不同，COS仍然追隨了母品牌H&M的精神，東西高貴不貴、物超所值。一條100%的喀什米爾羊毛圍巾只要69歐元，一款女性100%牛皮托特包，只賣150歐元；一件海軍羊毛混紡雙排扣女性短大衣，單價150歐元。

如果說COS主要針對了30到40歲的「熟女」客層，那麼H&M在2008年的動作，則是為了抓住更年輕世代的心。這一年，H&M併購了「FaBric Scandinavien AB」時裝集團旗下的「Cheap Monday」、「Weekday」、以及「MONKI」等三個品牌60%的股份；2009年的時候又將三個品牌完全買下。

這三個品牌的價格同樣親民，設計風格更是特立獨行。《瑞典時尚奇蹟》（Det svenska modeundret）的作者凱林．弗克（Karin Falk）曾作出比較，MONKI品牌的風格較具個性、獨立、創意，用色大膽、流行元素強烈；而Cheap Monday融合秀台、街頭時尚、次文化的設計風格；Weekday則是以最優惠的價格，提供個性獨特的少男少女都市風格的服裝。

到了2013年，H&M又宣佈推出一款全新的女性品牌「& Other Stories」，這款品牌只推出女裝產品，尤其配飾佔有重要位置，包含鞋類、手套，甚至還有美容產品。這一品牌一樣主打大眾化價格，價位與COS相當。除了價格之外，「& Other Stories」品牌嘗試遠離快速時尚路線，力求打造一個「完美、理想、持久的衣櫃」。

在擴大策略上，H&M一直朝著國際化的方向前進。根據統計，多年以來H&M一直保持著平均每年10至15%的銷售成長率，分店數目的成長率也幾乎是這個數字。H&M堅持採保守而穩定的擴充速度，它堅守「全權擁有所有分店」的原則，而且不依靠借貸或發行新股來融資，只靠內部自有資金周轉，因此負債金額一直維持在極低的水準，2004年以來更幾乎降至零負債，大大減少了H&M的利息支出。藉由穩定的擴張，業務根基也得以穩固。

如今，H&M已在53個國家與地區設有據點，擁有近3,000家門市，其中中國大陸及香港分別有158家、12家門市，日本有31家，法國190家，德國412家，義大利和荷蘭分別有110家、129家，而美國則有278家。

而當H&M總資產在膨脹的同時，資產回報率（ROE）卻不跌反升，成功地從「規模經濟」中受益，它的銷售額與貨物成本的差距正在逐步擴大，在2000年到2004年間，銷售額與貨物成本的差距佔銷售額的百分比從50.6%增長到了57.2%，這說明了銷售額的成長比成本成長更快，商品的平均成本則因銷售規模的增大而減少。

在全球化的背景下，H&M透過市場多元化使不同地區的業務達到有效的互補，並分散經營風險，同時也能在新興市場中打下市場佔有率。由H&M近年的擴張方向來看，它幾乎維持每年進入一個新市場，藉此分散地域風險。H&M最大的單一市場——德國，以及發源地瑞典的營業額佔總營業額的比例正逐年下降，德國的銷售比例在2001年時還將近40%，三年後已剩不到30%，而瑞典的銷售比重如今更已經不到10%。這個現象並不是說明H&M的業務正在走下坡，而是其他地區的業務成長及新市場的開發正在快速膨脹，以至於這些老市場的營業額所佔比例不斷下降。

與歐洲市場相比，那些發展較慢但潛力巨大的地方，例如中國、美國和法國的業務比例卻是逐年飆升，這個良好的趨勢使得地區業務互補優勢日漸明顯。透過穩健的國際擴張，再配合市場多元化策略，H&M可以使銷售額的成長更加穩定，從而提升整體的利潤水準。

2013年初，H&M的現任執行長、也是史蒂芬·波森兒子的卡爾·約翰·波森（Karl-Johan Persson）曾在接受彭博社採訪時說道，未來中國將取代德國成為H&M的最大市場，在中國市場的開店速度將超過全球其它任何國家。原因在於傳統的歐洲市場已逐漸沒落，當年底H&M的同期淨利潤下降了1.3%，而最大市場的德國營收也已連續2季下滑。同期中國市場卻穩居亞洲第一的位置，營收成長了39%，金額在全球排名第七。過去，H&M大部分的收入來自歐元區，但歐債危機後，民眾的消費力已被大幅削弱。在2012年的第4季中，歐元區除了芬蘭外，包括德國、荷蘭在內的7個國家均出現營收下滑，北歐地區也無一倖免；但在歐洲以外的其它地區業績卻普遍表現亮麗，尤其是中國與美國。

2012年秋天，H&M位於邁阿密的安菲特拉（Aventura）購物中心的旗艦店開幕，規模之大依舊令人咋舌，共佔地25,000平方英尺。目前，H&M在全美有278間店面，但影響力多集中在美國東西兩岸，今後在美國西南部、東南部以及南部地區，仍有不小的發展潛力。

另一方面，H&M當年度共在全球新開了339家分店，創下了歷史最高紀錄，其中有52家都在中國，即便如此，德國門店數仍比中國多272家，假設中國每年開店速度成長率為60%，且德國門店數不變，中國要成為其第一大市場仍需要至少3年以上時間。不過，當年度H&M在德國雖然新開了22家分店，卻也關閉了10家，而中國巨大的消費市場卻只是剛開發而已，根據統計，中國消費者每年花在服裝上的金額約為1,150人民幣，為美國人的五分之一，但中國的市場卻也是美國的五倍，而且對新服裝的渴望度不斷增加，因此兩國都將是未來一股不可忽視的消費潛力。

有鑑於此，在H&M的2014年度計畫中，將再新開400家新分店，大部分都將開設在這兩個國家。「2014年將是具有挑戰性的一年，」卡爾·約翰·波森表示，「在H&M的許多市場，流行服飾零售業的銷售顯示出面臨挑戰局勢的特徵。持續艱難的宏觀經濟環境和歐洲、北美上一季的惡劣天氣都是原因。」除了中國與美國之外，H&M已在2013年登陸5個新的地區，分別是智利，愛沙尼亞，立陶宛，塞爾維亞，以及印尼；而澳洲、台灣亦會在2014年成為H&M的新市場。

2-7 快速時尚的致命傷

2012年冬季，H&M最新的大牌合作系列「MMM for H&M」在全球遭到空前挫敗。這一系列在H&M全球230家門市和網上同步販售，中國地區甚至將發售城市擴大到上海、北京以外的12個城市。然而，根據時尚界權威媒體《女裝日報》的報導，當天在歐洲分店的排隊情況卻遠比當年初發佈的「Marni for H&M」系列來得冷清，而在中國，消費者也並未像兩年前「Lanvin for H&M」系列推出時那樣製造出洶湧的排隊人潮，每一間店面的聯名款式服裝都還剩下許多。

當2004年H&M首次打出卡爾·拉格斐的合作系列時，在全部國家掀起了前所未有的轟動，H&M甚至成為當代的潮流風向指標。但這個招數在用了8年之後，似乎也逐漸失靈。2012年，H&M並未達到業績預期，為了挽救頹勢，設計團隊加快了推新步伐，一口氣推出了至少6個大牌聯名合作系列，甚至與去年剛合作過的凡賽斯（VERSACE）再二度聯手，卻無法讓消費者重拾對往年合作系列的狂熱程度。

事實上，即使是近年少見的熱門系列「Lanvin for H&M」推出，在全球引發不亞於iPhone 4S的排隊熱潮時，網路上也出現了不少批評和質疑。例如說，有位網友就列舉了幾項「不買Lanvin for H&M的理由」，像是品質不穩定、價格比H&M其他服飾高、容易與其他同好撞衫等等。「最重要的是，真正的Lanvin粉絲是不會去買這個合作系列的，」這名網友說，「買了它，就等於在向世人說明：你是買不起Lanvin的Lanvin粉絲！」這番尖銳的批評，也指出了H&M與頂尖大牌合作推出的系列最大的致命傷：雖然稱「Lanvin for H&M」，但它仍然是H&M，而不是Lanvin！

「許多合作系列其實只是設計師往年作品的翻版，更加關鍵的是，H&M的做工和材質根本達不到設計師預想的效果。」《財經天下》週刊寫道。事實上，在2004年的首度合作之後，卡爾·拉格斐就不滿地表示再也不會和H&M合作了，因為H&M在未經同意的情況下就放大尺碼進行生產，這對於一個世界級的設計師來說是難以容忍的。

即使是2011年H&M與凡賽斯的合作系列，在發售首日的搶購熱潮之後，也在短短一週內就爆發了大規模的退貨風波。頻繁出現的品質瑕疵以及讓令人感到落差的廉價材質，都使得消費者對那些「看上去很美」但「實物很糟糕」的大作表示失望不已。

更為不妙的是，在與卡爾·拉格斐合作之後，H&M其實很少能夠再請到真正的頂級設計師合作，這讓它引以為豪的跨界合作系列每況愈下。近年來H&M選擇的合作對象，大多是一些比較小眾但又有一定支持者基礎的設計師，但在某些國家，很多消費者其實並不認識他們。例如2012推出的「MMM for H&M」系列就是，儘管Maison Martin Margiela在歐洲以街拍時尚知名，還在九〇年代加入過愛瑪仕的設計行列，但作品的大眾知名度顯然遠遠比不上過去的Lanvin或凡賽斯。

多倫多星報（theStar.com）曾拍攝過一段「Matthew Williamson for H&M」在加拿大上市時的火爆場景。廣告中，一位看起來一頭霧水的男士站在人群中，手裡拿著妻子畫給他的一張草圖對記者說，自己一定要幫愛人搶到她想要的那一件衣服。當店鋪大門打開時，人們推擠著湧進店鋪，不到五分鐘內就將所有商品劫掠一空，那位男士過去根本沒見過這種景象，驚愕地被人群擠在一邊，什麼話也說不出來。「我不知道他們在搶什麼。可能這就是時尚吧。」他兩手一攤，對攝影機困惑地說道。

當「MMM for H&M」系列結束後，著名歐美雜誌《Style Zeitgeist》的主編尤金．拉布金（Eugene Rabkin）在「時尚財經（Business of Fashion）」網站上發佈了一篇言辭頗為激烈的文章，表示這種客座設計師合作系列對時尚沒有任何推動作用。「實際上，風格就是品味，與見識多少有關，需要靠努力和學識才能養成。靠著花小錢買這種速成的時髦，只會導致風格的喪失罷了。」

所以，這到底是不是時尚？或許見仁見智吧！

另一方面，由於H&M主打「快速」和「平價」，使得商品的生產加工過程也十分快速，服裝作工難免粗糙，這讓H&M歷年來品質問題不斷，事實上這在「快速時尚」服飾業界早已不是新聞。「一流的設計、二流的材料、三流的做工」在消費者耳裡或許是句玩笑話，但對於一個「快速時尚」品牌來說，卻是永遠的痛。

H&M的衣服主要使用廉價的棉、麻材質，這是保持其快速推陳出新的關鍵，但也難免「忙中出錯」，最大的原因就在於它沒有自己的工廠，完全依靠代工廠，因此往往無法完全控管這些工廠的生產流程，而快速上架的需求也使商品的質檢環節、流程變得倉促。有些較不道德的代工廠商甚至會挑出部分絕對合格的樣品送檢，而大批可能不合格的產品則快速流入了市場。

在中國一份剛出爐的分布表中，可以看出「快速時尚」品牌如UNIQLO、ZARA、無印良品（MUJI）等已逐漸吞噬了整個市場，光是這些店在大陸就開了600家。對任何外來品牌來說，中國往往是它們贏利最多的市場，也是未來潛力無窮的市場。在2012上半年ZARA在全球的銷售額中，來自亞太地區的比例就達到了17%，其中又有15%由中國市場包辦，而美國市場的業績僅佔了12%。UNIQLO最大的海外市場也在中國，2013年第一季的報告就顯示，UNIQLO的70%國際市場銷售成長和48%的總盈利成長幾乎全都來自中國市場。

在華人地區，這些「西洋品牌」在民眾印象中一向是「高品質」的代名詞，但自從以H&M為首的「快速時尚」品牌興起後，這些店內的商品就時常成為當地工商、質檢部門不合格產品名單中的「常客」，要不就是色牢度不足，衣服容易褪色；或是PH值不符標準，材質對人身有害；或是纖維含量未達標準，衣服容易破損……等問題層出不窮。根據業內人士透露，快速時尚品牌包括ZARA、H&M、C&A、GAP等品牌的名字時常出現在衛生部門的「黑名單」中，而且「屢教不改」。

舉例來說，2008年上海質監部門發佈的一份報告就指出，H&M的商品被檢測出「PH值、衣物成分和吊牌不符」，抽檢結果為「品質不合格」；而在2010年6月的報告也顯示H&M一款針織休閒上衣的PH值不合格；2011年有一款嬰兒外套被檢驗出不合格後緊急下架；2012年1月又有一款針織毛衣纖維的含量實測結果與產品標註的不相符。

從事紡織檢測的一位專業人士指出，一般來講，服裝檢測需耗時3至5個工作日，如果服裝不合格，就必須再花7至10個工作日重新送檢。這對於快速時尚品牌是攸關生存的大事，甚至耽誤一天都可能導致產品無法上架。在這種情況下，當地的品管人員「睜一隻眼閉一隻眼」也是常有的事情。

可以說，快速時尚是一柄雙刃劍，服裝的生產該如何破解「欲速則不達」的品質，對它們而言的確是一大難題。未來的快速時尚品牌們必須在快速反應機制、品質管控兩者之間尋找到最佳的一個平衡點，並不是一味的相信「越快越好」。

中國網路快速時尚品牌「凡客誠品（VANCL）」近幾年來迅速擴張，也曾經經歷了與H&M一樣的品質問題，為此，他們在精細化管理上做了不少嘗試。據凡客的職員引述，凡客從2012年精簡了供應商，避免良莠不齊；在幾年的快速發展中也與供應商建立起互信的合作關係，在訂單計畫、原料選定、款式設計等細節上均建立了良好的溝通機制，並成立公司內部的「質檢中心」，親自掌控產品的質量好壞；另外，指定服裝原料，每個細目領域選擇優質的專業供應商，從源頭把關品質。這些措施，都保證服裝品質有了明顯提升。「ZARA的很多衣服在凡客是過不了檢測的，不過，嚴格的檢測實際上也限制了我們在快速時尚道路上的步伐，例如說，像『歐根紗』這樣一扯就破的布料， ZARA可以做，但我們現在因為重視產品本身的品質而不採用。」

對此，H&M則回應：「的確有被代工廠用少數良品矇混過關的例子，H&M的品質問題主要是做工粗糙，如拼接、縫線和色牢度不合格等，但是幾乎從來沒出現過甲醛含量過高造成對人體皮膚產生毒性傷害的問題。」

為了挽救品質不良的形象，H&M近來致力於尋找更加優質的面料，並加強與各地區代工廠的協調與監督，而一旦消費者在H&M店內買到有瑕疵、或品質未達標準的衣服，公關部門也會以最大的誠意協助顧客退費或換貨事宜；然而，「一分錢一分貨」始終是個不變的鐵則，在「快速時尚」品牌極力打壓成本的經營策略下，品質在短時間內恐怕仍是個難以克服的隱憂。

同時，品質問題遲遲無法有所改善，導致一些人逐漸將「快速時尚」與「不環保」之間畫上了等號。因此，如何「漂綠」也成了最近H&M試圖打破的一個刻板印象。

事實上，H&M很早就以環保為題，推出了一系列的產品，例如2009和2010年的「Garden」系列、2011的「Waste」系列、2011的「Winter Romantic」系列和2013年推出、具有濃厚好萊塢魅力的「Conscious Exclusive」系列，該系列包括女裝、男裝、青少年裝和童裝，產品選用更可回收再利用的材質如天絲（Tencel）、萊賽爾纖維（Lyocell）等材質。設計師團隊更從七〇年代的時裝風潮吸取靈感，採用動感舒適的剪裁設計，演繹2013年度更具可持續性的時尚風格。這些令人驚嘆的時裝和設計代表了H&M永續利用資源的品牌精神，旨在將H&M的時裝發展與創新推向更加環保的時尚未來。

早在2010年，H&M就提出了七大重要承諾：一、為有環保意識的顧客提供時尚；二、選擇負責任的合作夥伴，並實行獎勵；三、遵守道德；四、關注氣候變化；五、減少浪費、加強再利用與回收；六、負責任地使用自然資源；七、加強社區建設。為了使當下和未來的時尚能更具永續性，H&M開展了一系列活動，並稱之為「環保自覺行動」。

舉例來說，孟加拉是H&M的重要採購市場。作為一個長期採購方，H&M在2011年訂出「更優質棉花計畫」，希望號召7萬名棉花種植者開展永續種植法，藉此持續改善該國服裝行業從業人員的工作條件和生活品質，進一步為孟加拉的長期社會進步提供支援。H&M連續十年公佈了

《永續發展報告》，這份報告指出，H&M 是世界上使用「棉」材質最多的公司，而預計到2020年，H&M 將向這些發展中國家購買所有符合環保要求的棉花原料，包括有機棉、優質棉（Better Cotton）和回收棉，並完全取代H&M現有的服裝材質。目前，第一批採用優質棉生產的服飾已經上架。

H&M還與環境保護組織世界自然基金會（WWF）合作，如今這層合作關係已邁入第四個年頭。經過雙方通力合作，推出了H&M全新的水資源戰略，這一新戰略將整體供應鏈納入其內，並超越工廠範圍，為整個時裝行業帶來了突破性的變革。H&M更請來法國著名演員及歌手凡妮莎・帕拉迪絲（Vanessa Paradis）擔任Conscious環保系列的廣告代言人。這次廣告宣傳從2013年1月正式展開，首先在網上播放由凡妮莎主演的廣告片，廣告中表明了H&M集團對Conscious系列的重視，而該系列正是根據「更優質棉花計畫」所創立。

「能夠參與Conscious系列並演繹H&M集團的永續模式，讓我倍感榮幸。就個人而言，我與此也息息相關。我的衣櫃裡有很多舊衣服。我自己就非常喜歡收集舊衣服來進行新的形象設計，我總是堅守負責任的環保方式。我希望大家也都同樣重視二手服裝。」凡妮莎・帕拉迪絲表示。

自1995年起，H&M就致力於減少有害化學物質的使用，以降低對環境及自然的傷害，2011年時曾聯合其他一些運動品牌，共同為減少乃至杜絕服裝產業鏈「有害物」的使用作出行動。2013年，H&M又宣佈公司旗下所有產品，包含服飾、鞋類與飾品，將全面禁止使用含氟化合物PFCs。PFCs是一種具有防水功能的材質，在服裝生產中多用於外套類，也會用在帳篷、浴簾等產品中。但它卻對環境造成汙染，尤其會破壞水循環，並影響水中微生物的繁殖。此次宣佈這個消息，無疑是H&M在履行環保承諾上的一個重要改革。

2013年2月，H&M集團CEO卡爾．約翰．波森又宣佈另一個有助於環保的措施：「我們希望改善環境，現在開始，顧客可以將家中的舊衣服帶來H&M專賣店，進行回收。」

每一年，都會有無數紡織物和生活垃圾被丟棄，並最終被送往垃圾掩埋場。其中有多達95%的衣物可以被重新利用，根據其狀況可以被再穿著、再利用或再回收。但因為種種原因，很少有公司願意開展回收舊衣的業務，H&M看準了這一點，率先推出回收服務，希望能作為同類企業的表率。

自2013年3月起，H&M在全球53個國家和地區的顧客都可以將舊衣物交給門市，作為回報，顧客每提交一袋衣物都可以獲得一張8.5折的折價券。「長期來說，H&M希望能夠減少衣物在整個使用週期內對環境的影響，並充分回收再利用紡織纖維。我們的目標是找到在更大範圍內解決紡織纖維回收再利用技術難題的辦法。」H&M時裝與永續發展部趨勢協調員卡塔琳娜（Catarina Midby）對《服裝時報》記者說，「我們接受任何類型、任何品牌和任何成份的衣服。回收的衣物將由H&M的合作夥伴『I:Collect』公司進行處理。I:Collect可以將消費用品進行再加工處理，以符合新的使用目的。」在這一理念下，H&M又成立了環保自覺基金會（Conscious Foundation），用於支持紡織物回收利用以及其他符合H&M價值體系的創新項目。

回收服務開展以來，消費者的反應相當踴躍。對顧客方來說，除了能處理掉家中不要的舊衣外，又能免費取得H&M的折價券，相當划算；而對企業方來說，這一舉除了能減少資源的浪費，提升企業本身的形象外；最重要的是，此一措施的成本不會很高，因為公司和門市、倉庫之間的運輸能力本來就還有餘裕；而藉由活動宣傳與發送折價券，更能增加顧客上門的次數。

H&M遵行「快速反應」與環保的企業理念，及時對危機作出處理，並善用企業形象達到最大的宣傳效果，毫無疑問，它為平價服飾業界打造出了一個最佳的成功典範。

Chapter 3 歷久不衰的北美經典品牌

3-1 衝動下成立的品牌

GAP是全球四大平價服飾品牌之一，也是全美第一大品牌。一個人身處北美地區，要是對GAP這三個字母感到陌生，那可真是老土到不行！即使是這樣，只要住在當地，也會很快就對它熟悉起來，因為街道上鋪天蓋地都是GAP的專賣店，大型百貨商場甚至超市中的精品店，也隨處可見偌大而醒目的三個大寫字母——GAP，令人印象深刻。

每一個美國人或加拿大人的衣櫥裡，無論這個人貧窮還是富有，幾乎都一定會擁有一件以上的GAP品牌服裝。如今，GAP的商標不僅遍及全美，還進一步延伸到海外，全球共有1,690家分店，分布於50個國家，在世上各個角落都能看到許多年輕人穿著印有GAP的經典套頭T恤招搖過市。除了是國際最知名、也最具影響力的大眾休閒裝品牌外，GAP同樣代表著一個主打休閒簡約文化的大型服裝集團。在它旗下，還有「老海軍（Old Navy）」和「香蕉共和國（Banana Republic）」等備受人們歡迎的休閒服飾品牌。

GAP創辦人唐納德‧費雪。

1969年時，41歲的房地產開發商唐納德．費雪（Donald Fisher）來到沙加緬度（Sacramento）的一家Levi's牛仔褲專賣店購物，由於商店內陳設紛亂，沒有試穿間，他只好匆匆買了一件離開。沒想到，回家後一試穿，竟然發現褲子不合身，於是他跑了舊金山的兩家百貨商店，希望能換貨，但兩間店都沒有他的型號，唐納德不禁感到有些生氣。

「要是能有一間提供多元商品且型號完整的店就好了。」他忽然靈機一動，如果有人將整個系列的褲裝風格、顏色和型號都完整地集中到一個店裡，會是什麼模樣呢？他將這個想法跟妻子桃樂絲（Doris Fisher）討論。討論到最後，夫婦決定自行創立一個品牌，並且真的在當年8月投資了63,000美元，在舊金山的藝術家匯集地海洋大街（Ocean Avenue）開了第一間專賣店，這間店就是GAP傳奇的起點，令他們始料未及的是，這個念頭最後竟造就了一個歷史性的商業奇蹟。

GAP最初的品牌名稱是「the gap」，是由妻子桃樂絲想出來的。GAP在英文詞彙裡的意思是「差距、縫隙」的意思，桃樂絲取這個字隱含了「generation gap」的意義，也就是代溝。在當時的年代，戰後嬰兒潮世代陸續進入青少年階段，與二十世紀初出生的父母世代產生不少觀念上的差異，取「GAP」為品牌名稱，除了希望產品能獨樹一格、吸引年輕顧客之外，也想暗示「在GAP品牌的世界裡沒有鴻溝，任何年齡、階層的人都可以在這裡找到適合自己的服飾」。

創業之初，沒有零售經驗的唐納德對於店鋪業績並沒有太大的期待，他當時心想：「能開10家分店就不錯了！」直到多年後，「the gap」事業小有所成，他在受訪時幽默地表示：「我從沒想過踏入服裝業，都是（當年購物）運

the gap

「the gap」最初的企業商標。

氣有點不好，才會幸運地走入這一行。」

the gap的第一家店採用牛仔褲和唱片、錄音帶一併銷售的方式，牛仔褲自Levi's的製造商批發，依照類別、尺寸分門別類，並採行其它便利顧客的措施。唐納德最初的想法，是希望顧客在選購唱片、錄音帶的同時，能順便看看他們的牛仔褲商品。然而結果並不理想，因為根本沒有人會想在買唱片的同時買牛仔褲，大部分的顧客只對店內的唱片感興趣，至於牛仔褲，人們寧可到名氣響亮的大型商店或是Levi's的直營店去選購，唐納德的策略顯然是失敗的。

就在the gap幾乎瀕臨倒閉時，唐納德為了挽救頹勢，展開了一個促銷活動。他在當地的報紙上刊登廣告，聲稱「有4噸的牛仔褲正在大減價」，以接近批發價的價格促銷牛仔褲。消費者的反應十分踴躍，讓唐納德得以解決財務上的危機，還趁機大賺了一筆，the gap的名字更是一砲而紅。

當時，政府禁止牛仔褲訂價販售，因此零售商只能以建議售價的方式出售，也導致許多競爭對手推出各種優惠折扣以吸引顧客。面臨削價競爭的the gap決定以差異化商品（例如提供更多的顏色及搭配組合）來開發消費族群。1974年，the gap終於開了第一家分店，同時推出自創品牌的成衣。唐納德將焦點鎖定年輕人，轉而強調一種年輕、活力的購物氛圍。從這時開始，店內不再販賣錄音帶、唱片，只剩下服裝類商品，例如白色棉質的圓領T恤、上衣、「基本款」牛仔褲等，這些衣服的款式簡樸但品質不差，且價格合理，迅速獲得消費者迴響。另一方面，自創品牌的引入，又讓the gap避免了與更大的零售商之間進行價格競爭，更能夠控制整個供應鏈，並且完全掌握從產品到顧客之間的整個流程。

很快地，the gap這種在當時仍屬全新的銷售方式就在美國本土打出了名氣。短短一年內，店鋪的銷售額就達到了200萬美元，公司也開始在美國迅速擴張，並且順利在1976年掛牌上市。唐納德在媒體上得意地說道：「the gap最先發現每個人都需要一條好的卡其褲、都需要牛仔褲和品質好的白T恤。」the gap漸漸成為平價時尚的先驅，很多成衣零售業者都仿照the gap模式跟進。GAP現任CEO兼董事長格林．墨菲就曾評價過：「如果不是費雪夫婦帶頭，大家今日根本沒辦法用低價買到高品質服飾。他們徹底改變了服裝零售業的風貌。」

幾年之內，the gap已擴展至全加州，甚至在休士頓、芝加哥也設有分店。然而，成功來得快，消失得也快。到了七〇年代末期，由於Levi's牛仔褲的鋪貨率越來越高，許多零售商紛紛模仿the gap的陳列方式，讓the gap的顧客喪失了忠誠度，銷售額逐漸開始走下坡。

營運衰退的原因，除了產品本身的樣式之外，還有品牌形象的問題。在當時，戰後嬰兒潮世代的人已經長大，不再流行穿喇叭褲。這群人追求自己的品味，只有創新的設計才能滿足他們。當唐納德終於明白這一點之後，立刻於1983年大膽起用了米拉德．崔斯勒（Millard Drexler）擔任the gap總經理。

崔斯勒是紐約一名成衣工人的兒子，又曾先後在美國的幾家大型百貨商場從事過服裝部門的管理工作，這使得他對服裝擁有一套獨到的眼光和品味。1980年，他出任美國知名的服裝公司安泰勒（Ann Taylor）的總經理，將自己的才能發揮得淋漓盡致。短短三年不到，在他經營下的公司狀況就發生了一百八十度的大轉變。正當費雪夫婦正為the gap的經營一籌莫展的時候，崔斯勒出現在他們面前。經過一番「工作」後，費雪夫婦說服崔斯勒加入了the gap。

3-2 王牌CEO大改造

加入the gap以後，崔斯勒對公司進行了一番評估，立刻發現在他面前的是許多困難的挑戰，有許多迫切的問題急待解決。首先，the gap在全美一共有500間分店，這些店面的裝潢大多俗氣、落伍，必須全盤整修。再來，店鋪數量增加太快，企業內部卻還是一般小型企業的管理模式，不足以應付大規模的擴張計畫；同時，還有大量的庫存來不及銷售掉，資金無法回收。店內一共販賣14個品牌的服飾，但鎖定的消費族群卻是忠誠度不高的青少年，而唯一倚靠的銷售策略就只有「低價」這一點。

認清問題之後，崔斯勒立即著手改造。他的第一件措施就是將店名由「the gap」改為「GAP」，並且請專人設計了全新的標誌，營造出不一樣的企業形象。接著，他把GAP店內13個品牌的服飾統統撤下，只留下Levi's的牛仔褲，然後大力促銷剩餘的存貨，如果賣不完，一律丟棄。接著，崔斯勒開始大規模精簡人事，開除了紐約地區一半的採購人員，剩下的一半則遷往加州，然後又開除了半數的地區經理及配送人員。最後，他對落伍的店面進行更新計畫，把500間店面逐步改頭換面。

雖然實行了一系列大刀闊斧的改革，GAP在1984年的營收卻反而從去年的2,200萬美元下滑到1,400萬美元，股價也大幅下跌。崔斯勒後來對記者說：「在這一年之中，我比任何人都要提心吊膽。」雖然營收的減少讓他倍感壓力，但唐納德知人善任，全力支持他的計畫，終於讓GAP自萎靡中浴火重生。

崔斯勒又進一步想出了許多措施，他在公司內部成立設計部門，包含了一個服裝設計小組，專門負責設計突顯GAP品牌特色的自有服飾。他要求這些設計師打造出他們自己都樂於穿著的服飾，同時灌輸他們一個精神：「高級的品味，不必有高級的花費。（Good taste doesn't have to be more expensive.）」這個精神後來也成為GAP的靈魂。

為了讓全公司的員工明白他所構思的未來藍圖，崔斯勒又展開了一項「一人溝通計畫」。在一次的會議上，他當著員工的面拿出一本叫做「M」的雜誌，裡頭刊有飛雅特汽車（FIAT）負責人阿格內利（Gianni Agnelli）穿著Levi's的格子襯衫的照片，還有一些美國著名服裝設計師拉爾夫·勞倫（Ralph Lauren）穿著牛仔衣服的照片。這麼做的目的是為了向員工證明：厚棉布做成的衣服一樣可以看起來瀟灑、高雅，這些具有休閒性質的服飾，格調未必比名牌正式服裝來得低。

崔斯勒敏銳地嗅出市場走向，運用最基本的服飾款式，讓GAP蛻變為走在流行尖端的領導者。他讓卡其布看來變得雅致，而白色的T恤也能搭配昂貴的裙子或領帶，引領美國上班族輕便穿著的風潮，並且重新為GAP找回市場定位。

崔斯勒的眼光十分精準，也很合乎當時的時代背景。早在七〇年代時，全球就遭逢第一次石油危機，美國社會陷入「衰退年代（era of downward mobility）」，絕大多數的家庭都面臨了經濟的壓力，到了八〇年代初，景氣早已大不如前，一般民眾的生活並不寬裕，大多必須靠借貸及夫婦共同出外工作來維持。經過通貨膨脹的計算後，自1973年以來，美國國內的基本薪資已從每小時8.55美元倒退到八〇年代初期的7.45美元，這使得美國民眾越來越省吃儉用。當時市場最大的消費族群正是這些年齡在30到45歲之間的戰後嬰兒潮世代，他們的消費習慣隨著景氣衰退逐漸轉變，不再對美酒、珠寶、名車、音響等奢侈品趨之若鶩，反而偏好物美價廉的大型商店，例如沃爾瑪（Wal-Mart）、K-Mart等。

GAP主打低價高質的平價服飾，果然成功吸引了大量消費者。

崔斯勒作出的另一個重大改變，是修正GAP的廣告策略。他延聘了自己在安泰勒公司時代的同事瑪德琳・葛羅斯（Magdalene Gross）擔任GAP的廣告行銷副總經理。葛羅斯上任後，立即將原先準備投資在電視及廣播的1,500萬美元媒體經費，轉而投資到發行量較大的雜誌上，例如滾石（Rolling Stone）、浮華世界（Vanity Fair）等。這是一個十分大膽的賭注，按照常理，如果想將產品的訊息傳達給廣大的消費者，使用電視的效益是最佳的，也可以告知更多人；但葛羅斯認為，電視宣傳的廣度雖然不錯，但費用也相對龐大。相較之下，使用雜誌雖然能傳達的客層有限，卻更能清楚而有深度地展現服飾的設計特點、剪裁，並營造一種與設計相呼應的氣氛與風格。反觀電視在呈現服飾廣告時，由於是動態畫面，在表達衣服本身的層次上較遜於雜誌。廣播則又更差了。

同時，葛羅斯又撤換了GAP原先的廣告代理商，改由GAP公司內部成立的工作小組自行負責廣告製作。一系列的措施讓GAP的形象煥然一新。過去，GAP的廣告總是由不知名的模特兒穿著GAP的衣服，再搭配斗大清晰的價格標示與GAP的商標，乍看之下給人廉價、俗氣的印象。新的廣告團隊注重廣告的質感，並開始聘用知名模特兒，雖然廣告本身仍以人物為主題，但呈現方式與佈局與過去相比已大不相同。

1988年是GAP發展史的一個轉捩點，葛羅斯從這年起開始推行「個人風（Individuals of Style）」廣告活動。這次的廣告與以往最大的不同點在於，它直接點出了「GAP」的獨特風格。事實上，從廣告策略的角度來看，這個手法實在平凡無奇，並無傲人之處，重點在於葛羅斯指定的攝影師都是名聞一時的大師，包括了安妮・雷伯維斯（Annie Leibovitz，美國運通「名人推薦廣告」的攝影師）、哈伯・利特（Herb

Ritt）、馬修·羅斯頓（Matthew Rolston）、史提芬·梅索（Steven Meisel）等人。這些攝影高手融合了商業與藝術的手法，透過優秀的攝影技術，用黑白相片的表現作出最佳的詮釋，將平凡無奇的休閒服推向美學的高峰。

黑白的「個人風」系列，營造了一種在偶像與攝影美學絕佳的搭配之下獨具個性的風格與氣氛，當讀者在印刷精美的雜誌上看到這些他們所崇拜的偶像時，忍不住會興起模仿之心，爭相購買GAP的服飾。同時，照片清楚表達GAP的設計、剪裁與配色，再搭配彩色系的廣告，讓消費者在受偶像崇拜心理的影響外，更能由彩色的廣告稿中做出理性的判斷。

這套廣告活動引發了一股搶購熱潮，消費者對這個廣告活動的支持程度，由GAP在巴士站張貼的海報經常被偷這一點即可看出一斑。這一系列廣告策略延續了GAP廣告標示價格的傳統，同時又將攝影師的姓名列在廣告上，使得它們看起來像是廣告，但更像是精美的攝影作品。這個別出心裁的點子讓GAP的設計團隊贏得了許多獎項，包含美國流行設計師協會（Council of Fashion Designers of American）的獎項，該協會過去一向對休閒服裝不屑一顧，如今卻心悅誠服地頒發大獎。

GAP這系列廣告最大的成功在於它漂亮的執行手法。廣告大師伯恩巴克（William Bernbach）曾說過：「『說什麼（What to say）』，是溝通過程中的第一步。而『怎麼說（How to say）』則是如何讓消費者來看你的作品。至於聆聽你的聲音、相信你說的話，又是另一回事了。如果你在『怎麼說』這一步上失敗的話，那麼無論你事前花了多少心力和時間在決定『說什麼』上，也全然是白費力氣。」消費者看到的永遠是廣告本身，而不是廣告策略；能夠感動他們的是最後呈現出來令人目眩神迷的表現手法。因此，服飾類的廣告效果多源自於其藝術創作的張力，GAP的例子正明白地驗證這一點。

早在1990年時，《美國攝影（American Photo）》雜誌就點出了GAP成功的道理。說來簡單，重點不在於廣告中的知名模特兒，而在於GAP聘請的攝影師，這些攝影師成功地運用了精湛的攝影技巧，在廣告中營造出一種個人性格的幻象，告訴消費者：「就算你穿得和別人一樣，仍然可以穿得像你自己。」或許這是一句不合乎邏輯的話，但GAP的廣告卻使得每一個穿同樣白T恤的人表現出與眾不同的氣質。上奇廣告（Saatchi & Saatchi）紐約分公司的一位創意人員就說過：「我們聘請攝影師，不只是要他做好攝影工作，還要他展現出個人的風格。」有許多廣告代理商為了保險起見，往往將策略與表現之間的關係化為等號。其實，一個看似平凡的廣告策略，經過巧妙的轉化後，便可以產生出絕佳的創意，GAP便是一個由傳統策略衍生出絕佳創意的成功案例。

在行銷思維的轉變下，GAP在全美呈現爆炸性的成長。到了八○年代末，在美國人的家庭中，幾乎已經找不到沒有GAP品牌的衣櫃了。《商業週刊》更將GAP的成功案例選為1992年度的封面故事。

3-3 多品牌塑造百變風格

GAP在八○、九○年代時迅速發展，隨著知名度逐步擴大，公司內部也決定將經營策略由最初的休閒服裝拓展到三大種類，並採取多品牌策略。1983年，GAP併購了高檔服飾連鎖店「香蕉共和國（Banana Republic）」，1994又成立了更低價位的品牌「老海軍（Old

Navy）」。販賣的商品則從一開始的牛仔褲，陸續增加了女裝（GAP Women）、男裝（GAP Men）、各種配飾、童裝（Gap Kids）、孕婦裝（Gap Maternity）、嬰兒裝（BabyGap）等部門。靠著眾多品牌與品項的加持，GAP在八、九〇年代迅速發展，很快就佔領了美國休閒服飾品牌市場，並得到了國內及國外消費者的一致認可。

GAP本身是聚焦於休閒式的上班服裝，而「香蕉共和國」主要生產中規中矩的正式服裝，「老海軍」則鎖定為一個家庭的每個成員都提供便宜的服裝。每一個品牌都有其所針對的目標市場，這樣的策略既能讓每一個品牌共用公司的所有資源，又不致讓各個品牌的專攻市場有所混淆。

「香蕉共和國」起初只是一家平凡無奇的服裝零售店。店裡通常裝飾著假棕櫚樹，或是用柳條箱裝著一些小玩意或吉普車零件，作為品牌風格。開業之初經營得還算不錯，但由於品牌理念過於狹窄，而且主要只販售旅遊服裝，很快就被市場淘汰，成為品牌行銷失敗的反面教材。然而，自從它的經營理念轉變為「商務便裝」後，又獲得了重生的機會。就在這時，GAP收購了香蕉共和國，並調整了它的經營策略，將其定位轉向中高檔消費品零售店，商品從高價運動毛衫到香料、按摩產品都有，並同步推出了知名設計師唐娜．凱倫（Donna Karan）的系列皺綢套裝。

香蕉共和國的特色是為顧客提供最佳的質料及最一流的剪裁，並為著重衣著品位的男女顧客提供多樣化的設計。一如既往地，它以優質布料配合簡約風格，創造出一系列易於搭配的男女服飾，令顧客在選擇上更為輕鬆。

而1994年成立的「老海軍」，服飾價格則相對更低，它的精神在於讓顧客在挑選適合的服飾同時，也能夠盡情享受購物的樂趣。推出的款式包括設計獨特的T恤、舒適自然的牛仔褲，質料柔軟的卡其褲等等，為每一位家庭成員提供適合工作及消遣的衣著選擇。

品牌規模陸續擴大後，GAP透過多個品牌的運作對市場進行細分，確立了每個品牌特定的目標族群：GAP推出經典的款式，主打中端市場；香蕉共和國則針對年齡更大、更富有的族群，提供比較正式的高端服裝；老海軍則以實惠且具有品位的服裝為特色，與其他平價服裝零售商爭奪低端市場佔有率。針對三個品牌的不同特性，GAP在宣傳基調、宣傳管道及傳遞資訊上都採用不同的溝通策略。

香蕉共和國採用針對性極強的宣傳管道，不利用電視、電台等大眾化的傳播媒體，而是傾向使用特定的時尚雜誌來加以宣傳；GAP和老海軍主打大眾化市場，因此利用大量的主流媒體，話雖如此，但兩個品牌在傳播基調上仍然有所區分。GAP的電視廣告一向以簡潔明快的風格著稱，像是「一群年輕人在沒有背景的舞台上跳著輕快的舞蹈」這樣的電視廣告，在琳瑯滿目的廣告海中格外引人注目，並在美國掀起了一股GAP卡其服裝熱潮；而老海軍則顧名思義，利用了航海和海軍的風格，聘請了幾位知名人物代言，加上一隻活潑機靈的小狗，展現出卡通式的風格，同時大力宣傳自己低價、親切的形象。

除了宣傳手法上的差異外，這三個品牌都屬於專賣店營銷模式，但每一個店面的風格迥然不同。香蕉共和國專門選在頂級的商業區開張，尤其是辦公大樓林立的高檔商業區，它的店鋪門面往往精緻而優雅，色彩高貴而獨特，門口一般不會有熱情活潑的推銷員大呼小叫，也很少會大張旗鼓打出跳樓大拍賣之類的促銷手段。

老海軍則完全相反，它的門市一般都有三層店面，三層分別展示女裝、男裝，與童裝，氣勢龐大。一走進店內，立刻就有銷售員笑臉相迎，隨手為你遞上一個大網袋，恨不得你此行把整個網袋裝滿——不過這並不奇怪，因為老海軍品牌的服裝價格低廉，選擇眾多，促銷活動又接連不斷，加上一家人無論男女老少都能挑到適合自己的服裝，裝滿一個網袋倒不是多麼費力的事。

作為代表性品牌的GAP則又是另一回事，它的價位處在香蕉共和國和老海軍之間，專賣店通常開在郊區的各個購物中心。在它的店鋪中，「GAP Men」、「GAP Women」和「GAP Kids」一字排開，佔據了購物中心很大一塊面積。櫥窗佈置往往也很有特色，色彩隨著季節變化而有所變更，玻璃窗內的假人套上幾件具有鮮明GAP風格的衣服，任何人遠遠望去，就知道這是一間GAP的分店。店內也很寬敞，過季品以及促銷類產品都擺放在固定的地方，不會和全價產品以及當季新產品混淆在一起，方便消費者選購。

GAP創立初期，曾憑著簡樸的白色襯衣和卡其色休閒褲一舉成名，這些款式奠定了GAP商品的設計風格，每一季的新品通常都會延續當年的風格，簡潔但又耐看，不張揚卻突顯個性。多年來，GAP獨樹一格的品牌特色已經為它帶來豐厚的回報，使它成為國際知名的休閒服裝品牌。

1995年，隨著崔斯勒正式成為GAP的CEO，公司的聲勢也節節高昇。最令美國人印象深刻的例子發生在隔年，在這一年的奧斯卡頒獎典禮上，眾多明星們按例身著高級品牌的奢華晚裝，在鎂光燈面前搔首弄姿，這時候，以《第六感追緝令》成名的女影星莎朗．史東（Sharon Stone）穿著一襲黑色、簡潔的連身服，優雅地出現在會場。當人們紛紛猜測她的衣服是瓦倫蒂諾還是亞曼尼的時候，她從容地解答了眾人的疑問：「是GAP。」

當時，GAP在人們眼裡只是一般的休閒服裝品牌，跟世界頂級設計師的服裝品牌完全無法聯想在一起。因此，當記者與觀眾們對莎朗．史東的非凡自信感到欽佩之時，也對GAP這個品牌產生了濃厚的興趣，紛紛走進它的專賣店尋覓適合自己的服裝。經由這一件事，GAP成功地博得媒體版面，並製造了話題。不僅如此，它打破了人們對於GAP「平價而休閒」的品牌印象，一躍成為與大師級設計師的昂貴禮服平起平坐的流行指標。

沒過幾年，GAP的名字又在媒體上聲名大噪。1998年時，美國總統柯林頓（Bill Clinton）與白宮實習生陸文斯基（Monica Lewinsky）爆發性醜聞，儘管柯林頓當時在社會大眾前極力否認此事，但意圖彈劾柯林頓的共和黨人卻對外宣稱，他們發現了陸文斯基穿過的一條留有柯林頓精液的藍色洋裝，這件洋裝後來成了拆穿柯林頓總統謊言的關鍵證據，而它正是GAP品牌的衣服。這使得柯林頓的醜聞從此被戲稱為「GAP門事件」（之前美國最知名的醜聞為「水門事件」），而GAP的名聲也再次遠播千里，受全美國人津津樂道。那時候，每一個經過或進入GAP專賣店的人，都會忍不住想在店內找找看，能不能發現與陸文斯基一樣的藍色GAP洋裝。

在各種獨特的行銷手法，以及新聞媒體的推波助瀾下，GAP的年營收逐年上升，在1995年到1999年之間， 公司的年營收成長以平均30%的速度暴增，淨收入則在1999年時達到最高峰，為11億美元。

GAP的另一個經營優勢在於它採用了SPA商業模式，從服裝的設計、銷售到廣告宣傳全都是由自己完成的，而且由於旗下的分店幾乎都是直營店，它能夠百分之百掌控經營的每一個環節。在1997年時，崔斯勒慧眼獨具，預料到隔年將會大規模流行卡其色的衣服，於是立刻和同事們共同開發了一個全新的卡其裝系列，並在1998年4月時，連續在電視上播放這一系列的卡其裝廣告，為其產品造勢，廣告請來音樂人士及舞者，充分表現出GAP服飾的簡單魅力與躍動感，給人深刻的印象。與此同時，各個GAP分店的櫥窗裡也都擺上了卡其裝產品，店裡的員工更是清一色身著卡其裝。這種品牌宣傳的力量是不可抗拒的，果真立竿見影，帶動了年度的卡其時尚風潮。

崔斯勒並未因此滿足，他的下一個目標是讓GAP與旗下品牌從全國性的服裝連鎖店，發展成全球認同的優質品牌。當時，華爾街的專家們一致評論：「現在的GAP幾乎能夠與著名的美國風格品牌比如可口可樂、吉列和迪士尼相提並論了。那個藍底白色的GAP字母商標，早已成了家喻戶曉的標誌。如果說迪士尼有米老鼠、吉列有刮鬍刀，那麼，GAP就有T恤、卡其裝和牛仔褲。」

自從崔斯勒加入GAP以來，這個集團的旗下連鎖店就已經從原先的566家，增加到1998年夏天時的2,237家，還將觸角伸向國外，陸續在英國、法國、德國、加拿大等國開設了分店，速度之快，平均一天就多開出一間新店。

最典型的例子，就是在九〇年代初的法國，當時的法國仍深陷「後密特朗」的經濟蕭條中，GAP卻大張旗鼓地在巴黎開設了第一家分店。這個時尚之都的市民才剛慶祝完法國大革命兩百週年，赫然發現法國連「時尚」這座最後的堡壘都快被美國人攻陷了！一時間，GAP的分店成為法國年輕男女的新寵，店面如雨後春筍般在巴黎街頭冒出，而且幾乎每天都門庭若市，常常被迫暫時關閉店門，好讓店內的顧客能悠閒地選購。

在歐洲尚且如此，在美國國內就更不用提了，GAP的門市密密麻麻地出現在美國地圖上，幾乎每一個購物中心都能看到它的影子，普及率甚至高過了7-Eleven商店，而且一間比一間大，至少都是三層樓以上的賣場。

3-4 誤入歧途的策略

在崔斯勒的帶領下，GAP成功塑造出「清爽、美國本土製、簡單而優良的設計」等形象。儘管每季都不停地推出高流行性的商品，但牛仔褲、卡其褲、翻領毛衣等經典款式仍然是GAP歷久不衰的熱賣商品。GAP請來音樂人士及舞者表現GAP服飾的簡單魅力與躍動感，給人深刻的印象。GAP的獨特性在於從設計、製造、物流、行銷到販售等，所有的流程全部由公司一手包辦，連世界評價最高的形象廣告也是由公司內製。

GAP的成功被視為世界製造零售業的教科書。它不僅成為了美國最大的服飾專賣品牌，也成為全球平價時尚的先驅，帶動各國業者爭先仿效，創立類似品牌。就像「GAP」這個名字的象徵一樣，它帶有經典美式風味的商品早已跨越了年齡、階層，讓任何人都能在店內買到適合自己的服飾。

在GAP集團的營運達到顛峰的1999年時，它的旗下共有4,200多家分店，將近17萬名員工，還有兩個規模龐大服飾子品牌，一切看似一帆風順。

曾有企業家說過：「領導一個企業，就像走在一條高空的繩索上，任何一步不小心，就有可能跌入萬丈深淵。」也就是在GAP最風光的1999年，它的經營狀況逐漸走下坡。由於GAP主打卡其布、牛仔褲與T恤等基本款，其他公司能很輕易就模仿出它的樣式，沃爾瑪、目標（Target）等大型平價超市，也尾隨GAP的成功途徑，大量推出更便宜的相似商品，使得GAP典型、乾淨、簡單、適合所有年齡階層的核心商品，在很短的時間內使喪失了獨有的優勢。

同時，GAP採取急速擴張策略，店鋪總面積在過去4年間成長了一倍。但自1999年之後，即使每單位面積的銷售量下降了三分之一以上，公司的分店數目仍然以每年20%的速度成長中。到了2002年，儘管公司減少了一部分預計擴張的店數，但是仍然新開了將近200家的分店，而所有店面的租金總額預估就高達10億美元。當年的《紐約時報》評論：「GAP公司的成長策略不夠明智，使得困局更加複雜。」

分店的數量以倍數成長，外有華爾街股票分析師的無形壓力，內有股東會緊盯銷售成長率，讓崔斯勒與旗下的經營團隊倍感沉重。最後，他們決定調整公司一貫奉行的營銷策略，沒想到這卻是另一個難堪的開始。

改變後的GAP策略變得遊移不定，從原先業界人人爭相仿效，退化為追隨別人、仿效別人。隨著時間進入二十一世紀，時尚界掀起了一股年輕潮流，許多新興的服裝品牌都是以專攻青少年市場而打出名氣，例如ALLOY、dELiA*s等。一時間，GAP被淹沒在這些新品牌所製造的讚嘆聲中，喪失了自己的聲音。崔斯勒感到心急如焚，為了搶回GAP的市場佔有率，他著手採取了一系列措施，指示旗下的設計師們開始鑽研他牌的服裝，跟隨所謂的「年輕潮流」。

在這個過程中，GAP逐步地摒棄了品牌本身一直推崇的、已被根深蒂固地被認為是GAP品牌本質的休閒風格，而將服飾的消費市場鎖定在更年輕的族群，將設計風格改為更加潮流化、時尚化，材質也從原先的棉布、卡其，轉變為使用很多輕紡類的材質，色彩則從以往偏向於單一的灰藍黑白，轉而使用更多大膽而鮮明的色彩。最後，GAP新設計的牛仔褲變得低腰、緊身，上衣也捨棄了原先寬鬆、舒適的棉布，改用緊貼身體的化學纖維類彈性布料。甚至在這一年冬天，崔斯勒發現當時許多流行的品牌都推出了皮衣，因此也仿效對手，囤積了大量的皮夾克、皮褲和皮裙。

結果，當過去的忠實老主顧走進店裡想購買白色上衣時，卻看到粉紅色、釘滿亮片，或者是青綠色、繡有彩色字母的上衣，紛紛掉頭離去，轉而購買J.Crew等品牌的服裝。GAP為了爭取更年輕、更時尚的消費者，卻嚇走了原有的老顧客，也搞砸了大眾對GAP品牌的認同感。無法吸引新的顧客上門，剛推出的新款服飾就銷售慘澹，必須提前降價促銷，短短兩年，公司的利潤就下降了40%。

時尚分析師珍妮佛．布萊克（Jennifer Black）當時接受媒體訪問時曾表示：「近來他們把目標鎖定在青少年族群，但是GAP的顧客應該是沒有年齡限制的。」崔斯勒也不只一次公開承認公司的做法錯誤，他說：「我們需要做的是回到屬於我們的正確品牌、正確目標，很明顯地，我們走偏了。」

創造一個品牌十分困難，但摧毀一個品牌也並不容易。只有打造這個品牌的人，才能最完美的摧毀它。當一個品牌闖出名號後，下一步就會開始擴張，這時候，主導公司經營的幹部或股東往往會抱著短期獲利的心態，只想早日看到獲利，將企業發展的策略從長期拉到短期；最後，快速的擴張造成管理失調、產品品質下降、客服系統不夠完善、公司負債額激增。想早日賺到更多錢的結果，結果反而葬送了品牌形象。

其實，此時的GAP犯了一個許多公司都犯過的錯誤——也就是一味地追求新增消費者和短期市場趨勢，而不是顧客的「終身價值（Customer Lifetime Value）」，也就是每一位顧客長遠來看帶來的收益總和。正常來說，一個公司應該在各自的領域內擴展他們針對的消費者族群的終身價值，從而增加自己的市場佔有率；因此，在他們期望保持所獲取的短期收益時，更需要訂出長期的策略，永久地維持住這些新吸收的顧客。

GAP也是如此，他們希望透過一系列的行銷手法和推廣措施，緊緊地捕獲住這些年輕人的心，並且在這些年輕人還未建立起對品牌的忠誠度時就能擒獲他們，以免先一步被競爭對手搶去。但它最大的錯誤，就在於將這群年輕人作為自己目標的同時，卻忽略了原有顧客的終身價值。當GAP的櫥窗裡掛出的衣服看起來不再像GAP的原本風格時，真正的危機就來臨了，它的核心顧客開始無法將目前的GAP和自己心目中一向認定的GAP連結起來，他們的忠誠度受到了考驗，最終，被迫放棄這一心愛的品牌，並另尋新的選擇。

而對那些GAP試圖拉攏的青少年來說，GAP在他們心目中卻僅僅是個「未來長大後、有了工作收入後才會去購買的品牌」，他們一下子還無法將GAP與目前的自己聯想在一起。於是，GAP沒偷到雞，還損失了一大把米。

到了2000年時，公司的淨收入下滑了3億多美元，2001年更一口氣虧損了近800萬美元，僅僅一年內，公司的市值便減少了一半以上，籌措資金變得更加困難，甚至有產業分析師與媒體大膽預告了GAP破產的可能性。《財星雜誌》就曾評論GAP與全錄（Xerox）等公司一般，加入了即將殞落的美國明星企業的行列。連崔斯勒也表示：「這是公司有史以來最艱難的一年。」

就在他試圖突破這些困境的同時，公司內部的高階主管又不斷流失。2000年的時候，公司一口氣撤換了5名一級主管；兩年後，GAP的行銷總裁又提出辭呈——事實上他也剛就任不久。也就是說，這時候GAP的財務長、行銷、產品設計等部門負責人，都是任職不到兩年的新人，對於經驗不足的新團隊而言，一個充滿問題的龐大公司顯然是個太過沉重的負擔。

歷經了兩年多的業績衰退後，創辦GAP公司的費雪家族終於再也無法坐視不管。2002年5月底，在董事長唐納德的施壓下，崔斯勒最終被迫辭職，這位將GAP打造成全美第一品牌的王牌CEO黯然退場，他在記者會上說道：「我剛加入GAP時，公司只有550家分店，如今GAP已進入了不同的階段，面對不同的挑戰。事實上，我比較喜歡也享受管理小型的公司，因為我熱愛與顧客直接接觸的機會，」他表示，「這是我離開公司的適當時機，也是公司尋找新領導人的適當時機。」

難得露面的唐納德也在一旁說道：「如今GAP公司的規模龐大，複雜程度提高許多，因此需要不同的管理風格，崔斯勒也意識到了自己的不適合。」

就在崔斯勒宣佈退休消息後的第二天，GAP原已不振的股價再下跌了15%。事實上，在過去兩年的掙扎中，公司內部就有不少聲音，認為崔斯勒必須下台；但也有另一派的人認為，崔斯勒過去的紀錄輝煌，只要再給他更多時間，就一定能一雪前恥，扭轉公司的頹勢。無論如何，崔斯勒走了，他拒絕費雪家族提出留在GAP的建議，加入了J.Crew的經營團隊，並隨後升任J.Crew的CEO。而費雪家族則延攬了迪士尼公司的董事、同時也是迪士尼主題樂園的主管保羅．普萊斯勒（Paul Pressler）擔任GAP的新任CEO。

3-5 無止盡的低迷

與崔斯勒上任的情況相同，普萊斯勒剛加入的時候，GAP公司已身陷困境。從開張一年以上店鋪的營業額來看（這是衡量零售商經營狀況的重要指標），已經連續29個月出現下跌，尤其是作為公司主要形象品牌的GAP，已開始進入一種非良性的循環，自2002年起銷售就進入了停滯階段，甚至逐步倒退。顯然，品牌本身已經與消費者脫節，普萊斯勒把這個時期稱為GAP的「中年危機」，在這種危機下，過去的改革方式顯然是不夠力的，普萊斯勒於是開始了他的改造策略。

首先，推行「錙銖必較」的經營模式，將GAP過去的低廉價位朝向中高價位轉變，店內所有20美元以下的商品全部自庫存中砍掉。

再來，全面實施數位化管理。從生產階段到輔助銷售人員工作的店內追蹤、訂購、存貨、控制環節，建構出一個完整的ERP體系。

第三，改變產品設計風格。完全摒棄了GAP品牌原本主打的休閒風格的本質，而改變成更為時尚、前衛的時髦服裝。

為了讓GAP的品牌印象與流行文化作連結。普萊斯勒在2003年重金聘請了知名的流行天后瑪丹娜以及重量級嘻哈女歌手蜜西·艾略特（Missy Elliott）代言當年的秋季商品，希望能刺激年齡在30到40歲之間的消費者買氣，這是GAP歷年來找過最「大咖」的明星。拍攝的一系列廣告成功製造了話題，而且讓GAP的業績得到了些微起色，2003年第四季度的淨營利達到了3.55億美元，營業額由46.5億美元增至48.9億美元。但是，眼光獨到的人們很快就發現，GAP不僅在產品設計上轉變了方向，而且在業界賴以生存的行銷手法也開始進入了一個怪圈，它不僅延續了崔斯勒時期的亂象，還更加走火入魔。

過去，GAP廣告往往是一群年輕人瀟灑輕快地唱歌跳舞，洋溢著青春、活力，又不過於天真、無知，每當電視上音樂聲一響起，白色背景下出現一群舞動的青年，觀眾們想都不用想，就知道這是GAP的新廣告。

但是這樣的風格卻一夕之間被推翻了。

2004年5月， GAP又砸下3,800萬美元，請來了主演《慾望城市》而聲名大噪的演員莎拉．潔西卡．帕克（Sarah Jessica Parker）作為代言人。一時間，人們可以從電視、報紙上和網路上，看見莎拉．潔西卡穿著GAP的當季服裝頻頻亮相，噱頭十足。但是，過了不到半年，莎拉．潔西卡的形象就與GAP的服飾大大脫節。看得出來，這一次的宣傳活動並未給GAP帶來他們所期望的更好的銷售成績。有專家針對這件事作出分析，儘管莎拉．潔西卡具備GAP所想表達的許多訴求，例如時尚、有趣以及強烈的個人風格，然而她頂多只能作為GAP的毛衣和圍巾的代言人，而不適合作為GAP整個品牌的代言人。原因在於，莎拉．潔西卡無法在GAP最核心的顧客群心中引發共鳴。

對於這群顧客來說，GAP代表的好比是服裝界的麥當勞，既無所不在，又不會太昂貴，而且值得信賴，最重要的是它的風格是可以預測、而且不驚世駭俗的。然而，無論是在《慾望城市》中扮演的「凱莉」，還是現實生活中的莎拉．潔西卡，她本人表現出更多的是一種令人感覺到挑戰現實的形象，也因為如此，莎拉．潔西卡和GAP之間的結合其實從一開始就是個致命的錯誤。果然，自從她擔任GAP的代言人以來，整個公司的銷售成績非但不見起色，反而每況愈下。這系列廣告推出一個月後，銷售就下降了1%，第二個月又再下降了3%。而到了零售旺季的12月時，GAP的銷量仍不升反降，到了1月份更是跌到了谷底，銷量足足下跌了9%。反觀GAP的對手們，他們個個歡天喜地地開門迎客，賺進了一大筆又一大筆的鈔票。

GAP旗下各大連鎖的銷售額逐月下降，就這樣一直經過了一年，GAP的營銷決策團隊才總算迷途知返，撤換了代言人。他們終於看出，莎拉·潔西卡在美國國內從來不是一個符合大眾口味的名人，反而只被SOHO區裡那些嬉皮風格的部分人士所推崇。那些上門購買GAP衣服的顧客們，很少是衝著廣告上魅力四射的莎拉·潔西卡而來的。有了這一層認知後，他們決定與這位電視巨星解約，改而簽下英國少女歌手喬絲·史東（Joss Stone）擔任2005年夏季的廣告代言人，十七歲的喬絲在美國剛闖出名氣，風格青春活潑，就像隨處可見的鄰家女孩一樣。GAP希望能藉由喬絲的個人特色，一掃過去莎拉·潔西卡的時尚女郎形象，帶動年輕消費族群的買氣；更重要的是，這一次的代言價碼大約為860萬美元，只有莎拉·潔西卡的四分之一。

然而，市場是不等人的，英國的《衛報》一直關注著時尚界的動態，他們曾經提出過「麥時尚（McFashion）」的概念，也就是一種類似麥當勞式的便宜、快速而新穎的「大眾時尚」。這樣的品牌除了GAP本身之外，還有美國本土的Nine West、來自西班牙的MANGO、ZARA、瑞典的H&M、英國的Topshop、法國的Kookai等等。國際的服飾界對這類時尚品牌的運作方式作過精闢的總結，也就是「一流的形象，二流的產品，三流的價格。」 這些品牌在二十世紀末陸續登陸美國，同樣靠著「價低質高」的特色在各自的市場佔有一席之地。到了2006年，GAP的成長率終於被H&M和ZARA兩大外來品牌超越。

ZARA在2003年之前表現還很普通，但到了這一年，卻成為歐洲第一品牌。如果我們仔細研究ZARA、H&M這些品牌的發展歷史，就會發現一個非常耐人尋味的現象：這些在二十一世紀取得成功的企業，它們的成功不僅僅靠著「創新」，而靠著「速度」，這是在當代商業中所不可或缺的。

以H&M為例，它在2006年一樣請了瑪丹娜作為形象代言人，甚至還找來香奈兒的首席設計師、也是全球知名的服裝設計名師卡爾．拉格斐合作，設計了幾款服飾，造成消費者搶購。除此之外，從店內的設計與陳列、店址選在與一線品牌相鄰的選址策略、到聘用一流的攝影師和造型師，營造出「一切都是一流的形象」。

接著，它仿效一流的時尚品牌，由於巴黎、紐約、米蘭和倫敦的時裝週通常要提前至少兩季發佈最新款的服裝，好讓時裝公司有時間將它們把設計變成商品，這個過程往往要花費數個月的時間；然而H&M只需要派出一些觀察員，把代表當時最新潮流的時尚焦點彙整起來，並到引領潮流的四大時裝週「朝聖」一番，再由專門的設計師融入自己的設計元素，就能生產出既時尚又有特色的作品，這就是「二流的產品」。前面的章節曾提到要完成這一整套流程更量產上市，H&M只需要花費21天，ZARA的效率更為驚人，只需要12天，但GAP光設計就要將近3個月的時間。

至於「三流的價格」，也就是物美價廉。H&M於2000年進駐美國時，店裡所有商品的平均售價只要18美元，就連卡爾．拉格斐設計、一般動輒價值數萬元的限量版時裝也只要50到100美元之間，可以說是不可思議的便宜。這全是由於H&M在成本上控制得宜，產品售價雖然低，但利潤仍然十分可觀。加上款式多、量少、進貨銷貨速度快，形成一個正向循環，分店每週又根據銷售情況下訂單，減少了打折促銷的必要性，也降低了庫存成本。而店內商品的款式更新極快，又加強了消費者的新鮮感，吸引他們不斷重複光顧。早在二十世紀，就曾有一位知名的經濟學家說過：「在二十一世紀，成功者已不再是創造者，而是速度快的人。」而H&M的成功無疑證明了這一點。

反觀GAP內部，普萊斯勒作出的一系列改革完全沒有改變頹勢，關鍵在於他的策略不僅沒有保留品牌本身的優良宗旨，反而揠苗助長，適得其反。早在GAP創立初期，就打造出有效取悅所有消費者的廣大產品線，因此低端消費族群是GAP最大的生存基礎，但普萊斯勒卻忽略了這點，刻意改變GAP的零售價格和設計，使GAP在品牌的界定上產生了嚴重的模糊。無論是提高產品價位，還是改變產品設計線路，都嚴重背離了GAP的本質；而GAP一開始引以為豪的優勢，則被H&M和ZARA師法，並進一步發揚光大。

從普萊斯勒的失敗中可以看出，一個品牌的成功必須具有與眾不同的的特點，這也是其賴以生存的寶物。無論時代潮流如何演變，遭遇何種困境，盲目的偏離初衷與本質都是一件非常危險的事。GAP是「平價時尚」的開拓者，傳承著美國的時尚和生活方式，擁有普及性的固定顧客群，簡潔、時尚，口碑好。但面對其他新興品牌的競爭時，開發、生產和銷售的供應鏈卻來不及反應，導致在新一波的競爭中失去了先機，無法再留住顧客。

3-6 回歸最原始的經典

在普萊斯勒的引領下，GAP不僅沒有擺脫崔斯勒時代的低迷，反而深陷更大的泥淖。全球最大平價服飾的頭銜接連遭受H&M、ZARA所威脅，華爾街的所有分析家都預測，GAP的破產或併購只是遲早的事。

面對這樣的危機，創辦人費雪家族決定再度自幕後走出。2007年1月，接任父親唐納德．費雪擔任董事長的羅伯特．費雪（Robert Fisher）作出重大決定，宣佈與普萊斯勒解除合約，這是GAP創立以來遭到開除的第二位CEO。普萊斯勒拿著1,450萬美元的資遣費，狼狽地離開GAP公司，因為事實證明，擔任CEO的四年多以來，他對於GAP的困境一籌莫展。

格林・墨菲（Glenn Murphy）繼普萊斯勒的腳步擔任CEO，在他眼前是個迷失多年、找不到方向的GAP集團。他完全推翻了普萊斯勒的流行路線，改回原先的基本款路線，也正是一開始讓GAP得以躍上教科書成為銷售模式經典的路線。有趣的是，這樣做等於是回到了當年使GAP壯大的崔斯勒模式，而也正是崔斯勒的盛極而衰，才有了後來普萊斯勒的改變。如今，墨菲決定重新將GAP變回它最擅長、同時也是消費者心中期望與想像的GAP。

《廣告年代》（Ad Age）在2007年1月初做了一個訪問，請來一群業界專家們發表意見，談談「GAP應該如何改變？」採訪中，《花錢有理（Why we buy）》一書的作者安德希爾（Paco Underhill）表示，GAP應該把焦點鎖定在一般美國人工作與玩樂的禮拜一到禮拜五，而不是週末；GAP應該關注的市場是禮拜一到禮拜五的一般服飾，而不是週末參加派對穿的華麗服飾。GAP不應該與專攻年輕人的A&F（Abercrombie & Fitch）和美國之鷹（American Eagle）競爭，而應該把焦點放在戰後嬰兒潮世代和X世代。

GAP現任CEO與董事長格林・墨菲。

安德希爾點出了一個GAP在品牌發展上的關鍵，因為GAP創立於六〇年代末，嬰兒潮世代正是GAP的第一批顧客。GAP與這個世代的人一起成長，提供他們需要的用品；而當他們有了孩子之後，GAP又繼續為他們的下一代提供服裝，這也正是GAP分別在1986年和1990年推出「GAP Kids」和「Baby GAP」系列的考量。到了九〇年代末，隨著嬰兒潮世代進入美國各大公司的核心階層、董事會，網際網路開始拓展，X世代又陸

X世代與Y世代

X世代的「X」來自英文字母「excluding」，有著「被排擠的世代」的隱喻。這一名詞廣泛運用在人口學、社會學、行銷學和大眾文化等研究上，在八〇年代至二十一世紀初都具有相當的影響力。

X世代的定義眾說紛紜，目前最廣為流傳的說法（本書亦採用此說法）是由道格拉斯．柯普蘭（Douglas Coupland）提出的。1991年，柯普蘭發表了同名小說《Generation X》，將五〇年代後期到六〇年代之間出生的人稱為X世代，即嬰兒潮世代的下一代。

與嬰兒潮世代不同，X世代的母親多半是職業婦女，因此這一世代的青年受到父母親在家規範的時間較少，並發展出一套獨特的裝扮，舉凡眉環、刺青等風潮都是在此時形成。而在工作態度上，他們不會快速投入一個工作，認為工作與玩樂同樣重要；他們敢表現、敢要求、敢挑戰、敢放棄現有的職位以追求更好的發展。

Y世代則來自英文的「young」，即X世代的下一世代，通常指出生於1978年至2001年之間的人。這一世代出生時正處於科技起飛的時期，因此他們對於新資訊的接受程度高，也往往是技術或專業領域的佼佼者；同時，他們追求流行、刺激，熱愛科技與旅行，對於工作的態度則較為自我、講求靈活，也較重視樂趣。

一般來說，這些名詞僅用於指美國與加拿大出生的人口，但近年也經常被其他地區的媒體引用。

續成為社會菁英，西裝領帶在這個時代逐漸被「商業休閒服（business casual）」取代，並造就了GAP的發展。

而「個人風」更是符合安德希爾認為的「GAP應該把焦點鎖定在一般美國人工作與玩樂的禮拜一到禮拜五」觀點，因為日常生活佔了一週的七分之五，它正是最關鍵的部分。不過，人們可不會禮拜一到禮拜五天天都想穿得光彩耀人，因此在行銷與溝通上，如何依循這個想法作出有效的宣傳，將是GAP最大的考驗。

在這樣的考量之下，墨菲大筆刪減了廣告預算。2007年7月，GAP的新一季廣告在各大媒體亮相，它的主題是「經典再定義（Classics Redefined）」，廣告走向以當年著名的「個人風」廣告活動相同的調性與模式為主，正式向所有競爭者和消費者宣告：「GAP回來了！」

從時尚雜誌的平面廣告，就可以很清楚的看到GAP回歸基本教義路線的決心，在《Vogue》雜誌，呈現的是18種顏色的提包、27種顏色的T恤、22種顏色的羊毛衫；在《GQ》展現的是32種顏色的Polo衫與12種顏色的V領套頭衫；在《Detail》除了展現32種顏色的Polo衫之外，還有50種顏色的T恤。

展示同款的多種顏色是過去GAP廣告慣用的手法，如今雖然在二十一世紀繼續沿用，但仍然處處可見玄機，就以《GQ》與《Detail》兩本刊物來比較，它們的讀者的年齡與生活形態不同，是屬於不同族群的讀者，因此在廣告的呈現上，就有不同的訴求，除了後段廣告服飾的種類不同之外，造型也有很大的區別，而有色人種在廣告中的地位也有顯著的不同，比過去顯眼許多。

在八〇、九〇年代，當競爭者衰退的時候，GAP便逆勢成長。諷刺的是，如今GAP的衰落史，卻也成了勁爭對手的發展史。二十一世紀對

GAP來說正是「考驗的時代」，從GAP過去的失敗，我們能看見違反品牌自身基本路線重新定位的後果。當然，並非不能將品牌重新定位，但每個品牌身處的時空與面對的情勢都有所不同，因此任一個品牌都是個別的案例，無法全部套用一樣的模式，而對GAP來說，最好的改變就是不改變。

儘管如此，或許是GAP多次的策略搖擺已讓消費者失去信心，公司的業績仍然沒有起色，年銷售額從2004年的163億美元跌落到2008年的145億美元，2009年則再下滑到142億美元。更在2006年與2008年相繼被H&M、ZARA超越，從服飾龍頭淪為世界第三。

不過，墨菲並沒有因此灰心，他仍然堅持自己原先的策略，繼續在困境中奮鬥。2008年9月，GAP以1.5億美元的價碼併購了女性運動服裝品牌「Athleta」，標誌著公司進入一個全新的發展階段。2009年3月，墨菲接受《華爾街日報》訪問，他坦承2008年GAP的業績不佳，但是並不會把責任全部推給2007年的金融危機，而是因為GAP定價、網購的機制規劃不良，無法激發消費者的購買慾，因而導致銷售量下滑，並且被競爭品牌超越。

「香蕉共和國這個品牌本身已經不再具備『酷』的特質了。而我們在2008年重新裝潢了所有的老海軍門市，但結果仍然跟14年前的樣子沒什麼差別。」墨菲說道，上任來的這些日子，他在GAP內實行的多項重大措施已經逐漸發酵中，希望在未來的五年內，能帶領GAP與旗下的香蕉共和國和老海軍，重新奪回世界第一服裝品牌的寶座。

為了激勵企業內部，墨菲在當月宣佈刪減了自己薪資的15%，而董事會也響應他的做法，不僅將人數從13人減少到10人，還把董事會成員每年的現金報酬與股利也同步減少15%，與當時隨處可見的金融界肥貓反其道而行。而這只是GAP節約成本計畫中的一部份。接著，墨菲又在2008、2009兩年間，將整個GAP集團在北美的分店關閉了60間，並資遣了超過300名的員工；而節省下來的人事和店租，則轉而運用在網路平台上。在接下來的2009年，數據顯示來自GAP旗下網站的銷售總金額已經超過12億美金，佔公司整體業績的8%。「我們鎖定北美地區，是因為我們一直都是當地的市場領袖；在過去幾年中，GAP在市場的佔有率持續的下降，這一點是完全不能被接受的。」

2009年是GAP創立的第40個年頭，意義非凡，墨菲大力推行讓GAP回歸時裝的基本設計，以最經典的白色T恤加上歷久不衰的藍色五袋牛仔褲，重新找回品牌的定位，這是企業重整最重要的一步。當年年底，當GAP慶祝40週年慶的同時，推出了「1969經典牛仔系列（1969 Premium Jeans）」，廣告瞬間席捲全美各大看板，希望以最先鋒的設計理念傳承GAP的品牌精神。與過去的牛仔系列不同，新設計的商品極其貼身、做工精良，並注重面料細節，正如創始人費雪夫婦在創業之初秉持的理念：讓人們可以方便地找到一條真正合身的牛仔褲。

2010年年初，GAP進一步推出了為GAP Kid設計的經典牛仔系列，將原先的品牌精神完全發揚到整個企業的服飾。「對於GAP而言，設計最重要的一點就是要合身、合身、再合身。我們致力於設計的是你曾穿過的最合身的牛仔褲。顧客走進GAP全球的任何一家門店，都能找到最適合他們個性和體型的牛仔褲。」與墨菲同時期加入GAP的設計總監派翠克．羅賓森（Patrick Robinson）說道。

GAP最經典的設計，並不是款式多變的T恤，而是創立GAP品牌時，遭受挫折卻發揚光大的「GAP 1969」牛仔褲系列，它也是GAP中最昂貴的商品之一，那種不被束縛的感受，已經成為全球年輕一代所追求的精神。

在正確認清了經營理念後，GAP總算開始重新贏得忠誠顧客的心，並再度創造奇蹟，它成功的經驗固然可貴，但它一度背離品牌本質而慘遭失敗的教訓更值得深思。

為了彌補美國本土陷入停滯的業績成長，GAP決定大舉開發海外市場，尤其是亞洲最大的中國市場。早在15年前，GAP就曾在日本開設分店，它的經營策略更得到UNIQLO創立者柳井正的效法；但對於中國市場的登陸計畫卻始終被擱置。這回，為了走出低迷的營運困境，GAP終於決定邁出這一步。

2010年11月， GAP一口氣在中國開設了4間旗艦店，分別位於上海南京西路的中創大廈和淮海中路的上海香港廣場，以及北京的王府井和朝陽大悅城，都是當地最為高檔的地段，佔地也都超過1,000平方公尺。每間店面都涵蓋GAP、GAP Kids、baby GAP和GAP Body等專櫃，力求透過其多樣化、美式、現代、舒適等風格，在中國市場打下一片江山。

不過，GAP直到2010年才登陸中國，可以說是姍姍來遲。它的競爭對手ZARA、H&M、UNIQLO，以及荷蘭的C&A等品牌，在中國拓展的腳步都先了GAP足足3年以上。GAP已錯失了讓中國人認識它的最佳時機，在此同時，尊貴如愛瑪仕與LV等一線奢侈品牌在中國的門店數也已足以匹敵全球其他地區的總和。

3-7 愚蠢的改造計畫

另一方面，儘管墨菲是少數能誠實面對問題的CEO之一，但若認為GAP就此起死回生的話，恐怕還言之過早。例如說，墨菲在就任CEO時帶進公司的品牌創意總監派翠克．羅賓森就是一個不小的隱憂。

身為創意人員，羅賓森似乎有缺乏慧眼這個致命的弱點。他在2007年與美國時裝協會CFDA的得獎人共同推出了GAP白襯衫設計師系列，但實際上卻叫好不叫座。在黑白的形象廣告裡，羅賓森請來代表了不同世代的知名人物為其代言，從法國八〇年代的名模伊娜斯．德拉弗拉桑熱（Ines de la Fressange）到《Vogue Paris》總編輯的女兒茱莉亞．洛菲德（Julia Restoin-Roitfeld）。儘管有這些人簡潔有力的形象，但當消費者來到實際銷售的店鋪裡，卻發現店內依舊是木色系的老舊裝潢，也就無法吸引這些新一代的時髦世代上門了。也正因為這樣，自從羅賓森在2007年加入GAP後，實際的銷售業績仍然持續下滑了14%。

2010年10月，GAP的創意團隊再度犯了一個愚蠢的錯誤，將GAP最初藍底白字的經典商標更換，改為白底黑字、字型不同，而且大小寫也不同的「Gap」新商標。這個消息一經公佈，立刻在全球引起軒然大波。甚至被許多分析家譏為「自從可口可樂在1985更改配方以來，最為失敗的品牌更新策略」。

一個識別率很高的視覺標誌對於樹立品牌來講十分重要。一個有效的品牌識別，不僅僅只是一個簡單的商標設計。挑選的色彩（例如星巴克的綠色）、獨特的字體（麥當勞的M），或其他圖形設計項目（NIKE的勾形）都是視覺識別系統的一部分。此外，擁有一個強烈的視覺形象的好處繁多，不僅能提高品牌的知名度，還可加強品牌的認可度，例如人們一看見缺了角的蘋果圖案，就能立刻聯想到知名的APPLE電子產品；一見到紅色包裝的寶特瓶，就會立刻聯想到可口可樂。

在這次考慮不周的品牌重塑計畫之前，GAP可以算得上全球識別率最高的品牌之一。它那代表性的藍底白字商標自1983年以來沿用至今，其地位可說接近「藝術」的高度。獨特的字體、深藍的底色無一不和公司品牌緊密相連，無形中已成為公司最寶貴的資產之一。然而，GAP高層在希望藉由品牌形象重塑，來吸引更多高端客戶的同時，竟異想天開地朝這個知名商標下手。

10月6日，GAP在官方網站上公佈了其新商標的設計方案。消息貼出才過了幾小時，網站上已經寫滿了顧客和設計者們的不滿，以及他們對於新商標的嘲諷。在新商標發佈之後的幾天裡，各式各樣的輿論更是不斷地湧現在各大網站，舉例來說，有的網友認為，GAP的新標誌看起來就像一個15歲的小孩在Word軟體裡設計的一樣！也有網友製作網頁，設計了一個功能，可以用不同的詞語輸出成與GAP相同形式的商標，並且揶揄道「這麼簡單何必花大錢請設計師？」社群平台上的激烈反應進一步引起了一般媒體的報導。

隨著批評輿論日益升級，GAP不得不採取公關危機手段，坦承他們錯失了與消費者們溝通的最佳時機，並要求網友透過臉書，發表他們對於新商標的建議。在一番溝通與公司內部討論後，10月11日，GAP公司終於宣佈，將取消它的新商標，改回原來廣為流傳的老字號商標。那個令人唾棄的商標，只存活了短短的五天便宣告夭折。

GAP於2010年更改的企業標誌，由於反應不佳，僅過了五天就緊急取消。

整個事件看似不可思議，但對於

GAP高層來說，這次風波也揭示了不少問題。客戶在嘲笑新商標、表示憤慨的同時，也展現了他們對於GAP品牌的喜愛，否則也不會如此積極地要求將商標恢復到從前的模樣了。在過去一個星期裡，顧客的強烈反應顯示了他們是如何與GAP最初的核心承諾緊緊相連——舒適、優雅而又經典，而且又是每個消費者都能負擔得起的。這個事件正好說明了保持與現有的品牌理念的一致性正是任何品牌重塑工作都應高度重視的。

每個品牌都像一個活生生的生物體，會呼吸、會成長、也會調整。當需要對品牌進行再造時，就算只是換個商標，也需要經過一番溝通並徹頭徹尾的改頭換面。在現今社群媒體盛行的世界，品牌再造與溝通方式又將變得更加棘手。

品牌生存在競爭激烈的社群媒體環境中，會發展出獨特的品牌生態系統（Brand Ecosystem），社群媒體上有各式各樣的平台可以進行溝通，有些是品牌擁有的平台（Owned media），例如官網、粉絲團；有些是付費平台（Paid media），例如網路廣告、關鍵字；有些是透過關係經營，雖然品牌本身沒有控制權但是其他平台也願意為品牌進行宣傳（Earned media），例如部落客。而品牌與各種社群媒體平台的互動關係，也進一步建構出獨特的品牌生態系統。

在複雜的品牌生態系統下，採用什麼策略進行品牌再造也就更顯重要了。比起過去的時代，現在的品牌再造不能只是更換個企業識別（Corporate Identity）標誌、發發新聞稿公佈新的商標就行了。在現今的品牌生態系統中，品牌必須在整個生態系統中作出一致性的調整，也必須作好清楚的溝通。尤其重要的是，改造的過程中，品牌必須要隨時準備好與消費者作雙向溝通，不能再沉溺在過往的單向模式，因為，社群媒體不只是品牌再造的工具，反而需要為社群媒體發展專屬的品牌再造策略。

與GAP同樣在品牌再造上大失敗的例子還有果汁品牌純品康納（Tropicana）。2009年2月，純品康納推出了極具現代感的全新包裝盒後，立刻在網路上引起一片撻伐，以致於最後不得不順應消費者反應，換回原包裝。事後，純品康納的CEO回憶道，公司當時的確低估了消費者對品牌的情感連結。

當然也不乏成功的例子，例如星巴克的商標演進就是個最好的教材。星巴克在1971年成立時，商標原是咖啡色，中央赤裸上身的賽倫女妖（Siren）風格也較為寫實。1987年，公司內部經過一番整頓，並重新設計商標，將賽倫女妖改為老少咸宜的可愛風格，色調也從咖啡色改為具現代感的綠色，1992年又進一步將商標的圖案精簡。近年來，星巴克集團的規模迅速擴張，為了拓展販售品項，不單獨侷限在咖啡，2011年又將商標外圍的圓環及「Starbucks Coffee」字樣刪去，變成了今天的模樣。在這個過程中，星巴克不僅讓商標以循序漸進的方式改變，更充分利用網路平台與消費者溝通品牌故事，讓消費者參與過去，也一起展望未來，並瞭解這樣的演變是必須的，從而欣然接受。

百事可樂也執行過一次成功的品牌再造案例，2008年，公司找了25位網路上的知名人士，寄給這些人一包裝有三樣東西的包裹，分別是百事可樂的舊包裝、新包裝、一片記錄了百事可樂100年歷史資料的光碟。這個包裹引起這25位網友的興趣，並且隨即在部落格及推特上分享給其他網友，間接協助百事可樂與網路平台溝通即將換新包裝的訊息。由此可見，透過網路平台進行品牌再造也可以非常有創意和趣味。

知名品牌Burberry也是。一直以來，英國媒體將那些「沒有受過太多教育、沒有文化、有反社會或不道德行為傾向、出身貧困、或是少不更事的未婚媽媽」……等具有叛逆特質的青少年稱為「Chav」，這些人有著許多共通點，例如喜歡次文化、穿戴氾濫的珠寶、穿著贗品服飾；但最大的特點是經常穿著Burberry駝色格紋風的服飾。久而久之，社會大眾也習慣性地將「Chav」與「Burberry」連結在一起。為了擺脫這種負面形象，Burberry進行品牌再造，首先瞄準的就是網路平台。他們邀請了一線模特兒在推特上介紹新的產品系列，或是邀請知名部落客作線上實況轉播時裝秀等等，目的就是要讓Burberry的品牌形象重新與時尚接軌，而不是被歸類到街頭、次文化。

星巴克歷來商標演變過程。

任一個品牌的再造，背後一定有某種原因，但並不只是公司內部瞭解原因就好，因為廣大的消費者往往也很關心品牌的動向。品牌再造能否成功，取決於能否透過品牌與消費者雙向的溝通對話，讓雙方充分瞭解彼此的立場，也更能接受「改變」的發生。

回過頭來看，GAP在這次品牌再造的過程中有哪些失誤？以二十一世紀的生活型態來說，GAP對其網路平台上的消費者不夠瞭解，也沒有深耕關係，對於新商標的公佈過程也操作得十分粗糙。而在品牌再造的出發點上，GAP以為可以將品牌的演變簡化成商標的更換，卻也沒有料想到，群眾的聲音是他們無法負荷的。GAP創立四十年以來，在全世界遍布無數粉絲，早已像信仰宗教般對藍底白字的GAP商標死忠不移，又豈是說改就改呢？

就像一個書呆子參加舞會，將自己打扮得像一位龐克搖滾明星，一走進會場立刻受到眾人矚目。但當他開始跳舞後，那拙劣的舞步，以及一點也不風趣的談話方式，立刻使自己的內在與外型脫鉤，反而在印象上大大扣分。最後，書呆子發現自己難以繼續保持這個風格，只好放棄。我們都明白，他不是輸在身為書呆子這件事上，而是輸在試圖營造自己不擅長的形象，卻忽略了本身原本的特質。

品牌就像是一個人，也應該找出符合企業本質的形象，找出「合適的差異化」，才能幫助品牌在市場上佔有一席之地。成功的品牌形象，不能只是成為經營者希望的樣子，而是自在展現自身最獨特的一面。因此，打造形象前，經營團隊應先瞭解品牌的核心精神及個性。缺少了這個過程，品牌好比少了一個必要的化學元素，觸發不了理想的化學反應。

《市場週刊》（Marketing Week）的主編馬克．喬艾克（Mark Choueke）就直截了當地指出：「GAP代表青春、活力和潮流指標，但這新的商標卻像一個IT企業的標誌。」這正是GAP失敗的原因，新的標誌未能傳達GAP品牌的實際精神或個性，也未能呈現GAP應該給人的印象，它違背了企業核心精神的形象，失敗也就是可以預期的了，正如著名品牌大師馬帝．紐梅爾（Marty Neumeier）說過：「一個品牌不是你說了算，要讓市場來決定！（A brand is not what you say it is, it's what they say it is!）」

在市場上，如果消費者不認同你的品牌，也就無法藉由你的品牌獲得滿足，或得到任何附加價值，自然就不會買你的產品。你的品牌也就會從此在市場上失去競爭力。「與客戶共同打造品牌」，企業才得以確保品牌策略以及衍生的視覺形象，並追溯到企業的核心精神。

就以剛才書呆子的例子來說，為了幫他找出適合的形象，我們可能需要去瞭解他，知道他想要的是什麼，然後給他一系列合適的建議。如果他真的想成為龐克搖滾明星，那我們要為他設計一系列的龐克搖滾明星養成的課程，教育他如何成為一名龐克搖滾明星。最後，或許他會發現，舞台對他來說不是適合發揮自己專長的地方，學術研討會才是讓他最感到自信、能盡情發揮所長的地方。那麼，改造的重點就會變成如何幫他在講台上看起來更有智慧、更有自信。

3-8 得到重生的GAP

進軍亞洲最大市場中國，是GAP捲土重來的一項關鍵計畫。

2010年11月，GAP在上海、北京的4家分店同時開幕，作為打進中國的首站。在這之前，它的對手們早已先後在這裡紮穩根基；最早的UNIQLO在中國已有76家分店，更訂出10年內展店到1,000家的雄心壯志。因此，GAP若想縮小與競爭對手的差距，就必須有效確立品牌形象與商業模式。

首先是品牌形象，GAP在美國成立之初，它的定位是「為中產階級家庭提供時尚、簡約、休閒的服裝」，但這種策略在中國卻行不通，原因在於中國對「中產階級」的定義與美國截然不同。廣義上，中國擁有超過3.5億的「中產階級」，並且還在不斷成長中，但這些人幾乎不會把自己視為中產階級，他們與他們的後代仍從事藍領工作，過著省吃儉用的生活，薪水漲幅也僅僅略高於物價上漲，很少會購買奢侈品或吃一頓大餐，因此，價格偏高的外國品牌自然就難以吸引這些人了。

在此之前，曾有分析師提出，GAP應鎖定中國136億美元的奢侈品（中國將稱LV等高檔精品為奢侈品）市場，引入香蕉共和國這樣的高檔路線，專攻那些購買GUCCI或Coach品牌的消費者。然而，一個全新的高檔品牌要滲入市場是非常不容易的，由於中國的奢侈品市場興起不久，許多人仍害怕買錯品牌、穿錯衣服。因此像是真正的奢侈品牌，例如義大利男裝品牌布萊奧尼（Brioni）、西班牙的高檔鞋品牌Manolo Blahnik等等，由於知名度較低，始終無法在不瞭解它們的中國消費者之間打開市場。香蕉共和國或許也會有類似的問題。

最後，GAP的經營團隊參考了UNIQLO、H&M和ZARA的成功例子，不走香蕉共和國的高檔路線，而走便宜又實惠的老海軍路線，以低價換取競爭力。它在中國的定價比H&M、ZARA來得更低，甚至比美國本土還要便宜（相較於ZARA在中國的售價高於歐洲）。不過，按照這樣的做法，沒有幾十家店的規模是很難盈利的，因此展店策略也是GAP能否在中國立足的一大關鍵。

有別於ZARA、H&M「先北京上海，後省會城市」的油汙模式，GAP不把城市區分為「一線」、「二線」。儘管為了打出知名度，它先在北京、上海開設了首批分店，但此後就沒有再按照傳統的城市分級展店。最好的例子是在第二波的展店計畫中，GAP涉足的地點既有成都、瀋陽這類被歸為區域中心的都市，也有合肥和寧波等次級都市。

當GAP開設分店前，會先經過一項稱為「市場測繪（Market Mapping）」的調研過程。這項過程是用來分析一地的商圈與GAP的匹配程度，除了一般市場調研會收集的基本人口資訊（包括年收入、消費能力等）之外，它還會預估這個市場已存在的和潛在的商圈，並對商圈的各種因素進行評估，例如人流量、消費者類型、對GAP的熟悉程度、交通便利程度、競爭對手的表現等。每一種因素都是一項數據，將它們以不同的加權係數匯集後，即可排列出屬於GAP的城市拓展順序。

舉例來說，在GAP的城市擴張順序列表中，旅遊城市杭州就排在深圳、廣州等商業中心之前，成為繼北京和上海後GAP進軍的第三個城市；而蘇州的商業潛力甚至與上海劃上等號。對於GAP來說，它不會根據一個城市被劃分為「一線」、「二線」而採取不同策略，只有在觀察到消費者行為差異時才會變動。合肥就屬於這樣的例子，在GAP發出的問卷調查中，當地的民眾透露出對GAP的積極信號以及高接受度，於是成為了第二波展店中的重點城市。

可以說，GAP進軍中國正好趕上了最佳時機。近年來，中國二三線城市的商業迅速發展，地方政府也越來越重視民眾的潛在消費力，紛紛開設購物商城和新型商圈，使得新的一線城市相繼崛起；而這些城市消費習慣的變化，也為銷售生活方式的零售品牌商帶來了更多的市場機會。

「中國的商圈變化得太快了，很多原來的中心商圈已經被新的商圈超越，即使在同一個商圈中，可能一個新的商場的地位也取代了舊的商場，所以GAP進入中國的時機也讓我們有更多的選擇。」GAP中華地區總裁柯偉傑（Jeff Kriwan）如此歸納道。

2011年11月，在相隔一年後，GAP在杭州開設了在中國的第5間分店，位於銀泰百貨西湖店一樓，開幕首日果然迎來大量人流。當記者訪問幾位顧客對GAP的印象時，被提到最多的三個形容詞分別是「性價比高、簡單清爽和休閒」。

在GAP的全球市場消費者調查中，柯偉傑發現有趣的一點是，中國消費者的逛街頻率最高，一年多達9至14次。而且有別與北美以及歐洲的消費者，中國人逛街往往不是為了購物，而是一種與朋友和家人的社交行為。「這意味著中國需要更多新產品、更多的搭配方式。所以我們在中國引進新產品的比例會更高，陳列和櫥窗更換的頻率也更高。」他說道。

出於這個原則，GAP特別強調了它在童裝和嬰兒服市場的優勢。例如在2013年8月開幕的杭州銀泰湖濱店，店面共二層，佔地1,500公尺，其中整個二樓就是專門販售童裝和嬰兒裝。在這裡，時常能看到一家人直奔二樓，爸爸推著嬰兒車，媽媽選衣服。在當地，GAP在童裝市場中幾乎沒有可以匹敵的對手，大部分都是老顧客。而在中國的大多數GAP門市中，童裝部的面積佔了三分之一左右，在一些家庭氛圍更濃的商圈以及缺乏童裝業者的二線市場中，它的比率甚至更高。

在數位化的時代，GAP也沒有忽視網路的影響力。它憑藉著獨有的品牌調性，在各種網路行銷活動中，尤其是郵件行銷手段上傾注了更多心思，以配合其整體品牌的行銷策略，充分打造其獨特的美國大眾休閒品牌的體驗。舉例來說，GAP曾推出獨具創意的「節假日」郵件。一般的重大節日裡，人們往往會收到各大廠商的問候郵件，但內容往往侷限在純問候、促銷兩方面，缺乏特色，並迅速被消費者扔入垃圾郵件箱。GAP明白其中的利弊，因此在郵件行銷策略上，巧妙地避開正面挑戰使用者視覺疲勞的節假日主題，在郵件發送頻率、發送藉口、心理戰術、郵件行銷活動等方面另闢蹊徑。

例如說，GAP的郵件發送頻率並不高，平均每半個月才發送一封郵件，採取精簡但穩定的發送策略。同時，巧妙地避開了重要節日的促銷檔期，緊緊抓住了「非節日性」字眼的促銷藉口，例如推出「冬季」促銷期，如此省去了過多的節日主題促銷對使用者帶來的心理反感，同時又不失利用節日刺激銷售的機會。GAP每一次郵件促銷活動中都有明確的主題內容，例如「讓愛如影隨行」、「樂享冬日購」、「限時對折狂歡」，吸引目標消費者參與其中。而郵件的設計風格又偏向簡潔、時尚風格，帶給人們季節性的色彩觀感。

接著，GAP把握住了消費者的心理，打起了價格心理戰，以較高的折扣，吸引線上消費者的關注。在郵件標題裡，GAP頻頻打出了折扣資訊，高調向消費者呈現自己的促銷意圖。更吸引人的是，郵件中往往會進一步突出顯示折扣優惠，如「全館3折」、「滿3件再打8折」、「滿5件以上再打7折」……之類的價格心理戰術。為了進一步表明GAP親民、大眾的品牌內涵，它設計了許多網路活動，希望更多消費者參與它豐富多彩的活動，像是每隔一段時間就釋出一定數量、不同類型的單次購物優惠券、定期推出特賣品、以5折以下超低價提供生活常用服裝款式、不定期提供「購物滿100元送75元」的超級優惠券等。這些趣味性的行銷郵件充分激發了用戶參與的積極性。每到禮拜四，GAP的粉絲們都會聚集在特定的社群中，一起討論本週最新、最好的優惠藏在哪裡。

透過郵件行銷為網站成功吸引了潛在用戶前來訪問後，接著最重要的任務是如何促使這些用戶下單購物，以及留住他們的心。GAP希望透過優秀的服務來抓住顧客的忠誠度，而要提供這些服務，還必須有實體店面做為後盾。因此，儘管GAP不斷發展電子商務領域，卻始終把實體店面的機能放在第一位；每一位網路上吸收的顧客，都可以在實體店面進行挑選及退換貨服務，而大部分服裝連鎖店的缺點——例如燈光不佳、試衣環境不好、排隊過長、某些尺碼易斷貨的情況，在GAP全都不會發生。

GAP在中國的發展大獲成功，在平價品牌林立的市場中順利殺出一條血路。2012年，全中國的GAP門市達到42家，包含大陸地區38家、香港4家；並深入中國內陸的二級城市，聲望直線上升。當年底在香港門市舉辦的促銷活動，更一口氣吸引了數千人前來排隊，店鋪外從清晨開始就圍繞了四到五圈的人龍，特價商品更是在數十秒內被一掃而空，使GAP不得不臨時取消第二天的特賣活動，它在當地的高人氣可見一斑。目前，

GAP在中國的門店數量已經達到73家（UNIQLO花了將近六年的時間才達到這個數字），它在這裡的迅速擴張與北美市場的頹勢形成了鮮明對比。柯偉傑在當年的訪問中透露，目前GAP所有店鋪的銷售都達到了總部預期的目標，儘管在起跑點落後，但GAP的動作一點也不慢。

除了中國市場以外，GAP在全球各地的表現都不俗。根據GAP集團2012年度的財務報告，它的年度銷售額達到了156億美元，產品覆蓋了90多個國家，在全球有3,200家直營店、300家經銷店以及好幾個網路銷售管道；在全球經濟不景氣的情況下，GAP更成了為數不多的能夠保持持續成長的公司之一。靠著「品牌再造」與「確立風格」兩種模式並行，以及實體店面與網際網路的結合，GAP總算重新找回成功的曙光。

2013年，公司為GAP、香蕉共和國和老海軍等品牌分設全球高階主管，集中管理各個品牌在北美、國際、線上銷售、折扣店和特許加盟店的業務。此外，鑑於公司異常出色的線上銷售業績和處於業界領先地位的科技優勢，還成立了新的創新和數位化策略團隊，以進一步鞏固其在數位領域的主導地位。

自從2006年GAP坐失全球服飾霸主的寶座後，目前它在四大品牌之中居於第三，與位於一二名的ZARA、H&M差距逐年增加，而後方還有急起直追的UNIQLO。為了與競爭對手作區隔，GAP不模仿ZARA和H&M重視快速、一年動輒推出數萬款商品的路線，而是堅定品牌精神，善用品牌本身簡樸、休閒的風格，套入了「少即是優」的特性，不僅能專注於現有產品的改良，也降低了需承擔的風險。在平價時尚早已蔚為風潮的現今，這樣的策略能否打動消費者，讓GAP再度奪回龍頭的寶座，全球的粉絲都在關注。

服を変え、常識を変え、世界を変えていく

附錄

Tadashi Yanai

- 柳井正經典語錄
- 柳井正經營十誡
- 柳井正與UNIQLO年表
- 世界四大品牌年表
- 世界四大品牌副品牌一覽
- 世界四大品牌比較表

柳井正經典語錄

UNIQLO的企業目標

- 「在UNIQLO，最有發言權的不是社長，而是消費者。」
- 「只能賣給日本人的衣服，以後連在日本都賣不出去！」
- 「今後，我們不再追求成為『日本最大』的企業，但我們會孜孜不倦地努力成為『世界最大』的休閒服生產銷售商。」
- 「排第二或第三，幾乎就賺不了錢，因為商場上有這樣的現實面。所以可能的話，我們希望成為業界第一。」
- 「H&M和ZARA只是銷售時裝，我們不同，我們提供高品質的服裝。」
- 「與H&M或ZARA相比，UNIQLO的特長完全不同。如果要UNIQLO跟隨他們的腳步經營，那是永遠都贏不了的。」
- 「UNIQLO沒有任何典型的消費客層，我們的目標就是要賣給各式各樣的人。」
- 「在平價銷售的前提下，製作好的商品，讓各式各樣的人願意花錢購買，才是UNIQLO最根本的理念。」
- 「把上門的消費者當成目標客群，是無法創造更多利益的。所以UNIQLO該視為目標客群的，是那些還沒上過門的消費者。為了要吸引這些未曾謀面的客人上門，我們有必要開發出讓更多人出現『想要』感覺的商品來。」
- 「我們設計的衣服，是為了讓形形色色的人，在日常生活中可以穿得

舒適，不管是男女老少都能輕鬆穿出門的服裝，在這種定義下的衣服，就像可樂、啤酒或是咖啡等，和其他的消費性商品沒什麼兩樣。」

- 「我們的商品都是基本款、不主導流行、但漂亮的衣服，供客人自由選擇，他們可以按照自己的喜好穿搭。這種衣服是無國界的，也不分年齡，所有人都可以買。我們並不只針對流行的市場，而有更遠大的目標。」

- 「當我們的商品創造了熱潮的同時，我們已經開始思考下一波的策略了。」

- 「公司吸收了來自各行各業的人才，因為我期待這些人能夠打破安定而保守化的組織。儘管我偶爾也會覺得招收太多外人了，但最重要的是團隊的平衡。雖然像我們這樣埋頭苦幹的人是必須的，但也不能缺少客觀判斷現場的人才。把這麼重要的工作交給外人是有些大膽，但我認為這正是公司活力的泉源。」

- 《日經》訪問UNIQLO的員工：「從來沒有看過UNIQLO有鬆懈的時候。」

柳井正的經營理念

- 「安定才是風險，不成長跟死了沒兩樣。」

- 「穩定中求成長雖然有可能獲得成功，只是不能一開始就只追求穩定中的成長。」

- 「一個企業走向世界時，外界的人們會想知道『這個企業是個什麼樣的企業？』『這個企業的志向是什麼？』等訊息。因此，我們必須將『自己是誰』、『堅持什麼樣的價值觀、道德觀及具有什麼樣的基本想法』等內容明確地告知世人。若非如此，對方就無法對我們作出準確的判斷。」

- 「所謂的工作或是公司，我認為這是最適合一般人拋開『自我』框架、並能實現夢想的組織。」

- 「人想要獲得幸福就有必要發展社會，能夠負起這個責任的並非國家或政治，而是企業，企業是為了顧客，甚至是為了社會而存在的。」

- 「當員工都願意工作，能夠待在自己想待的地方，那就是最好的工作環境。我認為，無論在日本還是在世界其他地方，只有高效率的新型企業才能生存下去，現在就是這樣一個時代。」

- 「公司的目的就是創造粉絲、創造顧客，為了達成這個目的，不改變常識、改變衣服、改變世界是不行的。」

- 「世界上的變化與市場是很現實的，它才不管你或是你的公司方不方便。」

- 「我要找的不是有受薪階級心態的經營者，而是有創業性格的經營者。」

- 「日本大企業的經營階級幾乎都是受薪者，因此不必背負100%的失敗風險。他們操作的不是自己的錢，責任也會隨著任期結束而卸下；所以，不到緊要關頭，他們是不會認錯的。而這正是我經常否定的企業模式。」

- 「企業是無常的，無法永續經營的可能性很大，是因為先有了商業機會，創造出熱門產品，順利集資，才有了企業存在的必要，一旦這些條件消失，企業可能轉瞬瓦解。」

- 「我將來既不想把財產留給子孫後代，也不想找職業經理人來接管迅銷集團。我的兩個兒子都很優秀，也持有公司股份。但我認為，由家族世襲經營並不好。另外，專業的職業經理人也不在我的考慮範圍之內。我希望能找一些真正具有UNIQLO的基因、深刻瞭解UNIQLO價值理念的人來擔任未來的領導工作。」

「經營就是把各式各樣的人集中在一起，然後綜合每一個人的長處。雖然我經常這麼跟我的員工這麼說，但是要完成一件工作，還是必須有『我想待在這裡』、『我想去做』這樣的自覺才行。因此，我的使命就是設法創造出理想的公司，以及理想的店面。」

「經營就像是從一本書的最後一頁開始讀，先做出結論，訂出經營的目標，想出任何能達成目標的方法；要是覺得方法好，就一步步去實現。」

「一間公司的擁有者，不能只挑選一位接班人，必須挑選一整個團隊。靠著每一位成員的合作，以確保公司持續成長。與一個優秀的經營者相比，一個優秀的團隊才是更好的。」

「我相信人類具有無限的可能性，所以總是不留情地責備員工。不然，難道經營者的工作是討好員工嗎？當然不是，經營者的肩上是更嚴苛的責任。」

「我這輩子最尊敬的人有兩個：一個是以主觀視野從實戰經驗中歸納出經營理論的松下幸之助；另一個是從客觀角度觀察企業和組織，並提出個人見解的彼得·杜拉克。」

「我最喜歡的經營者是松下幸之助，他幾乎體驗了經營者必須體驗的事物。我從他那裡學習了不少，尤其是現代仍然通用的經營哲學。即使科技再怎樣進步，經營的本質仍然不會改變。」

「只有偏執狂才能生存，不管是賈伯斯還是英特爾的CEO格魯夫，他們都是瘋子，你必須像他們那樣。」

- 「身為經營者，必須身先士卒，向員工與社會發出第一聲，正視現實、承擔現實。就算遭遇了嚴酷的事態，也必須承擔它，並且鼓舞員工，說出『也許現在處境艱難，但總有一天會好轉的』之類的話。危機和災害是難免的，最重要的是平常的準備。」

- 「企業組織的進步，就跟電腦的進步是一樣的。過去，中央電腦只能連結到末端的電腦，但今天卻連結著網路，與全世界的電腦同時運作。網路大幅縮小了時間與距離，企業組織不同步進化是不行的。」

- 「我時常跟店長們說：『店長的工作是最重要的，也就是知人善任。』不好的店長只會一個人埋頭苦幹，以打造出自己一人心中理想的店面。相反地，好的店長會讓全部的員工一起投入工作，並考量每個員工的狀況，將任務分配給所有人。」

- 「只專注在擴大公司規模上，其他什麼都不做的話，就會演變成大企業病。毀滅公司的往往不是艱難的時局，而是員工覺得『我們的公司沒問題』而安心的時候。」

- 「組織僵化，產生隔閡，這就是典型的大企業病。一旦變成那樣，上位者就不會親自到第一線，也不能有效地傳達指令。無論如何，第一線才是最重要的，所以在我們公司，有時候店長必須比社長更強勢。我們希望員工把店長當成終極目標，並以身為店長為榮。」

- 「在連鎖店理論中，店長只不過是較高階的店員罷了，店長再下去就是監督、區域負責人，然後才是總部裡的經營階層。但是，這簡直就是官僚體系，不是嗎？在那樣的體系下，店長是無法作為一生的事業的，也無法實現自己的抱負。1999年2月頒布的超級店長制度，就是為了讓大家知道店長的本質。店長與總部的關係是雙向的、對等的；倒不如說，在銷賣的第一線上，主導的是店鋪，總部只是扮演支援的角色。」

- 「公司不是為工作而存在，工作也不是為了公司而存在。公司一旦擴大，雖然難免因循舊習，但仍然必須時常想著改變公司，好讓工作做得更好。」

- 「企業一旦變大，就會開始尋求安定，變得保守，這正是日本許多企業面臨的問題，因此不時常重建組織是不行的。只要成功過一次，就會擁有成就感，然後覺得『這樣不就很好了嗎？』接著就會陷入保持原狀的錯覺之中。但是，世界仍然一直在變化，這樣停滯是不行的。」

- 「閱讀經營類書籍的時候，不能只是追求字面上的意思，而是要一邊閱讀，一邊想著『要是自己來經營這間公司會怎樣』，然後把自己與書中的人立場互換，想像自己親身經歷書中的場合。不這樣做的話，就不能算是在讀書。」

- 「對於替我努力工作的員工，我卻無法給他們獎金；作為一名經營者，我認為這是最差勁的事了。我曾經覺得這是因為我能力不足的緣故，從那時候開始，我心底就有一種非常強烈的想法，那就是經營者絕對不能夠不賺錢。」

柳井正的行銷智慧

- 「先讓一家點取得盈利，再把這種盈利模式擴展到其他店去。」

- 「不以讓消費者驚訝作為前提，可是不行的」

- 「暢銷商品不是一朝一夕就產生的，它是同一件商品經過多年改良而得的。確定這是好商品之後，公司就積極宣傳。」

- 「賣衣服就和鈴木一朗的安打紀錄一樣，一件一件的累積，看起來不起眼，卻是最重要的工作。」

- 「消費者在買商品的同時，也買進了商品的形象或附加價值。」

- 「去年熱賣的東西，今年未必會賣得好。一直太相信自己的話，就會被時代淘汰，等到發現的那一天已經太遲了。」

- 「客人是很嚴格的，因為他是要用錢交換你的商品。因此商品是否符合它的價格，客人一眼就看得出來。所以，絕對不能欺騙，欺騙客人一定會遭到慘痛的報應。」

- 「不知從什麼時候開始，我們忘了作為商人的自覺，而只記得作為工匠的自覺；不過，要是只想著『我們正在做好東西』的話，商品是不會熱賣的。」

- 「要使商品熱賣，有三個必須的要素——商品必須是好東西、商品必須有良好的形象、商品必須提供詳細的資訊。三者只要缺一，就不會暢銷。不過，日本的製造商有一大半都認為『商品只要好，自然就會熱賣』。但是，優質的商品卻賣不好的東西的確很多，就算是好東西，這年頭也已經不是把東西做出來擺著，就可以賣得好的時代了。」

柳井正的工作態度

- 「自己才是自己最大的批評者。」

- 「工作是我最喜歡的事，它比什麼都有趣。比起打高爾夫球，工作充實多了。」

- 「當你真的想投入一個行業，就必須有改變這個行業的決心。」

- 「想成為一個行業中的佼佼者，別人只需要知道一點的東西，你非得知道全部不可，當然，你就必須用功才行。」

「比起被稱為投資家，我比較喜歡被稱為實業家，並且想被說是一個腳踏實地的公司。我們的工作就是每天在賣場裡拚命銷售，簡直像在打仗一樣，要是敷衍了事很快就會被淘汰。只要你看看那些成功的商店，會發現只有腳踏實地者才能存活下來。」

「可以自由表達意見的公司是很可貴的。雖然我常給予員工指示，但完全照著社長的指示辦事的公司，一定會被擊潰的。要是第一線的人不懂得說『社長，你說得不對』的話，公司就會朝著錯誤的方向前進。只不過，第一線的員工必須理解社長指示的本質，然後再綜合現場的判斷，這就是工作。」

「工作沒有合適或不合適，最好是除此之外別無選擇，就會認分了。找到自己願意付出一生去做的工作，或者把自己逼到非得這樣做不可的絕境，是非常重要的，而且發現這份『天職』的時間越早越好。我很幸運，在23歲時就找到了，這讓我的人生從此大大地加分。」

「雖然一開始只有少部分的人做得到，但多數的人只要聽到他們說『做得到』，就會設法讓自己也做得到。」

「對自己以及對手皆抱著嚴厲的態度是很重要的，這是一名商人不可或缺的視角。客觀的分析與評價，是身為一名經營者必備的能力。不過度自信，也不過度自卑。即使曾有人說我對自己太嚴苛了，我也覺得很開心。」

「我只給自己打七十分，七十分只是及格，我的目標是一百分，但我永遠看不到一百分的樣子！」

「當我把責任歸咎於別人，或是尋找藉口的瞬間，我會感到自己輸了。」

「要及時糾正錯誤，認錯！」

- 「要替自己設定高目標，如果只求安定，成長必然停滯。」
- 「聰明的人往往只相信自己的想法，不肯接受別人的意見。但在實際的工作中，也必須能理解別人的想法，不僅僅從自己的角度觀察一切，也要從上位者、下位者的角度來看。」
- 「真正在工作上活躍的人，對自己的評價往往很低。因為他們看得到自己的目標，明白自己距離那個目標還有多遠。」
- 「小小的細節，決定了成功者與失敗者的差別。」
- 「訂下了目標，但不想著去達成，就永遠不會達成。沒有目標，就會一直衰退。」
- 「就算獲得的利潤再多，只要沒達到自己的預期，我就不會滿足。」
- 「不敢大膽嘗試新事物的話，就把位子讓出來吧。」
- 「要跟對手拉開差距的話，就要跟一般人思考不一樣的東西，更重要的是要去實行。有99%的人都打算去思考跟別人不一樣的事情，但卻沒能思考；而1%的人即使思考了，卻同樣不會去實行。我認為那樣的話創業就不會順利。」
- 「我不相信什麼喜歡跟討厭，一件事只要做了，就會變成喜歡。」
- 「環境是最重要的，不置身在過於苛刻的環境之中，就無法成長。」
- 「在實際去行動之前，想得再多也是沒意義的。先行動，再思考，再作出修正。」
- 「首先要去行動，然後在行動的過程中思考。行動的話，就會發現計畫與現實的不同點，這時候，儘早做出反應是很重要的。」
- 日本IBM董事名取勝評論柳井正：「他二十四小時都在想工作，就像是太陽一樣發光發熱照耀公司，但是因為太熱，靠近他的人都會被灼傷。」

柳井正的人生觀

- 「只是當個上班族，實在很沒意義。」
- 「我不想從事第一流以外的工作。要是只能做二流以下的工作，我寧可在家裡睡覺。」
- 「不會游泳的人，就讓他溺水好了。」
- 「我從年輕的時候開始講話就很直，因此一直被說成沒大沒小，直到現在也還是如此。」
- 「以前，我覺得爸爸只會罵我，但現在想起來，那可能是在激勵我。」
- 「在一個家中，兒子永遠會認為父親是夥伴，也是競爭對手，尤其我與父親同樣從事商業經營，這樣的意識又更強烈，我與父親都有不服輸的性格。」
- 「人生中最大的後悔，就是沒有去挑戰。就算有再好的主意，要是不去實踐，就遑論成功或失敗。」
- 「黎智英是和我同年出生的，他做得到，我當然也做得到。」
- 「沒有希望，人類是無法存活的；而希望是必須靠自己創造的，等待希望從天上掉下來，那是不可能的。」
- 「在相信自己的意見之前，先讓周圍認可你的能力吧！」
- 「我只會用自己的頭腦判斷，並作出決定。被周圍的氣氛、旁人的行動所左右，是不可取的。」

「把侷限自己的框架拿掉，不去想自己做不做得到，只要想著『我要成為世界第一』。我認為每個人都擁有這樣的可能性。」

「跟他人學習時，除了要尊敬比自己優秀的人，還必須有『好的東西就是好的，不好的東西就是不好的』的客觀標準，這正是我成功的關鍵。比如說，我之所以會學習SPA，並且去嘗試，就是因為相信『好的東西就是好的』的緣故。」

「『理解』代表親身去感受。親自去體會、感受它的原理，然後才能訂出行動方針。從書本上讀來，從別人口中聽來，是無法明白真正意義的。我認為，『理解』比『知道』更重要。」

柳井正論失敗

「做生意，要相信『失敗是很普通的』。當你嘗試一件新的事物，成功的機率是微乎其微的，甚至做了十次可能連一次也不成功。」

「絕對沒有十戰十勝這樣恐怖的事。實際上，我們是一勝九敗，也就是說，做十次有九次是失敗的。」

「我覺得人生有一勝就好了。我的一勝就是UNIQLO，九敗的話，就是經營UNIQLO過程中有連續的失敗。很多人不會去想失敗，但是我會思考，讓這失敗變成下次的成功」

「世人把我看作成功者，我卻不以為然，我的人生其實是九死一生，一勝九敗，如果說取得了一些成功，那也是不怕失敗，不怕挑戰的結果！」

「不能客觀地分析自己的行動，就無法認清失敗。不冷靜下來，從基本上分析原因，即使去行動也只是加深傷口罷了。無論何時，都必須冷靜而客觀地分析，並根據最理智的判斷行動。改革的芽正是藏在其中。」

- 「沒有速度，就別想做成功的生意。因此我認為，要失敗的話，最好越早失敗越好。」

- 「失敗不是問題，沒有人承擔失敗責任才是問題。」

- 「去做了然後失敗，總比只分析不去做要好得多。失敗的經歷會讓人學到東西，變成財富。」

- 「做生意，就是當你覺得自己成功時就完了。成功會讓你的心態變得形式化、保守、驕傲。因此，為了讓企業永續發展，偶爾的失敗是必要的。只要不是致命的失敗，再多的小失敗也沒關係，這些經驗會成為財富，運用在下一次的場合之中。失敗了、跌倒了，就爬起來，不反覆從這樣的過程中學習是不行的。最怕的就是因為害怕失敗而躊躇不前，什麼也不去做。」

- 「我們要竭力避免會導致危機的致命性失敗，但是相對於只是分析卻遲遲不行動而言，我更讚賞行動後的失敗。因為失敗的經驗是寶貴的養料，為人吸收後會成為無價的財富。」

- 「創業不需要什麼資質，每個人都能創業，重要的是自己要試試看。不論失敗多少次，都要持續挑戰。在這個過程中，就可以培養出一位優質的經營者。」

- 「面對失敗，是否把它擱在一邊，全取決於經營者本身。每個人都討厭失敗，如果你把它埋在土裡視而不見，那只會重蹈覆轍罷了。失敗不只為你帶來傷害，還會蘊含下一次成功的芽，唯有一邊思考一邊修正，才不會有致命的失敗。」

- 2002年，日本政法大學經營系教授小川孔輔曾與柳井正有過一次會面，談話過程中柳井正拿出一個筆記本將內容一一記錄，小川感慨道：「許多成功人士容易陶醉在自己的成功之中，誇大自己的能力，聽不進別人的意見，柳井正難能可貴的是能對自己進行冷靜的分析。」

柳井正論年輕世代

- 「是因為現在的年輕人過得太富裕了嗎？他們從不向別人學習，也缺乏多方面觀察事物的能力。當你看見一件事物，除了按照課本上的方式，也要用常識去判斷。我希望年輕人能多向日本的先賢們學習。」

- 「年輕人要是能對自身多抱些期待就好了。我希望他們不要顧慮太多，放心地踏入社會。復興日本的重責大任不在老人身上，不在政治家身上，也不在財團身上，而是在年輕人身上。」

- 「希望是靠自己創造的。即使是我，年輕時也曾經徬徨過，即使靠著關係進入一間公司，卻馬上就辭職了，還被人認為沒出息，對將來也沒什麼目標。只不過，當我開始工作，並且慢慢融入工作後，工作也變得越來越有趣，我也逐漸成為獨當一面的社會人了。教育我的正是工作、是社會。」

- 「我聽說現在的年輕人總是過著不肯努力的生活，但那是真的嗎？不努力的話，人生會變得怎麼樣呢？對我來說，活著就是要努力，就是挑困難的工作。的確，工作越困難，也就越辛苦，但這才是正確的。老是想著找一份快樂的工作，那代表沒有認清現實。要是想做更好的工作，就必須加倍努力。」

柳井正經營十誡

柳井正給企業家的十條忠告：

一、積極面對時代和社會的變化。

二、唯一的、並且是絕對正確的評價者，是市場和顧客。

三、永遠不要失去對未來的期許、計畫、夢想和理想。

四、最為重視的應該是日常事務。

五、公司職員要有夥伴觀念和團隊精神。

六、勤奮，將一天的24小時集中於工作。

七、充分瞭解現狀，在這個基礎上不要失去理想和目標。

八、自己對於商業要擁有比任何人都高的目標。

九、自己的未來由自己開創，命運不取決於他人，而是掌握在自己手中。

十、努力經營，使之成為不倒閉的公司。雖然可以一勝九敗，但不能有決定性的失誤。資金鏈斷裂的話，就一切都結束了。

柳井正給經營者的十條忠告：

一、為了實現顧客的需求，要盡力提供適合的商品與理想的賣場。

二、要發揮服務精神，為眼前的顧客盡自身的全力。

三、要抱著比任何人都高的目標，於正確的方向提供高品質的服務。

四、時而化身成鬼，時而化身成佛，對屬下的成長與未來負責。

五、要對自己的工作抱著無比的自信與不尋常的熱情。

六、要成為員工的模範，對屬下與總部拿出領導力。

七、要確切思考營運計畫，並提供具有特性與附加價值的賣場。

八、要贊同經營理念與公司方針，並讓全體員工確實實踐。

九、要在優良的店鋪中販賣優良的產品，提高收益並貢獻社會。

十、要有謙卑的心，對自己抱以期待，無論在哪個崗位都能成為適任的第一人選。

柳井正與UNIQLO年表

年份	事記	年齡
1949年2月7日	日本服飾大亨柳井正誕生於山口縣宇部市。 柳井正之父柳井等開設了男裝店「小郡商事」。	0
1963年	小郡商事改名為「小郡商事股份有限公司」。	14
1967年	柳井正進入早稻田大學政治經濟系就讀。	18
1971年	柳井正自大學畢業，進入大型商場JUSCO工作。	22
1972年8月	柳井正離開待了九個月的JUSCO，回老家接手經營小郡商事，隨後結婚。	23
1984年6月2日	柳井正在廣島市中區袋町開設「Unique Clothing Warehouse」門市，之後縮寫為「UNICLO」，即UNIQLO的前身。	35
1985年9月2日	美、日、德、法、英五國財政首長在紐約廣場飯店舉行會議，史稱「廣場協議」。隨後不久，日本對外淨資產達到1,298億，取代美國成為世上最大的債權國。	36
1986年	柳井正參訪香港，結識佐丹奴老闆黎智英，並學習了源自GAP的「SPA」經營模式。	37
1987年2月22日	世界七大工業國家（G7）在法國羅浮宮開會，檢討廣場協議對國際經濟之影響。	38
1987年	日本銀行佔全球跨國銀行資產的37%，東京證交所的股票市值亦超越了紐約證交所。 美國五角大廈以「國家安全」為由，反對日本富士通公司收購費爾柴爾德公司股份。	38
1988年3月	UNICLO在香港註冊，因承辦員誤將字母「C」登記成「Q」，柳井正將錯就錯將品牌改名為「UNIQLO」。	39
1988年5月	世上最長的懸索橋「明石海峽大橋」動工。	39
1989年	日本導入「寬鬆教育」，計畫在五年內實施完畢。	40
1989年9月	日本SONY公司以48億美元的代價收購美國哥倫比亞電影公司。	40
1989年10月	日本三菱地產斥資13.73億美元，買下紐約洛克菲勒中心的十四棟辦公大樓。	40

1989年12月	日股飆升至39,000點，日本達到泡沫經濟的頂點。	40
1990年3月	大藏省發佈《關於遏制土地相關融資》命令，日本經濟開始衰退。	41
1990年10月	日經指數暴跌至20,000點，是最高點時的一半。	41
1991年	日本泡沫經濟破滅，「失落的十年」開始。 UNIQLO總店數達到29間，柳井正制定「每年新增30家分店、三年後總店數破100、隨即申請上市」的目標。	42
1991年9月	柳井正將「小郡商事」更名為「迅銷集團」，正式成為UNIQLO的母公司。	42
1992年4月	柳井正關掉旗下最後一間西裝店，全心投入UNIQLO的經營。	43
1994年	UNIQLO總店數破百。	45
1994年7月	UNIQLO正式在廣島證交所掛牌上市，一天內就籌措到130億日圓資金。 柳井正在紐約成立子公司，以吸收國外流行趨勢。	45
1995年	柳井正在媒體上刊登啟事，以100萬日圓的獎勵，向消費者徵求改良意見。	46
1995年10月	UNIQLO紐約子公司設計的秋季新品推出，但遭遇失敗。	46
1996年4月	三菱銀行合併東京銀行，成為「東京三菱銀行」。	47
1996年10月	UNIQLO買下東京VM童裝公司85%股份，事後被證明是一次錯誤的投資。	47
1996年11月	UNIQLO關閉紐約子公司，改在涉谷成立商品事務所，用以協調各部門間的合作。	47
1997年4月	UNIQLO在東京證交所二部上市。	48
1997年10月	UNIQLO成立子品牌「SPOQLO」與「FAMIQLO」，但並未成功，最後關門大吉。	48
1998年	UNIQLO獲得新生代的玉塚元一、森田俊敏、堂前宣夫等人加盟。	49
1998年6月	柳井正提出「ABC改革計畫」，以提高商品品質為目標。	49

1998年10月	UNIQLO推出「Fleece」刷毛外套，創造空前銷售佳績，在一年內狂售200萬件。	49
1999年	UNIQLO在東京證交所一部上市。五天後柳井正之父柳井等過世。	50
1999年2月	UNIQLO在上海與廣州成立生產事務所，同時實施「匠計畫」。 柳井正頒布「超級店長」制度，提高店長職權。	50
2000年6月	UNIQLO在英國倫敦成立子公司。	51
2001年4月	住友銀行與三井銀行合併為「三井住友銀行」。	52
2001年9月	UNIQLO首度進軍海外，在倫敦一口氣開設4間店，之後陸續擴展至21家，但業績不佳。	52
2001年	UNIQLO副社長澤田貴司拒絕了柳井正交棒的提議。 UNIQLO榮登日本「21世紀繁榮企業排行」第一名。	52
2002年	柳井正隱退，由玉塚元一接任UNIQLO社長。	53
2002年9月	UNIQLO首度進入中國，在上海開設兩間分店。	53
2003年	UNIQLO的銷售業績慘跌，年營收衰退了26%，並關閉倫敦的16間分店。 UNIQLO推出「Heat-tech」保暖衣。 柳井正出版第一本自傳《一勝九敗》。	54
2004年10月	UNIQLO在大阪心齋橋開設大型店面。	55
2004年12月	迅銷中國分公司成立。	55
2005年1月	日本四大證券公司之一的「山一證券」宣告倒閉。	56
2005年8月	UNIQLO併購法國品牌「Comptoir dese Cotonniers」。	56
2005年9月	UNIQLO在美國紐澤西開設三間分店，在北京開設兩間分店，但經營狀況皆不佳。 UNIQLO在尖沙嘴開設第一間香港分店。 柳井正重新就任UNIQLO社長，玉塚元一旋即離職。	56
2005年10月	UNIQLO進軍東京精華地段銀座。	56
2005年12月	瑞穗銀行發生「胖手指事件」，為瑞穗集團帶來300億日圓的重大損失。	56
2005年	日本進人人口負成長時代，衍生出「2007年問題」。	56

2006年3月	UNIQLO成立平價副品牌「g.u.」。	57
2006年8月	UNIQLO開設網路店面「UNIQLO MIX」，將行銷觸角伸至網路平台。 UNIQLO併購法國內衣品牌「PRINCESSE tam.tam」。	57
2006年11月	UNIQLO在紐約SOHO區開設了第一間全球旗艦店，面積達1,000坪，是有史以來最大的分店。同時UNIQLO的商標亦改為現今的模樣。	57
2007年	UNIQLO與聯合國難民救濟總署合作，將回收的衣物送至難民區。	58
2007年6月	UNIQLO推出網路時鐘「UNIQLOCK」，獲得隔年坎城數位金獅廣告獎的科技創新大獎。	58
2007年7月	迅銷集團提出併購紐約巴尼斯百貨的構想，但在競標過程中失利。	58
2007年11月	UNIQLO在英國捲土重來，於倫敦牛津街開設大型旗艦店。	58
2007年12月	UNIQLO與樂天（LOTTE）合作在首爾開設第一間韓國分店。	58
2009年2月	富比士雜誌公佈日本富豪排行榜，柳井正以61億美元資產榮登新科日本首富。	60
2009年3月	UNIQLO併購美國女性時尚品牌「Theory」。	60
2009年4月	UNIQLO與淘寶網合作，在中國開設了網路旗艦店。 UNIQLO在新加坡設立分店。	60
2009年10月	UNIQLO位於巴黎歌劇院區的旗艦店開幕。	60
2009年	柳井正出版第二本自傳《成功一日可以丟棄》。	60
2010年1月	日本航空公司（JAL）向東京地方法院申請破產。	61
2010年3月	柳井正在會議室牆上掛起「世界第一」的匾額，宣示了他的雄心。 UNIQLO台灣分公司成立。	61
2010年4月	UNIQLO自全日本選拔出100位員工，成為培訓機關「FR-MIC」的創校學員。 UNIQLO進入俄羅斯，在莫斯科開設分店。	61

2010年5月	UNIQLO上海南京西路旗艦店開幕。	61
2010年10月	UNIQLO在台北阪急百貨設立第一間台灣分店。 UNIQLO大阪心齋橋旗艦店開幕。	61
2010年11月	UNIQLO在吉隆坡開設第一間馬來西亞分店。	61
2011年9月	UNIQLO在台北明曜百貨開設第一間台灣旗艦店。 UNIQLO曼谷一號店開幕。	62
2011年10月	UNIQLO在紐約第五街道開設旗艦店。 柳井正在結算會議上發表「2015年UNIQLO海外營業額超越日本國內營業額」的目標。	62
2011年11月	UNIQLO首爾明洞旗艦店開幕。	62
2012年3月	UNIQLO銀座旗艦店開幕，面積高達1,500坪，是全球最大。	63
2012年6月	UNIQLO進入菲律賓，在馬尼拉開設第一間分店。	63
2012年11月	UNIQLO以3億美元併購美國知名牛仔品牌「J Brand」。	63
2012年12月	安倍晉三就任日本首相，著手推動「安倍經濟學」。	63
2013年6月	UNIQLO進入印尼，在雅加達開設第一間分店。	64
2013年10月	UNIQLO公佈上年度財報，總營收首度突破1兆日圓大關。	64
2013年11月	UNIQLO在台灣分店數突破40間。	64
2014年	UNIQLO在德國柏林開設旗艦店店。 UNIQLO在墨爾本設立澳洲首間分店。	65

世界四大品牌年表

年份	UNIQLO事記	ZARA 、H&M、GAP事記
1917年		1月21日，H&M創辦人厄林．波森出生於瑞典波蘭基。
1928年		9月3日，GAP創辦人唐納德．費雪誕生於美國舊金山。
1936年		3月28日，ZARA創辦人阿曼西奧．歐特嘉誕生於西班牙萊昂。
1944年		歐特嘉一家遷至西班牙西部的拉科魯尼亞省。
1947年		厄林．波森在瑞典韋斯特拉斯開設服飾店「Hennes」，意為「女性的」。 厄林．波森之子史蒂芬．波森出生。
1949年	2月7日，日本服飾大亨柳井正誕生於山口縣宇部市。 柳井等成立了男裝店「小郡商事」。	
1950年		歐特嘉輟學，在服飾店「Gala」當學徒。
1953年		歐特嘉跳槽到高級服飾店「La Maja」工作。
1963年	小郡商事改名為「小郡商事股份有限公司」。	歐特嘉以5,000比塔創辦了第一間服飾工廠。
1964年		Hennes跨足臨國挪威，成為國際品牌。
1966年		歐特嘉與第一任妻子羅莎莉亞．梅拉結婚。
1967年	柳井正進入早稻田大學政治經濟系就讀。	Hennes進入丹麥，成為北歐知名品牌。

1968年		波森併購男性服飾店「Mauritz Widforss」，將品牌名稱改為「Hennes & Mauritz」，即人們熟知的H&M。
1969年		8月，唐納德．費雪在舊金山海洋大街成立了「the gap」服飾店，即GAP的前身。
1971年	柳井正自大學畢業，進入大型商場JUSCO工作。	
1972年	8月，柳井正離開了JUSCO，回老家接手經營小郡商事，同年結婚。	歐特嘉成立Confecciones Goa公司。
1973年		全球爆發第一次石油危機，美國社會進入「衰退年代」。
1974年		H&M在瑞典掛牌上市，並拓展業務，開始販售化妝品、青年服、嬰兒服等商品。 the gap成立第一間分店，開始迅速擴張。
1975年		11月，西班牙獨裁者佛朗哥去世。歐特嘉成立了ZARA，用來消化一筆被臨時取消的訂單。
1976年		史蒂芬．波森加入H&M經營團隊。同年H&M首次跨足北歐以外地區，在英國倫敦開設分店。 the gap在美國掛牌上市。
1982年		年僅35歲的史蒂芬．波森正式接任H&M的CEO一職。
1983年		米拉德．崔斯勒成為the gap總裁，將品牌名稱正式改為「GAP」，同年併購了高檔服飾連鎖店「香蕉共和國」。
1984年	6月2日，柳井正在廣島市中區袋町開設「Unique Clothing Warehouse」門市，即UNIQLO前身。	卡斯提亞諾加盟ZARA，引進電腦化系統，為歐特嘉的「快速時尚」模式打下了基礎。

1985年	9月2日，「廣場協議」簽署，預示了日本泡沫經濟的來臨。	歐特嘉成立印蒂集團，總部設於阿泰索市，作為ZARA的行銷母公司。
1986年	柳井正參訪香港，結識佐丹奴老闆黎智英，並學習了SPA經營模式。	歐特嘉與妻子梅拉離婚，梅拉仍握有印蒂集團7%的股份。 GAP子品牌GAP Kid在加州聖馬特奧設立第一間門市。
1987年	日本銀行佔全球跨國銀行資產的37%，東京證交所的股票市值亦超越了紐約證交所。	GAP的第一間海外分店在倫敦開幕。
1988年	3月，UNICLO在香港註冊，因承辦員的一個小失誤，促成柳井正將品牌改名為「UNIQLO」。	GAP推出「個人風」廣告活動，從此確立了品牌風格。 ZARA的分店數達到70間，在葡萄牙波多開設第一間國外分店。
1989年		ZARA在紐約第五街道開設第一間海外分店。 GAP進入加拿大，在溫哥華設立分店。
1990年		ZARA進軍時尚之都巴黎，大獲成功。 GAP子品牌「Baby GAP」第一間店在舊金山開幕。
1991年	日本泡沫經濟破滅，「失落的十年」開始。UNIQLO總店數達到29間，柳井正制定「每年新增30家分店、三年後總店數破100、隨即申請上市」的目標。	ZARA展開多品牌策略，推出了「Skhuaban」與「Pull & Bear」子品牌，並併購巴塞隆納品牌「Massimo Dutti」。
1991年	9月，柳井正將「小郡商事」更名為「迅銷」，正式成為UNIQLO的母公司。	
1992年	4月，柳井正關掉旗下最後一間西裝店，全心投入UNIQLO的經營。	
1992年		GAP成為《商業週刊》的年度封面故事。

1993年		GAP進駐巴黎，在拉法葉百貨設立分店。
1994年	UNIQLO總店數破百。	GAP成立了低價位品牌「老海軍」。
1994年	7月，UNIQLO在廣島證交所上市，一天內就籌措到130億日圓資金。柳井正隨即在紐約成立子公司。	
1995年	柳井正在媒體上刊登啟事，以100萬元的獎勵向消費者徵求建議。 10月，UNIQLO紐約子公司設計的秋季新品推出，遭遇空前失敗。	GAP進入日本。 米拉德・崔斯勒正式就任GAP集團CEO。
1996年	10月，UNIQLO買下東京VM童裝公司85%股份。 11月，UNIQLO關閉紐約子公司，改在涉谷成立商品事務所。	
1997年	4月，UNIQLO在東京證交所二部上市。 10月，UNIQLO成立子品牌「SPOQLO」與「FAMIQLO」。	GAP成立了網路商店，為美國顧客帶來更便捷的購物方式。 7月，爆發亞洲金融危機，泰國、馬來西亞、南韓等大國的經濟陷入蕭條。 卡斯提亞諾出任印蒂集團CEO兼副總裁。
1998年	玉塚元一、森田俊敏、堂前宣夫等人加入UNIQLO的經營高層。 6月，柳井正提出「ABC改革計畫」，以提高商品品質為目標。 10月，UNIQLO推出「Fleece」刷毛外套，創造了銷售熱潮。	1月，美國總統柯林頓爆發性醜聞，醜聞女主角陸文斯基穿的GAP藍色洋裝意外造成話題。 4月，GAP推出新廣告「卡其搖擺舞」，帶動了年度的流行風潮，並獲得廣告大獎。 H&M進軍時尚之都巴黎。 ZARA在英國攝政街開設分店，同時登陸東京，將觸角伸至亞洲市場。同年，推出主打年輕族群市場的子品牌「Bershka」。

1999年	2月，UNIQLO在東京證交所一部上市。同月，柳井正頒布「超級店長」制度，打破了傳統的企業體制。 UNIQLO在上海與廣州成立生產事務所，同時實施「匠計畫」。	H&M進入西班牙，正式向當地品牌ZARA宣戰。 ZARA併購巴塞隆納的少女服飾品牌「Stradivarius」。 GAP的年度淨收入高達11億美元，達到創立以來的頂點。
2000年	6月，UNIQLO在英國倫敦成立子公司。	3月，H&M首次進入美洲，在紐約第五街道開設旗艦店，之後半年又陸續開了十餘間店。 羅夫．艾利克森就任H&M集團CEO。 GAP的經營陷入衰退，淨收入下滑逾3億美元。
2001年	9月，UNIQLO首度進軍海外，在倫敦開設4間店，之後又陸續增至21家，但業績不佳。 UNIQLO副社長澤田貴司拒絕了柳井正交棒的提議。 UNIQLO榮登日本「21世紀繁榮企業排行」第一名。	5月，ZARA在西班牙證交所上市，歐特嘉的個人資產瞬間膨脹至60億美元，成為西班牙首富。同年，他與第二任妻子芙羅拉結婚。 印蒂集團推出女性內睡衣品牌「Oysho」以及童裝部門「ZARA kids」。 GAP年度虧損近800萬美元，市值在一年內減少了一半。
2002年	柳井正隱退，由元塚元一接任UNIQLO社長。 9月，UNIQLO首度進入中國，在上海開設兩間分店。	5月，保羅．普萊斯勒接替米拉德．崔斯勒成為GAP的CEO。 10月28日，H&M創辦人厄林．波森病逝於斯德哥爾摩。
2003年	UNIQLO的銷售業績慘跌，年營收衰退了26%，並關閉倫敦的16間分店。 UNIQLO推出「Heat-tech」保暖衣。 柳井正出版第一本自傳《一勝九敗》。	ZARA獲得「西班牙最佳品牌」頭銜，成為全球第三大服飾品牌。同年跨足居家生活領域，成立子品牌「ZARA HOME」。 GAP重金聘請流行天后瑪丹娜與嘻哈歌手蜜西．艾略特代言秋季商品，銷售情況獲得些微改善。

2004年	10月，UNIQLO在大阪心齋橋開設大型店面。 12月，迅銷中國分公司成立。	5月，GAP斥資3,800萬美元，聘請「慾望城市」主角莎拉．潔西卡．帕克作為代言人。 11月，H&M與卡爾．拉格斐共同合作系列，開啟了與大牌設計師合作的模式。
2005年	8月，UNIQLO併購法國品牌「Comptoir dese Cotonniers」。 9月，UNIQLO在美國紐澤西開設三間分店，在北京開設兩間分店，經營狀況皆不佳。同月，柳井正重新就任UNIQLO社長。UNIQLO在尖沙嘴開設第一間香港分店。 10月，UNIQLO進軍東京精華地段銀座。	3月，GAP以17歲歌手喬絲．史東取代莎拉．潔西卡，成為新任代言人。 10月，H&M與保羅．麥卡尼之女史黛拉．麥卡尼合作推出秋冬新裝。 ZARA在Interbrand「全球100個最有價值品牌」中位列77名，並被哈佛商學院評為「歐洲最具研究價值的品牌」。 9月，卡斯提亞諾辭去印蒂集團CEO職位，由帕布羅．艾斯拉接任。
2006年	3月，UNIQLO成立副品牌「g.u.」。 8月，UNIQLO開設網路店面「UNIQLO MIX」，將行銷觸角伸至網路平台。 8月，UNIQLO併購法國內衣品牌「PRINCESSE tam.tam」。 11月，UNIQLO在紐約SOHO區開設了第一間全球旗艦店，面積達1,000坪，是有史以來最大的分店。同時UNIQLO的商標亦改為現今的模樣。	2月，ZARA進軍中國，在上海開設分店，在開幕首日創造了80萬人民幣的銷售佳績。 3月，ZARA超越H&M，成為歐洲最大的服飾製造商。 H&M擊敗GAP，成為全球第一服飾品牌。 GAP成立「(RED)」品牌，以幫助解決非洲愛滋病問題，以及第一個網路品牌「Piperlime」；同年度，又在中東、東南亞地區設立首批GAP特許經營店。

2007年	6月，UNIQLO推出網路時鐘「UNIQLOCK」，獲得隔年坎城數位金獅廣告獎的科技創新大獎。 7月，迅銷集團投入紐約巴尼斯百貨的競標，但最終失敗。 11月，UNIQLO在英國捲土重來，於倫敦牛津街開設大型旗艦店。 UNIQLO與聯合國難民救濟總署合作，將回收的衣物送至難民區。 12月，UNIQLO與樂天合作，在首爾開設第一間韓國分店。	1月，GAP集團第三任CEO格林．墨菲上任。 3月，H&M首度進軍亞洲，在香港中環開設分店。並推出第一個子品牌「COS」。 4月，H&M找來藝人瑪丹娜與凱莉米洛為品牌代言，同時在上海淮海中路開設中國第一家分店。 4月，「次貸危機」爆發，重創全球各地金融市場。 7月，GAP推出新一季廣告，改回過去「個人風」的廣告調性。
2008年		ZARA成立了「Uterqüe」品牌。 8月，ZARA公佈第一季度財報，總銷售額首次超越GAP，成為全球第二品牌。 9月，GAP以1.5億美元併購了女性運動服裝品牌「Athleta」。 11月，H&M與日籍設計師川久保玲推出合作系列。
2009年	2月，富比士雜誌公佈日本富豪排行榜，柳井正以61億美元資產榮登新科日本首富。 3月，UNIQLO併購美國女性時尚品牌「Theory」。 4月，UNIQLO與淘寶網合作，在中國開設了網路旗艦店。同月，又在新加坡設立分店。 10月，UNIQLO位於巴黎歌劇院區的旗艦店開幕。 柳井正出版第二本自傳《成功一日可以丟棄》。	GAP推出「1969經典牛仔系列」。 9月27日，GAP創辦人唐納德．費雪病逝。 H&M併購了「Cheap Monday」、「Weekday」、以及「MONKI」三個品牌。 12月，希臘爆發債務危機，進一步引發歐債風暴。

2010年	3月，柳井正在會議室牆上掛起「世界第一」的匾額，宣示了他的雄心。同月，UNIQLO台灣分公司成立。 4月，UNIQLO自全日本選拔出100位員工，成為培訓機關「FR-MIC」的創校學員。同月，UNIQLO進入俄羅斯，在莫斯科開設分店。 5月，UNIQLO上海南京西路旗艦店開幕。 10月，UNIQLO大阪心齋橋旗艦店開幕。同月，又在台北阪急百貨成立台灣一號店。 11月，UNIQLO在吉隆坡開設第一間馬來西亞分店。	6月，ZARA更換了新的商標。 7月，史蒂芬·波森之子卡爾·約翰·波森成為H&M新任CEO。 10月，GAP宣佈更換企業商標，但惡評如潮，僅過了五天便改回原先商標。 11月，Lanvin創意總監亞伯·艾爾巴首度與H&M推出合作系列。 11月，GAP登陸中國，在上海、北京一口氣開設4間店，是四大品牌中最後進入中國的。
2011年	9月，UNIQLO在台北明曜百貨開設第一間旗艦店。同月，UNIQLO曼谷一號店開幕。 10月，UNIQLO在紐約第五街道開設旗艦店。柳井正在當月的結算會議上發表「2015年UNIQLO海外營業額超越日本國內營業額」的目標。 11月，UNIQLO首爾明洞旗艦店開幕。	H&M總裁史蒂芬·波森總資產達到245億美元，位列全球第13，首度擊敗IKEA創辦人英瓦爾·坎普拉，成為瑞典首富。 H&M與義大利知名品牌VERSACE推出合作系列。 4月，ZARA創辦人歐特嘉宣佈退休，由時任CEO兼副總裁的帕布羅·艾斯拉接任總裁。 7月，ZARA市值攀升至554億美元，首度超越H&M，從歐洲第一晉升為全球第一。 11月，ZARA進入台灣，在台北101開設第一間分店。
2012年	3月，UNIQLO銀座旗艦店開幕，面積高達1,500坪，是全球最大。 11月，UNIQLO併購美國知名牛仔品牌「J Brand」。	歐債危機蔓延至西班牙。 6月，UNIQLO進入菲律賓，在馬尼拉開設第一間分店。 11月，H&M推出「MMM for H&M」合作系列，遭遇空前挫敗。 12月，ZARA在倫敦牛津街開設全球第6,000間分店。

2013年	6月，UNIQLO進入印尼，在雅加達開設第一間分店。 10月，UNIQLO公佈上年度財報，總營收首度突破1兆日圓大關。 11月，UNIQLO在台灣分店數突破了40間。	1月，GAP以1.3億美元併購高檔女裝零售商「Intermix」，涉足奢侈服裝市場。 2月，H&M與貝克漢合作推出內衣系列，不久後又推出全新女性品牌「& Other Stories」。 3月，富比士雜誌公佈當年全球富豪排行榜，ZARA總裁歐特嘉以570億美元身價晉升全球第三富豪。 3月，H&M在全球門市開辦舊衣回收服務。 8月，ZARA創辦人之一，歐特嘉的第一任妻子梅拉過世。 11月28日，ZARA HOME在台北信義區ATT 4FUN百貨開幕。
2014	4月，UNIQLO進軍德國，在柏林開設旗艦店。同月又在澳洲設立首間分店。	3月8日，GAP在ATT 4FUN開設第一家台灣旗艦店。21日又在阪急百貨設立第二分店。 4月，ZARA HOME在東京開設全球首間旗艦店。 4月，H&M與華裔設計師王大仁推出聯名系列。 4月25日，ZARA baby系列在台灣開賣。 H&M預計將進駐台灣。

世界四大品牌副品牌一覽

UNIQLO

品牌LOGO	品牌名稱	簡介
GU	g.u.	迅銷集團於2006年成立的品牌，以低價格提供具流行感的服裝，是UNIQLO的SPA模式發展臻成熟下的產物。2010年在大阪心齋橋開設首家旗艦店，2011年又在東京池袋設立旗艦店，以當紅偶像團體AKB48成員前田敦子代言，知名度迅速提升。
COMPTOIR DES COTONNIERS	COMPTOIR DES CONTONIERS	源於1995年法國巴黎與吐魯斯的女裝品牌，品牌的精神為「母女親情」，強調真材實料、自然、有女人味。2005年8月被迅銷集團併購，店鋪大部分位於歐洲地區。
PRINCESSE tam•tam	PRINCESS tam. tam	高級內衣品牌，1987年成立於法國蒙帕那斯，商品充滿獨創性印染與絢麗的色彩，標榜「讓女性充滿自我風格」，擁有引以為傲的高回客率。2006年8月被迅銷集團合併。
theory	Theory	1997年成立於紐約的女性時裝品牌，以「具備不經意流行感的基本款」為概念，標榜貼身舒適、線條優美的服裝，1999年進入日本後大獲好評，於2009年3月被迅銷集團併購，主要業務地區為美國與日本。

J BRAND	J Brand	成立於2005年，是美國本土知名的牛仔品牌，標榜做工精良、充滿潮流感。由於產品兼具性感、有型、舒適等特點，深受知名人物喜愛，名模凱特．摩斯、影星琳賽．羅涵等人都是愛用者。2012年成為迅銷集團旗下子公司。

ZARA

品牌LOGO	品牌名稱	簡介
PULL&BEAR	Pull & Bear	印蒂集團於1991年成立的平價品牌，與ZARA同樣主打多款式、時尚，但價格更為低廉，融合最新潮流與街頭風格，主打年輕消費群，店內從男女裝、配飾到鞋類皆有販售。2013年11月在信義區ATT 4FUN成立台灣首家分店。
Massimo Dutti · SINCE 1985 ·	Massimo Dutti	1985年成立於巴塞隆納，原為男裝品牌，1995年被印蒂集團併購後，逐漸轉型為女裝品牌，並陸續推出童裝與香水。商品走中價位路線，標榜不高調、不張揚，但經典、優雅，且經久耐穿。較ZARA注重宣傳與包裝。2012年11月在台北101開設第一間旗艦店。

Bershka	Bershka	印蒂集團於1998年成立，走街頭年輕風格，販售男女時裝、牛仔裝、運動服、休閒服，以及各類配飾和鞋靴，風格前衛、大膽，用色鮮豔。十分重視店面裝潢，甚至請來DJ，讓消費者能一邊聽著流行音樂，一邊觀賞店內擺設展示的都市藝術潮流，享受獨特的購物氛圍。
Stradivarius	Stradivarius	女裝品牌，1994年成立於巴塞隆納，名字來自義大利提琴製造家，標榜「清新、富有創造力」，1999年被印蒂集團併購。店內販售新潮的流行時裝，風格活力四射、熱情洋溢，專攻18至35歲的年輕女性。亦推出男裝與配飾。
OYSHO	Oysho	1977年成立於阿泰索，2000年被印蒂集團併購。原為女性內睡衣品牌，之後陸續跨足家居服、配飾、鞋子領域，風格充滿青春活力與時尚動感，品牌宗旨為「滿足那些喜好用服飾反映個人品味和風格的顧客們」，走中等價位路線。
ZARA HOME	ZARA HOME	印蒂集團於2003年跨足家居領域成立的品牌，販賣商品以家飾品為主。由於ZARA HOME源於服裝品牌，最大的特色就是融入了時裝流行元素，讓消費者在家中營造出貴氣或俐落的視覺效果。首間台灣分店於2013年11月開幕。
UTERQÜE	Uterqüe	印蒂集團於2008年成立的配飾品牌，主要經營時尚飾品，包括皮包、鞋靴、皮革製品、圍巾、眼鏡、雨傘、帽子等配飾，同時也販售服裝和皮革成衣，風格典雅、尊貴，標榜精良的做工與創新的設計理念。

H&M

品牌LOGO	品牌名稱	簡介
COS	COS （Collection of Style）	由H&M集團成立於2007年，主要販售女性服裝，也販售男裝、童裝、鞋靴、配飾，理念為「以最棒的價格買到時尚與品質」，走現代、具質感、簡潔俐落的都會風格，價位屬中高。目前店鋪主要分佈於歐洲。
MTWTFSS WEEKDAY	Weekday	2002年成立，源於斯德哥爾摩的二手服裝店。由於一週七天無休，故名Weekday。初期販賣高價服飾及牛仔褲，之後改走平價路線，並成立副品牌Cheap Monday，2009年被H&M併購。商品主打北歐簡約風，店內除了自有品牌的牛仔褲、服裝、配飾以外，也銷售其他品牌的服飾。
CHEAP MONDAY	Cheap Monday	源於Weekday的姐妹牌，2004年成立。店主在某個星期一突發奇想，販售了800條牛仔褲，結果銷售一空，品牌名由此而來。2009年被H&M集團併購，主要販售低價、緊身的牛仔褲，曾獲《Elle》雜誌評為最佳牛仔褲設計品牌，幾乎是每位瑞典年輕人的必備品。
MONKI	MONKI	2006年成立的女裝品牌，2009年與Weekday、Cheap Monday同時被H&M集團併購，走低價位路線，風格為北歐與尖端街頭混搭，充滿俏皮、創意和絢麗的設計，專攻年輕女性市場。商品屬潮流款式，汰換率高。
& other stories	& other stories	2013年由H&M集團成立，首間店位於倫敦，販售女性服裝、鞋靴、皮包、配飾與化妝品。不同於H&M的快速時尚，& Other Stories主打安靜文藝風格，並且更注重品質與個人特色，價格較H&M略貴。目前僅在歐洲設點。

GAP

品牌LOGO	品牌名稱	簡介
BANANA REPUBLIC BR	Banana Republic（香蕉共和國）	創立於1978年，初期販售以熱帶與旅行為主題的服裝。1983年被GAP併購，並被定位為中高價位品牌，推出高貴、時尚並典雅的服裝，之後陸續跨足眼鏡、香水、保養品、珠寶等領域。
OLD NAVY	Old Navy（老海軍）	由GAP創立於1994年，有別於Banana Republic，主打比GAP更低價位的服飾，主要商品為T恤、牛仔褲、卡其褲等，標榜每一位家庭成員都能在店內找到適合的衣服。
PIPERLIME	Piperlime	由GAP創立於2006年的網路品牌，最初僅販售鞋子、配飾，2009年秋季開始生產女性服飾。目前，它的商品涵蓋了男女服裝、鞋子、配飾、珠寶等，也銷售童裝。
ATHLETA	Athleta	女性運動品牌，1998年成立於加州，2008年被GAP併購，透過型錄與網路販售各類運動服裝，包括瑜伽、跑步、滑雪、滑板滑雪和衝浪等。2011年8月在紐約開設首家實體店面。
INTERMIX	Intermix	成立於1993年，2013年被GAP併購，是一間多品牌綜合型零售商，主打高價位女性現代服裝與配飾，店內共銷售220多個品牌，以及一些知名設計師的作品。

世界四大品牌比較表

	UNIQLO	ZARA
創始名稱	Unique Clothing Warehouse	ZARA
總部所在地	東京	拉科魯尼亞
創辦人	柳井正（65歲）	阿曼西奧．歐特嘉（78歲）
現任董事長	柳井正	帕布羅．艾斯拉
現任CEO	柳井正	帕布羅．艾斯拉
成立年份	1984廣島	1975拉科魯尼亞
上市年份	1994廣島 1997東京二 1999東京一	2001西班牙
全球分店數（截至2013年第三季，含特許店）	1,370	1,936（含ZARA Kids）
分佈國家或區域數	14	90
中國分店數	251	142
台灣分店數	42	6
首度在國外設點	2001倫敦	1988葡萄牙
在中國開設分店	2002年9月	2006年2月
在台灣開設分店	2010年10月	2011年11月
子品牌	COMPTOIR DES CONTONIERS（2005） g.u.（2006） PRINCESS tam.tam（2006） Theory（2009） J Brand（2012）	Pull & Bear（1991） Massimo Dutti（1995） Bershka（1998） Stradivarius（1999） Oysho（2000） ZARA HOME（2003） Uterqüe（2008）
子品牌在台灣	無	Massimo Dutti（2012） Pull & Bear（2013） ZARA HOME（2013）
隸屬集團	迅銷公司（Fast Retailing）	印蒂紡織集團（Inditex）
集團資產(截至2013年第三季)	8,850億日圓 (約台幣2,570億元)	137億歐元 (約台幣5,480億元)
集團市值(截至2014年1月)	4.33兆日圓 (約台幣1.26兆元)	737億歐元 (約台幣2.95兆元)

	H&M	GAP
創始名稱	Hennes	the gap
總部所在地	斯德哥爾摩	舊金山
創辦人	厄林・波森（2002年去世）	唐納德・費雪（2009年去世）
現任董事長	史蒂芬・波森	格林・K・墨菲
現任CEO	卡爾・約翰・波森	格林・K・墨菲
成立年份	1947韋斯特羅斯	1969舊金山
上市年份	1974瑞典	1976美國
全球分店數（截至2013年第三季，含特許店）	2,787	1690
分佈國家或區域數	53	50
中國分店數	170	73
台灣分店數	0	0
首度在國外設點	1964挪威	1987倫敦
在中國開設分店	2007年4月	2010年11月
在台灣開設分店	預計2014年	2014年3月
子品牌	COS（2007） Weekday（2009） Cheap Monday（2009） MONKI（2009） & other stories（2013）	Banana Republic（1983） Old Navy（1994） Piperlime（2006） Athleta（2008） Intermix（2013）
子品牌在台灣	無	無
隸屬集團	H&M集團（Hennes & Mauritz ）	GAP集團（GAP Inc.）
集團資產 (截至2013年第三季)	560億瑞典克朗 (約台幣2,520億元)	78億美元 (約台幣2,300億元)
集團市值 (截至2014年1月)	4,750億瑞典克朗 (約台幣2.14兆元)	177億美元 (約台幣5,220億元)

2012年營收	9,280億日圓 (約台幣2,690億元)	159億歐元 (約台幣6,360億元)
2012年獲利	710億日圓 (約台幣206億元)	24億歐元 (約台幣960億元)
品牌特色	❶.產品主要為色彩眾多的基本款，以讓消費者穿搭出個人風格。衣服外觀沒有自身的品牌標誌。 ❷.追求「高附加價值」，著重衣服的功能性、舒適度與保暖度。 ❸.顛覆日本企業體制，以分店長主導銷售，打破企業內部階級，凝聚員工之間的向心力。	❶.做時尚的「跟隨者」而非「創造者」，旗下400多名設計師散佈全球，擷取各大時裝秀的流行趨勢與設計理念。 ❷.總部整合了設計、生產、物流三大系統，將時尚以最快速度擺上架。 ❸.一年推出12,000種款式，店鋪一週進貨兩次，讓消費者每次光顧都能見到不同商品。
行銷策略	先在大城市的繁華地段設點，再以「油汙模式」逐步擴張至較小市鎮，並在人潮聚集的區域設立大型看板。同時，利用網路媒體的影響力，誘使網友自發性的口耳相傳。	完全不打廣告，宣傳經費僅佔年營收的0.3%，並將鉅額資金投注在黃金地段的店面租金上，深信「店面就是最佳的廣告」。
生產策略	引進GAP的SPA模式，全程參與商品的企劃、生產到銷售，並將90%的製造外包給中國工廠以降低成本，同時啟動「匠計畫」以提升商品品質。	以速度為優先，不惜增加成本，將大部分工廠設於歐洲與北非地區，以就近反應設計部門需求。僅有樣式簡單的產品外包給廉價勞力的地區。
生產週期	6個月	12天
販賣項目	男裝、女裝、童裝、內衣、手提包、配飾	男裝、女裝、童裝、手提包、配飾、鞋靴、化妝品
主要客層	20至30歲的青年族群	25至35歲的白領階層
代表商品	Fleece刷毛外套、UT卡通T恤、羽絨衣、HEAT TECH發熱衣	皮衣、風衣、連身裙
本國價位	T恤約990日圓、襯衫約1990日圓、長褲約2990日圓、內衣褲約495日圓、外套約4990日圓。	T恤約17.95歐元、襯衫約29.95歐元、長褲約29.95歐元、外套約69.95歐元。
台灣價位	T恤約290元、襯衫約790元、長褲約790元、內衣褲約200、外套約2490元。	T恤約990元、襯衫約1590元、長褲約1590元、外套約3990元。

2012年營收	1,208億瑞典克朗 (約台幣5,430億元)	156億美元 (約台幣4,600億元)
2012年獲利	169億瑞典克朗 (約台幣760億元)	11億美元 (約台幣325億元)
品牌特色	❶.標榜平價，但又具備足夠的時尚感。 ❷.推行多元化策略，從衣服到配飾一應俱全，給消費者最多的選擇。 ❸.與知名設計師推出聯名系列，以增加知名度，並提高品牌身價。 ❹.產品款式多、翻新率高，消費者不易撞翻。單一款式生產件數少，以「限量」的口號刺激消費慾。	❶.主打休閒、清新的經典款，用簡樸的樣式穿出高雅的感覺。 ❷.商品擁有各種樣式、型號、顏色，標榜「任何年齡、階層的人都可以在店內找到適合的服飾」。 ❸.多品牌策略，囊括低價位至高價位的市場，消費者可在不同的品牌店鋪內各取所需。
行銷策略	每年將營收的4%投入行銷，聘請知名攝影師為最新一季的商品拍攝廣告，或是買下公車、月台甚至地鐵的把手上的廣告版面，以及電視媒體上的黃金時段，展開鋪天蓋地的宣傳活動。	每一季尋找符合GAP風格的代言人，並廣泛利用大眾媒體，將簡潔俐落的品牌印象深植人心。同時利用超前同業的電子商務平台與實體店鋪作結合，提供消費者便利且全面的服務。
生產策略	為了將成本壓到最低，旗下完全不設成衣廠，將製造全部外包給分佈在全球各個低薪資國家的900多間工廠，並採用棉、麻等較簡單廉價的材料。	開創「製造到零售一體化」的SPA生產模式，強調「少款式、大批量、不斷貨」，並將生產全部外包給全球的廉價勞力工廠，以降低成本。
生產週期	21天	3個月以上
販賣項目	男裝、女裝、童裝、內衣、配飾、鞋靴、化妝品	男裝、女裝、童裝、內衣、手提包、配飾、鞋靴、化妝品
主要客層	15至35歲的時尚人群	20至35歲的年輕族群
代表商品	風衣、針織外套、帽T、設計師聯名系列、各類配飾	卡其褲、GAP徽標T恤、經典1969牛仔褲
本國價位	T恤約99瑞典克朗、襯衫約249瑞典克朗、長褲約399瑞典克朗、外套約499瑞典克朗。	T恤約26.95美元、襯衫約49.95美元、長褲約59.95美元、內衣褲約12.95美元、外套約138美元。
台灣價位	尚未上市	T恤約989元、襯衫約1239元、長褲約1699元、內衣褲約499元、外套約4949元。

19 世紀 50 年代在美國加州的發現大量黃金儲量，隨之迅速興起了一股淘金熱。農夫亞默爾原本是跟著大家來淘金一圓發財夢，後來他發現這裡水資源稀少，賣水會比挖金更有機會賺錢，他立即轉移目標——賣水。他用挖金礦的鐵鍬挖井，他把水送到礦場，受到淘金者的歡迎，亞默爾從此很快便走上了靠賣水發財的致富之路。無獨有偶，雜貨店老闆山姆·布萊南蒐購美國西岸所有的平底鍋、十字鍬和鏟子，以厚利賣給渴望發財的淘金客，讓他成為西岸第一個百萬富翁。

每個創業家都像美國夢的淘金客，然而真正靠淘金致富者卻很少，實際創業成功淘金的卻只占少數，更多的是許多創新構想在還沒開始落實就已胎死腹中。

創業難嗎？只要你找對資源，跟對教練，創業不 NG！

師從成功者，就是獲得成功的最佳途徑！

不論你現在是**尚未創業、想要創業、**或是**創業中遇到瓶頸**

你需要有經驗的明師來指點——**應該如何創業，創業將面臨的考驗，到底要如何來解決**——**王擎天博士就是你創業業師的首選**，王博士於兩岸三地共成立了19家公司，累積了豐富的創業知識與經驗，及獨到的投資眼光，為你準備好創業攻略與方向，手把手一步一步地指引你走上創富之路。

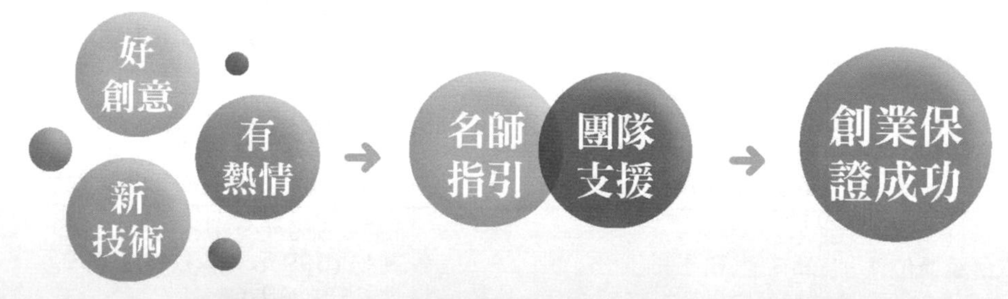

2017八大明師創業培訓高峰會

Step1 想創什麼業？	Step2 你合適嗎？	Step3 寫出創業計畫書	Step4 創業，我挺你！	祝！創業成功！

國家圖書館出版品預行編目資料

四大品牌傳奇：柳井正UNIQLO等平價帝國崛起全紀錄 / 王擎天 著. -- 初版. -- 新北市中和區：創見文化, 2014.03 面；公分 (成功良品；67)
ISBN 978-986-271-469-0 (平裝)

1..服飾業 2.企業經營 3.品牌 4.日本

488.9 02027861

成功良品 67

四大品牌傳奇：柳井正UNIQLO等平價帝國崛起全紀錄

創見文化·智慧的銳眼

作者／王擎天
總編輯／歐綾纖
文字編輯／蔡靜怡
美術設計／蔡億盈

郵撥帳號／50017206 采舍國際有限公司（郵撥購買，請另付一成郵資）
台灣出版中心／新北市中和區中山路2段366巷10號10樓
電話／（02）2248-7896 傳真／（02）2248-7758
ISBN／978-986-271-469-0
出版日期／2016年最新版

全球華文市場總代理／采舍國際有限公司
地址／新北市中和區中山路2段366巷10號3樓
電話／（02）8245-8786 傳真／（02）8245-8718

全系列書系特約展示
新絲路網路書店
地址／新北市中和區中山路2段366巷10號10樓
電話／（02）8245-9896
網址／www.silkbook.com
創見文化 facebook https://www.facebook.com/successbooks

本書於兩岸之行銷（營銷）活動悉由采舍國際公司圖書行銷部規畫執行。